重庆市基层气象台站简史

重庆市气象局　编

气象出版社
China Meteorological Press

内容简介

本书记录了重庆市天气气候的特点、气象灾害的情况，从机构历史沿革、气象业务发展、职工队伍建设、法制建设、气象文化建设、台站建设等方面全方位、多角度地反映了重庆市气象事业的发展变化以及重庆市气象台站的发展进程，是一部具有留存价值的台站史料，同时也是一本进行台站史教育的教科书。

图书在版编目(CIP)数据

重庆市基层气象台站简史/重庆市气象局编. —北京：气象出版社，2010.9

ISBN 978-7-5029-5037-8

Ⅰ.①重…　Ⅱ.①重…　Ⅲ.①气象台-史料-重庆市②气象站-史料-重庆市　Ⅳ.①P411

中国版本图书馆 CIP 数据核字(2010)第 170417 号

Chongqingshi Jiceng Qixiangtaizhan Jianshi

重庆市基层气象台站简史

重庆市气象局　编

出版发行：气象出版社

地　　址：北京市海淀区中关村南大街 46 号　　**邮政编码**：100081

总 编 室：010-68407112　　**发 行 部**：010-68409198

网　　址：http://www.cmp.cma.gov.cn　　**E-mail**：qxcbs@263.net

责任编辑：白凌燕　于建慧　　**终　　审**：汪勤模

封面设计：燕　彤　　**责任技编**：吴庭芳

印　　刷：北京中新伟业印刷有限公司

开　　本：787 mm×1092 mm　1/16　　**印　　张**：16.5

字　　数：420 千字　　**彩　　插**：4

版　　次：2010 年 9 月第 1 版　　**印　　次**：2010 年 9 月第 1 次印刷

印　　数：1～2000　　**定　　价**：50.00 元

《重庆市基层气象台站简史》编纂工作领导小组(编写组)

主　编：段相洪

副主编：段溯舸　刘　虹　吴　军　廖定明

成　员：唐学术　郭家隆　肖朝伟　陈　湘

曾　理　黄湘斌　夏　杰　李　洁

总　序

2009年是新中国成立60周年和中国气象局成立60周年，中国气象局组织编纂出版了全国气象部门基层气象台站简史，卷帙浩繁，资料丰富，是气象文化建设的重要成果，是一项有意义、有价值的工作，功在当代，利在千秋。

60年来，气象事业发展成就辉煌，基层气象台站面貌发生翻天覆地的变化。广大气象干部职工继承和弘扬艰苦创业、无私奉献，爱岗敬业、团结协作，严谨求实、崇尚科学，勇于改革、开拓创新的优良传统和作风，以自己的青春和智慧谱写出一曲曲事业发展的壮丽篇章，为中国特色气象事业发展建立了辉煌业绩，值得永载史册。

这次编纂基层气象台站简史，是建国以来气象部门最大规模的史鉴编纂活动，历史跨度长，涉及人物多，资料收集难度大，编纂时间紧。为加强对编纂工作的领导，中国气象局和各省（区、市）气象局均成立了编纂工作领导小组和办公室，制定了编纂大纲，举办了培训班，组织了研讨会。各省（区、市）气象局编纂办公室选调了有较高文字修养、有丰富经历的人员从事编纂工作。编纂人员全面系统地收集基层气象台站各个发展阶段的文字、图片和实物等基础资料，力求真实、客观地反映台站发展的历程和全貌。我谨向中国气象局负责这次编纂工作的孙先健同志及所有参与和支持这项工作的同志们表示衷心感谢。

知往鉴来，修史的目的是用史。基层气象台站史是一座丰富的宝库。每个气象台站的发展史，都留下了一代代气象工作者艰苦奋斗、爱岗敬业的足迹，他们高尚的精神和无私的奉献，将永远给我们以开拓进取的力量。书中记载的天气气候事件及气象灾害事例，是我们认识气象灾害规律、发展气象科学难得的宝贵财富。这套基层气象台站简史的出版，对于弘扬优良传统和作风，挖掘和总结历史经验，促进气象事业科学发展，必将发挥重要的指导和借鉴作用。

中国气象局党组书记、局长　郑国光

2009年10月

前 言

盛世修典。中国气象局组织编纂基层气象台站简史，回顾基层气象台站创业史、奋斗史，记录中国气象事业发展光辉历程，展现新中国成立60年来气象工作瑰丽画卷，以告慰先贤、激励后辈，善莫大焉。

重庆地处四川盆地东部，其北部、东部及南部分别有大巴山、巫山、武陵山、大娄山等山脉环绕；辖区内主要有长江、嘉陵江、乌江、涪江、綦江、大宁河等江河流经。山水环绕的地形特征使得重庆各区县间气候差异明显，立体气候与局地气候突出，气象灾害频繁。人们就在这样的气候滋润和洗礼下生存和发展，以各种方式记录着气象灾害和测天经验。时至晚清，正式有开展气象观测记录的机构出现，重庆气象事业蹒跚起步，百多年来，历经了20世纪30年代气象事业的初创、20世纪40年代的成长，新中国成立后的发展壮大，改革开放特别是重庆市直辖后的跨越发展，始终乘着历史的车轮不断向前迈进。

基层台站是重庆气象事业发展的根基，34个基层气象局站，滋养着重庆气象事业这棵参天大树。基层气象台站的发展史，是重庆气象事业发展历史不可或缺的部分。重庆经历多次体制变革，基层气象台站管理范围与管理体制随之变化，在丰富了《重庆市基层气象台站简史》层次的同时，也给本书的编撰带来了一定的难度。本着尊重历史、尊重事实的原则，《重庆市基层气象台站简史》的编撰按照时间脉络，真实、客观地记载了各个台站从无到有，逐步发展壮大的历史轨迹。为了编好本简史，各级气象部门都抽调出精兵强将，并组织一批老同志、专家参与到编撰工作中来，通过查阅大量历史资料，在浩渺的史料中钩沉，保证了这部史书的完整性与真实性。鉴于篇幅所限，本书以最精炼的方式凝炼历史，从历史沿革、气象业务与服务、社会管理、党建与气象文化建设、台站建设五个视角全面反映基层气象台站的发展变迁，将重庆基层台站气象事业发展历程中每一个重要的细节收录其中，历史资料丰富翔实，可作历史供借鉴、可作资料供参考，是2009年重庆气象文化建设的重要成果。

随着经济社会发展以及公众对气象服务需求的不断提升，重庆气象事业的发展进入“抓基础，求突破，上台阶，争一流”的新时期，我们将深入贯彻落实科学发展观，以公共气象服务为引领，以现代气象业务体系建设为主线，以提高预报预测准确率为核心，紧紧围绕“加快、率先”和“四个一流”的目标，坚持面向决策、面向民生、面向生产，强化科技兴气象、人才强局、项目带动、开放促进战略，加快推进现代气象业务体系、气象科技创新体系、气象人才体系、一流台站建设、党的建设和精神文明建设等重点工作，促进重庆气象事业又好又快发展，浓墨重彩地续写新时期重庆气象事业的辉煌史。

重庆市气象局党组书记、局长 王银民

2009 年 10 月

清光绪十七年（1891年），重庆海关在南岸玄坛庙设立测候所

1935年，江北县建设局在江北嘴建立测候所

1941年，国民政府在重庆沙坪坝高家花园6号（现饮水村104号沙坪坝区气象局院内，左）正式成立中央气象局。中央气象局防空洞遗址（右）

1944年，“中美合作所”在钟家山设立气象台

1969—1986年，重庆市气象局业务办公楼和有积雪状况时的观测场（陈家坪）

1986年，重庆市气象局计划单列，同年地面观测业务从陈家坪迁移合并到沙坪坝区气象局

1997年，重庆市直辖后，重庆市气象局授牌仪式

2004年，重庆市气象局科技大楼正式投入使用，重庆市气象局从陈家坪搬迁至新牌坊

抗战时期，著名气象学家竺可桢在重庆工作，并积极筹备成立了国民政府中央气象局

1938年，竺可桢（左二）与涂长望（右一）、吕炯（左一）等在重庆珊瑚坝机场留影

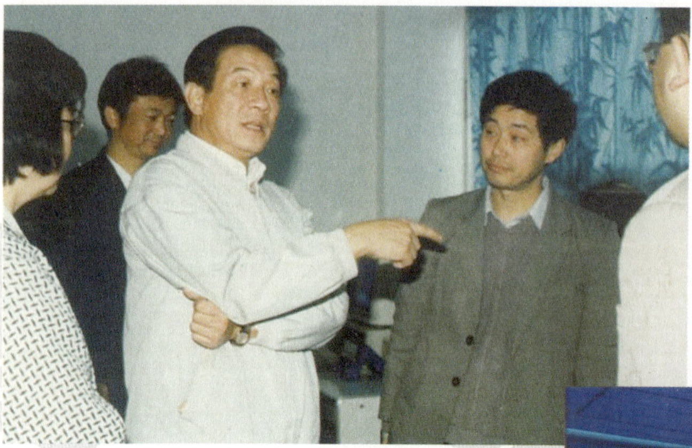

1989年，世界气象组织主席、中国气象局局长邹竞蒙（中）视察重庆市气象局

1999年，中共重庆市市委书记贺国强（右二），中国气象局局长温克刚（右三），中共重庆市委常委刑元敏（右四），中共重庆市委副书记刘志忠（右五），中共重庆市委常委税正宽（右六）到重庆市气象局视察

2001年，中共重庆市委书记张德邻（右四）、市人大主任王云龙（右五）、市政协主席张文彬（左四）出席人工降雨高炮捐赠仪式

2004年，中央候补委员、市委副书记聂卫国和中国气象局局长秦大河（左一）出席“重庆市（三峡库区）灾害性天气监测预警系统”建设启动仪式

2005年，重庆市市长王鸿举（前排左二）、市人大常务副主任金烈（后排左二）视察市气象局

2006年，中共重庆市委书记汪洋（右二）、市委常委政法委书记朱明国（右三）到市气象局视察

精神文明建设

1999年，重庆市气象局被中国气象局和重庆市文明委联合命名为“文明行业”，成为重庆市首个被命名的文明行业

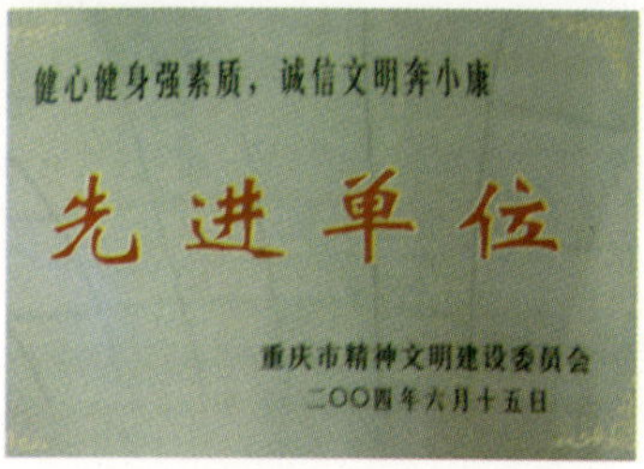

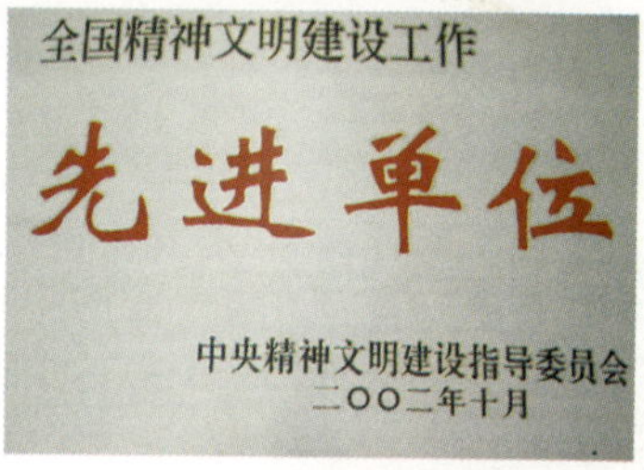

先后获20多项省部级以上荣誉

2007年建成的黔江新一代天气雷达站

璧山县气象局

重庆市气象局陈家坪新一代天气雷达

长寿区气象局

2008年建成的万州新一代天气雷达

垫江县气象局

台站风貌

巴南区气象局

合川区气象局观测场

花园式的北碚区气象局生活小区

位于长江边的奉节县气象局观测场

掩映在绿树丛中的黔江区气象局观测场

天高云淡环境中的武隆县气象局观测场

目　录

重庆市气象台站概况

重庆具有3000多年的悠久历史和光荣的革命传统，公元前11世纪商周时期，巴人以重庆为首府，建立了巴国。公元1189年，宋光宗先封恭王，后即帝位，自诩“双重喜庆”，升恭州为重庆府，重庆由此得名。1937—1946年抗日战争期间，国民政府移驻重庆，重庆成为中华民国战时陪都。国民政府还都南京后，重庆仍为直辖市。1949年中华人民共和国建立初期为中央直辖市，1954年西南大区撤销后改为四川省辖市。1983年率先成为全国经济体制综合改革试点城市，实行计划单列，赋予省级经济管理权限。1997年3月14日，经八届全国人大五次会议审议批准，重庆成为中国第四个直辖市。

重庆市位于长江三峡库区上中游和四川盆地的东南部，跨东经105°11′～110°11′、北纬28°10′～32°13′。东邻湖北、湖南，南靠贵州，西接四川，北连陕西。地势由西向东逐渐升高，主要山脉有大巴山和武陵山山脉，主要河流有长江、嘉陵江、乌江、涪江、綦江、大宁河等。幅员面积8.24万平方千米，辖19个区、21个县，2008年底，全市户籍人口3257万，常住人口2839万。

天气气候特点和主要气象灾害

气候概况 重庆属亚热带湿润季风气候，气候资源较为丰富，立体气候明显，具有春早夏热、秋雨冬暖，降水充沛、空气湿润、雨热同季、灾害频繁，以及日照少、风速小、多云雾、少霜雪的特征。全市年平均气温17.4℃，极端最高气温44.5℃（綦江），极端最低气温−13.2℃（城口）；年平均降雨量为1145.5毫米；年平均日照时数1197小时，是全国日照最少的地区之一；全市年平均相对湿度79.4%，平均风速1.1米/秒，静风频率高达45%。

主要气象灾害 重庆的主要气象灾害有干旱、暴雨洪涝、高温、大风、冰雹、连阴雨、雾害、雷电以及山体滑坡、泥石流等衍生灾害。干旱又分春旱，发生频率一般在10%～30%之间，主城区、綦江、北碚以西区县和石柱、云阳县，春旱频率高达30%～50%；夏旱较轻，大部分区县在5%以内，西北部的潼南、大足和荣昌县夏旱频率稍高，为10%～13%；重庆是伏旱的多发区，大部分区县发生伏旱的频率都在60%以上，平均29天，最长达80天以上，其中，地处中西部长江沿岸的江津、巴南、璧山、渝北、长寿、涪陵、丰都和西北部的潼南等区县，为伏旱的高发区，出现伏旱的频率为75%左右，江津高达85%。重庆暴雨洪涝年平均为0.1～0.5次，最多一年可出现2次，开县、万州、荣昌、云阳、梁平、忠县、长寿、渝北、酉阳等地可多达3～4次。暴雨洪涝在5—9月份均可能出现，主要集中在7月。重庆的雷电灾害也较严重，各地累年平均雷暴日数为30～40天，雷暴在一年的各月都可能发生，其中7月雷暴日数最多。2007年5月23日，开县义和镇兴业村小学发生重大雷击事故，造成7人死亡，44人受伤，引起党和国家领导的高度关注。

2006年，重庆遭受百年不遇的高温干旱灾害。5月中旬—6月中旬，重庆东北地区遭遇罕见夏旱，平均夏旱日数36天，巫溪、开县、云阳、奉节、巫山、万州、城口等地达40天左右，期间日最高气温≥35℃日数6～13天。7月1日—9月3日，全市大部分地区伏旱天数在57天以上，总降雨量12.6～343.2毫米，较常年同期偏少5～8成，全市平均气温较常年偏高2.0℃～5.3℃，日最高气温≥35℃日数普遍在42天以上，有22个区县日最高气温突破42℃，綦江8月15日和9月1日2次日最高气温达到44.5℃。市委书记汪洋8月31日到市气象台慰问气象职工，咨询抗旱防暑意见。

气象灾害防御 1999年7月29日，重庆市人大通过《重庆市气象条例》，2002年2月1日《重庆市气象灾害防御条例》正式实施，2000年4月25日和2004年2月26日，《重庆市防御雷电灾害管理办法》、《重庆市气象信息服务管理办法》相继出台，形成"两条例两规章"等地方性法规和政府规章的格局。1998年市政府印发《重庆市人民政府关于加快发展地方气象事业的通知》(渝府发〔1998〕41号)文件后，市、区县人工影响天气、防雷减灾和空飘气球管理办公室等机构纷纷设立。20世纪80—90年代，重庆市各地防御气象灾害机制主要是政府办公厅(室)组织，气象、农业、水利、林业、民政等部门参与的"五长"或"六长"联席会议。1997年重庆直辖以来，政府在气象灾害防御工作中的主导作用逐步加强，市政府分管领导亲任重庆市人工影响天气指挥部指挥长、重庆市防雷安全委员会主任。市政府先后下发了《重庆市人民政府关于加快气象事业发展的决定》、《重庆市突发气象灾害应急预案》、《重庆市人民政府办公厅关于进一步加强气象灾害防御工作的意见》、《重庆市人民政府办公厅关于加强安全气象预警预报信息工作的通知》、《重庆市人民政府办公厅关于进一步做好防范雷电灾害的通知》、《重庆市人民政府办公厅关于加强人工影响天气工作的通知》等重要文件，相继组织召开了人工影响天气工作会议、全市气象工作会议、全市防雷安全工作专题会议，每年都组织农业、林业、水利、国土、地震、救灾、民政、气象等部门进行各类灾情会商分析，下发灾情趋势预测和防御指导意见，汛前安排市防汛领导小组成员单位(包括气象部门)带队对部分区县开展防汛安全检查。各区县政府也采取相应措施开展气象灾害防御。多部门联动机制建立，先后与应急、救灾、卫生、民政、安监、煤监、教育、环保、交警、武警、民航等单位建立起气象灾害应急响应联动机制。广泛动员社会力量参与气象防灾减灾，各区县政府根据市政府要求，2008年底，全市建立起一支由11542人组成的气象信息员队伍。预警信息发布手段和服务方式不断完善，信息覆盖面不断扩大。除广播、电视、报纸、电话、网络等方式传播预警信息外，全市建立了35个决策和应急人员预警短信发布平台，实现了重大气象灾害预警信息全网发布。截至2008年底，全市建成了512块气象信息发布电子显示屏。

基层台站概况

重庆市气象局下辖市气象台和35个区县气象局(站)。1个基准站(酉阳),11个基本站(奉节、梁平、万州、大足、合川、沙坪坝、江津、长寿、丰都、黔江、綦江),23个一般站(城口、开县、云阳、巫溪、巫山、潼南、垫江、天城、忠县、石柱、荣昌、永川、万盛、铜梁、北碚、渝北、璧山、巴南、南川、涪陵、武隆、彭水、秀山)。

1954年重庆市气象职工有78人(重庆46人、江津2人、万县10人、涪陵20人),截至2008年底,全市气象职工总数1214人,其中在职职工766人,离退休职工448人。在职职工中博士研究生4人、硕士研究生57人、本科生344人、大专生195人,本科以上学历比例52.9%;高级职称60人(正研级5人)、中级职称343人、中级以上职称比例52.7%。

截至2008年,全市气象部门中共党员共645人。全市所有台站都创建成为文明单位,文明单位比例为100%,其中市(省)级文明单位达77.1%。1999年全市气象部门成功创建重庆首家市级文明行业,时任中国气象局温克刚局长,重庆市委书记贺国强,副书记刘志忠,市委常委祝正宽,市委常委、宣传部长邢元敏及副市长程贻举为重庆气象部门授牌。

机构历史沿革

历史沿革和建制 为保护外国船只航行安全,清光绪十七年(1891年)5月,重庆海关设立测候所,这是开展现代气象观测记录的机构。卢作孚在重庆北碚创建中国西部科学院以后,1931年该院农林研究所开始气象观测记录,1934年正式成立测候所,重庆本土气象事业诞生。国民政府于1937年迁都重庆,重庆的各类气象机构有较大的增加,政府、军事、科研、教育、民航、海关、情报等部门均设置了气象机构。政府系统四等测候所30个,分别是永川、江津、合川、荣昌、綦江、大足、涪陵、丰都、南川、彭水、黔江、秀山、奉节、开县、忠县、巫山、巫溪、云阳、城口、梁山、垫江、长寿、巴县、潼南、铜梁、江北、璧山、万县、酉阳、石柱。1938年1月,中央研究院气象研究所(简称中央气象研究所)、中国气象学会迁到重庆。次年1月,国民政府航空委员由武汉迁到重庆,并在重庆设立气象总台。1941年3月,国防最高委员会第57次常委会通过设立中央气象局,隶属于行政院,是年10月20日,中央气象局在重庆沙坪坝高家花园6号(现饮水村104号沙坪坝区气象局院内)宣告成立。1943年中美特种技术合作所在重庆郊外成立,在重庆钟家山设立气象总站,开展业务有航空天气、高空风观测、天气预报等,为美国海、空军提供作战气象情报。抗日战争结束后,1946年5月,国民政府决定还都,中央气象局、中央气象研究所、中国气象学会、航委会及气象总台等,先后迁回南京。1948年1月,中央气象局将沙坪坝测候所扩建为重庆气象台。

新中国成立后,1950年1月,重庆军管会空军部接管重庆气象台和重庆办事处及北碚测候所,对接管单位进行编整,保留重庆气象台,撤销重庆办事处,北碚测候所改称为北碚气象站,5月20日,西南军区航空处重庆气象台正式发布重庆本地天气预报。8月16日,在重庆正式成立西南军区司令部气象管理处,兼理西南区台业务,实行中央军委气象局和西南军区司令部双重领导。四川、云南、贵州、西康、重庆等地区气象机构48处,全部纳入西南气象管理处建制,进行统一管理。11月,西南气象管理处随西南军区空军司令部迁驻成都。1953 年 8 月 1 日，气象系统由军事建制转为地方政府建制，8 月，新建金佛山气象站、9 月新建巴县气象站。12 月，西南行政委员会建立西南气象处重庆预报台。1954 年 9 月，西南气象处重庆预报台移交四川省气象局建制，改称四川省重庆气象台。1957 年新建永川、南川、綦江等 9 个县气象站。1958 年掀起了大办"气象"热潮，至 1959 年涪陵、万县、江津专区气象台全部建成，县县有站的任务也基本完成，广大农村还建成一大批气象哨组。1971 年，重庆、万县、涪陵、江津（永川）等市、地建立气象局（含气象台），分别由警备区、军分区领导，各区、县气象台站由区、县武装部领导。各级气象机构主要领导，由军队派干部担任。1973 年 7 月，气象部门改属各级革委会建制领导。1980 年 9 月，四川省气象局与重庆市人民政府办理了重庆市气象局站体制交接手续，实行双重领导，以省气象局为主的领导管理体制，省气象局统一管理业务、服务、财务、干部、技术装备等工作；政治思想、党团行政、生活管理归重庆市党政部门负责。重庆市气象局对区、县气象站的管理也按以上原则办理。1980 年 4 月，四川省气象局设立永川气象干部训练班，主要培训地面气象观测人员，兼为职工补习初中文化课，共计办班 6 期，1984 年 7 月撤销。

1983 年 4 月，中共中央对重庆市实行计划单列，四川省气象局对永川地区与重庆市气象局合并后的气象局，更名重庆气象局，下辖有 15 个区县气象站。1986 年 6 月，重庆市气象局实行计划单列，赋予相当省局一级的管理权限，业务、服务上继续接受四川省气象局的领导并承担四川省气象局交办的各项任务。1986 年 8 月 13 日，重庆气象局更名为重庆市气象局。1990 年 5 月 2 日，重庆市编委同意重庆市所属 15 个区县气象站变更名称为区县气象局，其机构性质、管理体制不变。1992 年开始，实行双重计划财务体制。

1997 年 1 月，中国气象局发文指示，重庆市气象局代管万县市、涪陵市、黔江地区（"两市一地"）气象局，同年 6 月 6 日，中国气象局与重庆市人民政府签订《中国气象局、重庆市人民政府关于设立重庆市气象局的协议》，12 月 27 日，重庆直辖市气象局正式挂牌成立。1998 年 6 月，重庆市气象局对市（地）、区县（自治县、市）气象机构的管理体制也进行了调整，撤销万县市气象局，设立万州区气象局、万州移民开发区气象局，两个机构实行两块牌子一套班子，代管原万县市 6 个县气象局；城口、梁平县气象局由市气象局直管。撤销涪陵市气象局，设立涪陵区气象局，原由涪陵市气象局管理的县（市）气象局，由市气象局直管。撤销黔江地区气象局，设立黔江开发区气象局，受市局委托，代管 5 个少数民族自治县气象局。2000 年 8 月 28 日，撤销万州移民开发区气象局，保留万州区气象局，撤销黔江开发区气象局和黔江土家族苗族自治县气象局，设立黔江区气象局，除天城区气象局仍由万州区局代管外，上述两个开发区气象局代管的县气象局，由重庆市气象局直接管理。经中国气象局同意，重新确定区县（自治县、市）气象局领导干部职级，区局为正处级、县（自治县、市）局为副处级。2002 年长寿撤县设区，4 月 8 日，重庆市长寿县气象局升格为重庆市长寿区气象局。2006 年，天城区气象局更名为天城气象站。2007 年，江津、永川、合川、南川市气象局根据重庆市行政区域调整升格为江津、永川、合川、南川区气象局。重庆 40 个区县除渝中、南岸、大渡口、江北、九龙坡、双桥 6 区未设气象局站外，其它所有区县均设有气象机构。

台站隶属演变　1954 年，沙坪坝区、北碚区、巴县、长寿县、綦江县 5 个气象站由重庆气象台负责业务管理和技术指导，供应器材，建制在地方，1965 年新增南桐矿区（后更名为万盛区)气象站。1983 年,永川地区与重庆市气象局合并,称重庆气象局,下辖有沙坪坝区、北碚区、巴县、长寿县、綦江县、南桐矿区、江北县、永川县、江津县、大足县、合川县、铜梁县、荣昌县、璧山县、潼南县 15 个区县气象站。1986 年重庆市气象局实行计划单列仍管理前述 15 个区县气象站。1997 年设为直辖市后重庆市气象局下辖沙坪坝区、北碚区、巴南区、长寿县、綦江县、万盛区、渝北区、永川市、江津市、大足县、合川市、铜梁县、荣昌县、璧山县、潼南县、万州市、涪陵市、黔江地区、南川市、垫江县、丰都县、武隆县、云阳县、奉节县、梁平县、石柱县、秀山县、酉阳县、彭水县、城口县、万县天城区、巫溪县、巫山县、忠县、黔江县、开县、金佛山气象站(2002 年撤销)37 个气象局站。2008 年底,重庆市气象局管辖万州区、涪陵区、沙坪坝区、北碚区、万盛区、渝北区、巴南区、黔江区、长寿区、江津区、合川区、永川区、南川区、綦江县、潼南县、铜梁县、大足县、荣昌县、璧山县、梁平县、城口县、丰都县、垫江县、武隆县、忠县、开县、云阳县、奉节县、巫山县、巫溪县、石柱县、秀山县、酉阳县、彭水县 34 个气象局站。

万州区气象局

万州区地处重庆市东北部，幅员面积3457平方千米，人口173万。万州以“万川毕汇，万商云集”而得名，夏商属梁地，唐贞观八年（公元634年）正式称万州。属亚热带季风性湿润气候，年均降雨量1229毫米，年平均气温18℃。万州区气象局为“一局三站四点式”布局（机关、直属龙宝国家基本气象站、直属太安雷达站、直管天城气象站）。

机构历史沿革

历史沿革 1937年5月建立万县四等测候所，地址在万县沙河子大坝，1949年7月停办。万州区气象局前身为1952年四川省农林厅在龙宝建立的万县山区农业试验场气象站，1959年2月建立万县专区气象台，1962年7月迁至主城青羊宫2号。名称多次变更，2000年9月调整为万州区气象局。

龙宝国家基本气象站位于东经108°24′，北纬30°46′，海拔高度186.7米。1959年，在龙宝建立万县专区农科所农业气象试验站气象站，1962年7月1日撤销，同时撤销万县气候站，人员调入专区气象台，万县专区气象台观测组迁入该站原址，1978年6月改称万县地区气象局龙宝气象站。2006年12月31日—2008年12月31日，调整为万州国家气候观象台。2008年12月31日，调整为万州国家基本气象站。

万州新一代天气雷达站（CINRAD/SB型）位于万州区太安镇凤凰山上，2008年5月建成。东经108°40′59″，北纬30°48′10″，海拔高度1044米，天线高度1075米。

天城气象站另属专志。

管理体制 1959年万县专区气象台隶属万县专员公署，开始代管本专区各县气象站的部分业务工作。1964年1月10日起，万县专区气象台和各县气象站改属四川省气象局，四川省气象局授权万县专区气象台对万县、开县、忠县、梁平、云阳、奉节、巫山、巫溪、城口县气象站的人事、财务、业务进行领导和管理。1969年12月，万县地区气象台改属万县地区革命委员会建制，由万县军分区领导，县站改为县革委建制，县人武部具体领导。1973年9月，万县地区气象局和县气象站改由万县地区革命委员会和各县革命委员会领导，财务、业务仍由四川省气象局和万县地区气象局管理。1981年1月起，万县地区气象局改由四川省气象局领导为主，实行气象部门与地方政府双重领导体制，万县地区气象局管理本区各县气象局站。1998 年万州区移民开发区气象局和万州区气象局改属重庆市气象局与万州移民开发区和万州区人民政府双重领导，代管开县、忠县、云阳、奉节、巫山、巫溪 6 个县局。2000 年 8 月撤销万州移民开发区气象局，万州区气象局不再代管 6 县气象局。

机构设置 1959 年万县专区气象台设办公室、预报组、台站管理组和观测组；1978 年 6 月万县地区气象台设办公室、人事科、业务科、气象科、龙宝气象站。2008 年底，万州区气象局设有办公室(法规科)、人事政工科、业务科、气象台、龙宝气象站、科技服务中心、太安雷达站，直管天城气象站及人工降雨防雹办公室、防雷减灾办公室、民用氢气球安全技术管理办公室等 3 个地方气象事业机构。

人员状况 1952 年万县山区农业试验场气象站职工 1 人，1959 年万县专区气象台 12 人，1996 年万县市气象局 81 人，2008 年底，万州区气象局职工 35 人，其中依照公务员管理 10 人，大专以上学历 26 人。

单位名称及主要负责人变更情况

<table>
<tr><th>单位名称</th><th>负责人</th><th>任职时间</th></tr>
<tr><td>万县专区气象台</td><td rowspan="2">韩家润</td><td>1959.02—1960.04</td></tr>
<tr><td rowspan="3">万县专区气象服务台</td><td>1960.04—1960.07</td></tr>
<tr><td>袁大亮</td><td>1960.07—1962.08</td></tr>
<tr><td rowspan="2">王爱桂</td><td>1962.09—1964.12</td></tr>
<tr><td rowspan="2">万县专区气象台</td><td>1964.12—1965.07</td></tr>
<tr><td>卓传书</td><td>1965.08—1968.02</td></tr>
<tr><td>万县专区气象台革命委员会</td><td>程俊义</td><td>1968.02—1970.09</td></tr>
<tr><td>万县地区气象台革命委员会</td><td>丁兆乾</td><td>1970.09—1971.07</td></tr>
<tr><td rowspan="4">万县地区气象局</td><td>齐玉科</td><td>1971.08—1973.07</td></tr>
<tr><td>刘雪邨</td><td>1973.09—1976.10</td></tr>
<tr><td>卓传书</td><td>1976.10—1978.08</td></tr>
<tr><td rowspan="2">姚士学</td><td>1978.08—1983.09</td></tr>
<tr><td rowspan="2">万县地区气象处</td><td>1983.09—1985.11</td></tr>
<tr><td rowspan="2">覃才敏</td><td>1985.11—1986.05</td></tr>
<tr><td rowspan="4">万县地区气象局</td><td>1986.08—1987.12</td></tr>
<tr><td>谭和鸣</td><td>1987.12—1989.02</td></tr>
<tr><td>张成学</td><td>1989.02—1990.07</td></tr>
<tr><td rowspan="2">王　涛</td><td>1990.07—1992.04</td></tr>
<tr><td rowspan="2">万县市气象局</td><td>1992.04—1998.01</td></tr>
<tr><td rowspan="3">周祖才</td><td>1998.01—1998.06</td></tr>
<tr><td>万州移民开发区气象局万州区气象局</td><td>1998.06—2000.08</td></tr>
<tr><td>万州区气象局</td><td>2000.09—</td></tr>
</table>

气象业务与服务

主要业务：地面气象观测(龙宝国家基本站)、农业气象观测(国家基本站)、新一代天气雷达(CINRAD/SB型)观测、酸雨观测、天气预报,人工影响天气。

主要服务和科技服务:专业专项天气预报服务,气象资料、农业气象服务,防雷设施管理及安全检测,气象声像广告。

1. 气象业务

①气象观测

地面气象观测 民国时期至新中国成立初期,按《测候手册》的规定,气象观测场为南北向9米,东西向6米的长方形地块,1954年1月1日起执行《气象观测暂行规范》,将观测场改为东西向25米,南北向25米的正方形场地。

观测项目分器测和目测。器测项目有气压、气温、湿度、风向风速、降水量、蒸发量、日照、地温等要素。目测项目有云状、云量、云高、能见度、天气现象等要素。

观测时次(时制):1937年5月起为每日06、14、21时3次观测,1959年7月1日起为每日01、07、13、19时(地方平均太阳时)4次观测。从1960年8月1日起,除1961年1月至1962年6月、1967年9月—1969年12月为08、14、20时3次观测以及2007年1月至2008年12月为每日24次观测外,其余均为02、08、14、20时4次观测(均为北京时)。

观测方式:1959年7月—2001年12月为人工观测,2002年1月—2008年12月为自动观测。其中2002年1月—2003年12月为人工观测和自动观测平行观测期。

区域气象观测站:2004年开始建设,2008年已建成30个(四要素14个,两要素12个,长江航道观测站4个)。

天气报告 1937年5月起,向四川省建设厅编制《逐旬天气要素旬报表》。1940年11月起,编发"两组五字"天气报。1944年,经四川省无线电总台向国民政府中央气象局拍发天气报,1945年发绘图天气报。1946年7月起,向四川省气象测候所拍发天气报。

1951年5月10日起,先后使用《国内绘图天气报告电码》(气技911)、《绘图及辅助绘图天气报告电码》(气技921)、《气921(修)暂行五字电码》、《陆地测站定时绘图天气报告电码GD-01》、《陆地测站地面天气报告电码(GD-01Ⅱ)》拍发天气报告和小天气图报。1959年8月15日起,向四川省气象局编发2次天气报,1960年1月1日起取消。1960年1月1日起,万县专区各气象站向专区气象台发1次小天气图报。1960年7月10日起,改为4次天气报。1986年1月1日起,使用PC-1500机处理观测资料和编天气、航空报。1996年改用微型计算机软件程序编报。1990年起,天气报在国内传递。2000年,改为6次天气报。2006年12月31日20时后,每日发8次天气报,16次定时报。2008年12月31日20时后,改为每日发8次天气报。

1956年12月17日起,先后向军民航、尖端科学实验发过航线危险天气报、预约航危报、危险天气报、航危报、固定航危报,2003年1月取消。

1936年,四川省建设厅令各测候所如遇风、雹、旱、涝等,应随时以电报告该厅,这是重庆气象机构开展重要天气报告的开始。1958年起,建立本区域危险天气报通报网。1983年5月,改"危险天气报"为"重要天气报"。

地面气象记录报表 各要素平均值,从1959年7月1日起均按02、08、14、20时4次平均。

气候资料统计，是将万县气候站1954年9月1日—1960年12月31日，农科所农试站1961年1月1日—1962年6月30日观测资料，与龙宝气象站1962年7月1日—2008年12月31日观测资料作连续统计的(因观测场地相同)。

高空风观测 1959年12月25日梁平气象站测风业务迁万县太白岩专区气象台，1960年2月正式工作，1962年7月随观测组迁入龙宝，年底停止，1965年又恢复，1980年底因业务调整而撤销。

太阳辐射观测 1960年1月—1990年12月，进行日射观测。

天气雷达观测 1980年购进车载式711型测雨天气雷达。因选址、征地等影响，1983年才建立凉风雷达站，正式投入使用。1990年10月，为配合飞机人工增雨作业，雷达站从凉风迁至云阳县凤桥乡平顶村，称平顶山雷达站。1999年该雷达借给云阳县气象局使用管理。2008年11月万州新一代天气雷达站(CINRAD/SB型)开始调试运行。

特种气象观测 1993年2月建立五桥机场气象站用于机场建设论证，从3月1日—1997年7月31日进行观测。

1997年1月起，开始酸雨观测。2002年11月1日，开始酸雾观测。

闪电定位仪观测:2003年，闪电定位仪投入使用。

长江航道气象观测:2003年7月14日开始长江航道气象观测。主要观测气象要素为能见度、天气现象、气温、水温、风向、风速。

气象卫星云图接收 1974年7月起，安装卫星云图接收系统，通过胶片成相、定位拼图等办法接收卫星云图。1975年4月配备了“APT”极轨气象卫星云图接收机，接收“NOAA”极轨卫星云图。1979年起，可以接收“NOAA”和“TIROS”两颗极轨气象卫星的云图资料。1995年12月19日，装备气象卫星中规模云图接收机(地面站)，开始接收每小时1次的云图。1997年4月25日，建成气象卫星综合应用业务系统(“9210工程”)地面站，实现气象资料通过卫星传递。1999年5月20日，装备气象卫星云图一体化处理系统。

气象仪器供应、维修和计量检定 先后配备兼职观测仪器维修、检定人员及通信设备专职维修人员、微机兼职维修人员各2人，雷达(711)、高炮兼职维修人员1人。1962年2月17日，负责本专区各气象站的常用仪器检定。1971年7月，设立仪器检修点，配备二级标准水银气压表等标准仪器和有关检定设备。1984—1986年，先后有2人获得四川省计量局颁发的“计量人员考核合格证”。1986年二级标准水银表改送北京的气象仪器计量研究所检定。1993年4月起，部分仪器送重庆市气象局检定。1998年底，不再负责仪器检定工作。

②气象通信

人工抄收莫尔斯电报 1959年4月—1985年，用12灯交流收报机和7灯直流收报机，每日人工抄收成都区域气象广播08时、14时东亚地面天气报告和欧亚高空天气图报，供制作天气预报使用。

电传通信 1975年起先后用移频电传机、“62丙型”单边带接收机接收成都区域中心等地的气象广播，结束了手工抄报的历史。1981年用单板移频收报机与28型电脑打字机配合，自动收报、填图。

传真通信 1976年用117型化学纸传真机，接收北京、东京气象传真广播播发的天气图。1982年增收成都区域中心气象台的传真广播。当年，改用普通纸滚筒式传真机，主要接收成都区域气象中心广播的传真图、数值预报产品、降水实况、雷达回波、卫星云图等。夏季每日接收传真图14～18张，冬季每日接收传真图8～10张。2000年，PC-VSAT单收站建成，气象信息资料直接从单收站配备的微机上调用，传真机停止使用。

辅助通信 1984年4月起，用单边带话机，经宜昌向武汉中心气象台传递汛情。1987年，组建成区县SSB网辅助通信。

计算机网络 1995年4月，到四川省气象局的计算机网络联通。1996年12月，市内各站计算机联网。1997年12月23日用X.25与重庆市气象台联通，辅助气象通信网停止使用。1998年1月19日与四川省气象局脱网。2005年，完成对原通信网络改造，建立了以帧中继通信方式为主的可视天气预报会商系统。其后，帧中继改用SDH替换。2008年建立DVB-S小站（卫星通信气象数据广播试验系统）。

③天气预报

1959年万县专区气象台建立之初，抄收莫尔斯气象广播绘制天气图，以天气学方法制作天气预报，1960—1961年，四川省气象局指导万县专区气象台共同设计、绘制万县专区小天气图，并对小天气图进行流场分析，结合各次降水过程分布进行分型。1960年，应用点聚图方法制作万县专区5日天气预报。1962年，四川省气象局提出，县气象站要建立5项天气预报的5项工具，即：大中小结合天气日历卡片、各类天气系统过境时的单站气象要素演变型式、单站重要天气过程模式、预报指标点聚图、天气气候统计资料。

1964年万县专区气象台参加四川省气象局组织川东片预报改革会战，将700百帕环流分型与成都中心气象台的500百帕环流分型，配套建立了环流分型与天气预报指标相结合的天气预报过程模式，实现了县气象站预报的“大中小”结合。

1973年后，万县地区各气象台站开始应用统计学与天气图相结合的预报方法制作短期天气预报，同年各台站又应用数理统计制作中长期天气预报。

1983年万县地区各气象台站开始应用数值预报产品，逐步建立了数值预报新产品综合天气预报方法（“MDC”或“MDCE”）。

1986年建立了以暴雨天气预报为主的“专家系统”预报方法。1997年后，主要依靠机算机终端网络和VSAT小站的实时气象信息制作天气预报。

④农业气象

1959年起，先后开展了水稻、小麦、玉米、油菜等为主的农业气象观测和土壤湿度观测。1983起，开展了柑橘、油桐、垂柳、刺槐、紫荆、泡桐、梧桐、榆树、桑、麻柳、蝉、青蛙、家燕、大杜鹃等植物和动物的自然物候观测。1981年起，农气人员结合天气预报，编发播种期、关键生育期、收获期及病虫害防治等重要农事活动期间的农业气象预报。1987年起，制作发布主要粮食、经济作物气象产量预报。

⑤气象科研

1972年开展了万县地区伏旱的形成与西太平洋高压和青藏高压的活动关系的研究。

1979—1981年参与了川东5地市（重庆、江津、涪陵、达县、万县）伏旱研究，撰写了《川东伏旱的规律成因及解决途径和应急措施》、《川东伏旱与农田水分的初步分析》。

1982—1983年，参与了四川省气象科研所牵头的四川暴雨协作研究，撰写了《四川梅雨的初步研究》和《万县地区初夏梅雨的初步研究》，其中《四川盆地暴雨预报方法研究》，获1988年四川省人民政府二等奖（廖运勋为主研人员之一）。

1981—1987年，以农业气象试验为基础，万县地区科委下达研究课题，区气象局与开县气象局联合对早、中、晚稻和双季稻气候生产适应性、气候生产潜力等进行研究，提出熟制改革、品种布局、适时栽培、合理利用气候资源等措施。在1983—1987年间，为推广杂交稻开展系统试验服务，仅开县累计增产稻谷9100万千克。

1988—1990年，参与《万县地区500年灾害研究》，对灾害发生规律进行了研究。

1982—1986年，分别在巫溪万顷山（大巴山支脉、南坡一个剖面），万县、开县交界的铁峰山（北坡、南坡两个剖面）开展剖面气候观测。万顷山剖面从海拔220米至海拔2020米设7个观测点。铁峰山剖面的山顶点1299.4米至北坡最低点165.7米，至南坡最低测点186.7米，南北两面分设5个测点进行气象观测。成立了山地气候、山地气候生态、山地气候资源开发利用、水稻气候生态4个研究组。撰写考察报告2篇、研究论文18篇。《万县地区丘陵山地立体气候变化规律及其开发利用研究》获得1988年万县地区科技进步二等奖，获四川省气象局1989年度软科学优秀成果三等奖。

2. 气象服务

公众气象服务 1960年起，通过广播发布天气预报。1969年通过农村有线广播站开始传播48小时以内的天气预报。20世纪70年代至1982年8月，在《万县日报》上发布旬预报。1973年起，开始制作《气象日历》或《农业气象日历》，1983年停止，1992年恢复。1993年4月起，电视天气预报开播。1996—2004年，中央电视一台午间新闻，播送万县市天气预报。1998年9月—2007年12月，发布三峡库区风景区电视天气预报。

1997年1月起，开通电话自动答询和网络自动查询天气预报服务，即“121”台。后改为“12121”和“96121”。

2008年9月建立了手机短信预警发布平台，区级领导、有关部门、乡镇负责人共519人纳入手机短信发布对象。

2008年12月，启动气象电子显示屏安装工作。

决策气象服务 1990年起每年都编制了《万县地区农业气象年景展望及对策建议》和《万县地区农业气象周年服务方案》，每年春播、汛期及年度均召开全市天气预报会商，其结果供各级领导指挥工农业生产决策时参考。建立了“五长（即政府分管农业的秘书长，农业、林业、水利、气象局长）会议”制度，研讨农业生产、防灾减灾对策。

1998年，在长江全流域抗洪抢险气象服务中，准确预报了出现在万州移民开发区范围内的5次区域性暴雨或大暴雨，收集长江中上游降雨实时资料，向中国气象局长江抗洪抢险服务指挥部汇报，向湖北、湖南洪区（安乡县）气象台站提供天气情况，为下游重灾区台站准确预测天气提供支持。

万州区气象服务工作，先后获中国气象局“1994年全国汛期气象服务先进集体”、“1998年全国气象部门防汛抗洪服务先进集体”、“2008年奥运会火炬传递气象服务先进集体”和重庆市委、市政府“2006年抗旱救灾先进集体”等荣誉称号。

专业与专项气象服务 与港务局、汽车运输公司等签订专业气象服务合同，提供长中期天气预报。为达万铁路、万梁高速公路、万开高速公路建设，宜万铁路航测选线，长江公路、铁路大桥建设等开展服务。特别是万州机场建设气象环境条件论证，先后抽出10多人，进行了4年多的气象观测，收集、积累、分析、对比、统计，整理出50多万个数据，为机场建设提供了科学的气象依据。

长江三峡工程气象保障服务 1971年开始，为葛洲坝水利工程（当时称"330工程"）建设提供专项天气预报，并先后与葛洲坝水力发电厂水文气象调度中心气象台、中国长江电力股份有限公司（三峡梯调通信中心）签订专业天气预报服务合同，服务至今。1993年7月30日，四川省气象局成立四川省三峡库区气象服务中心。同年12月1日，中国气象局在万县市召开了四川省三峡库区气象服务中心成立大会，办公室设在万县市气象局。1997—2008年，万州气象局参与国家气候中心组织的"长江三峡工程局地气候监测子系统"研究。1997年，万县市气象局为长江三峡工程成功截流开展系列天气预报服务获中国气象局一等奖。

人工影响天气 1960年开展人工增雨"土火箭"试验，会同奉节县科委在乌云山顶几次地面燃烧碘化银溶液试验。1961年、1962年调用部队高炮增雨作业。1968年夏，四川省革命委员会组织土火箭人工增雨队，由省军区派一个班解放军护送前往万县地区进行增雨作业，途中遭"造反派"枪击，致使车上随带的1000多支土火箭爆炸，4名工作人员和2名解放军战士遇难。1971年8月组建人工降雨指挥部，办公室设在气象局。1978年调用部队高炮12门进行作业。1990年购买"三七"高炮2门，1993年6月7日经副市长张元铸批准将其奖给云阳县，1998年又重新购买"三七"高炮2门。2005年购置火箭发射架2套用于人工影响天气。

1960年四川省委组织在万县专区干旱县用伊尔-141型和立-2飞机进行人工增雨作业。1977年飞机人工增雨7次。1990年万县地区伏秋连旱，10月2日，地委、行署采纳气象局建议，进行飞机人工增雨，万县地区电视台录制了《银鹰降下幸福雨》专题片。时任中共中央政治局委员、四川省委书记杨汝岱评价："这次飞机降雨，在川东家喻户晓，提高了党和政府的威信。"1991年，也开展了飞机人工增雨作业。

气象科技服务 1983年7月，与葛洲坝水力发电厂签订预报专业有偿服务合同。1984年，成立气象（科技）咨询服务部，1986年改为专业气象科，从事气象科技服务工作。1991—1995年先后设立应用气象所、气球广告中心、万象技术公司、华光防雷中心、（气象台）专业气象室、开发经营科、科技开发中心等机构，提供气象科技服务。1996年起，气象科技服务工作分配到各科室，以科室职能开展服务。2008年底以气象台、防雷办为主开展气象科技服务。主要以专业专项气象预报、电视广告声询、工程建设气候考察论证、氢气球灌充、防雷技术服务等为主。1984年起，与港务局、公路局、交通局、汽车运输公司、电力公司等单位签订的气象服务合同仅1万多元。1990—2000年平均每年签订的气象服务合同单位近50个，最多年达80个。随着电视天气预报、"12121"及"96121"、气象预警广告显示屏、气象信息网等气象服务的发展，合同气象服务单位逐年减少，2006—2009年仅剩下三峡水利发电公司、亚东建设工程集团有限公司等8个单位。

1988年开展空飘气球广告服务，2007年停止。1996年起，由巫山县旅游公司出资，在中央电视台（一台）"午间新闻"中播出万县市天气预报，以后改为万县市政府和企业出资在中央电视台(一台)播出万县市天气预报,2005 年停止。1999 年起,组织万州电视天气预报广告业务,2007 年停止。1997 年起,与万州区电信局合作开办“121”天气预报自动电话答询服务,2004 年 5 月由重庆市气象局气象科技服务中心统一整合为“12121”及“96121”。

万州区气象局历年气象科技服务收入(万元)

1990 年	1991 年	1992 年	1993 年	1994 年	1995 年	1996 年	1997 年	1998 年	1999 年
							14.1	15.5	14.7
2000 年	**2001 年**	**2002 年**	**2003 年**	**2004 年**	**2005 年**	**2006 年**	**2007 年**	**2008 年**	**2009 年**
37.1	86.1	98.2	88.0	122.4	122.9	113.8	135.3	164.2	229.4

气象科普宣传 1960 年 11 月 15 日万县专区气象学会成立,从 1961 年起,每年的 3 月 23 日,围绕世界气象日公布的主题,开展“世界气象日”纪念活动。区气象局每年都参加区科委、科协组织的多部门联合科技宣传周活动。在主城区宣传主要以气象科普知识、气象防灾减灾、气象现代化、城市气象为主;在科技下乡中结合不同地带(区域)农事季节(如播种期等),集中一周时间在各乡镇(集日)开展科技宣传,主要向农民直接解答有关问题和咨询、当年短期气候预测情况、农事活动应注意防避的主要气象灾害、调整种植结构中要遵循气候规律、充分利用当地小气候资源等。发放中长期天气预报资料、气象日历、气象科普资料、防雷知识,以及按天气预测提出农业生产技术措施建议,发放气象法规等资料。2006 年 5 月 8 日,万州区气象局定为万州区青少年科技教育基地。

科学管理与气象文化建设

社会管理 1992 年 10 月,万县地区行署下发《关于进一步加强气象工作的通知》。2003 年 11 月,万州区人民政府印发了《万州区自然灾害处置办法实施细则》。2007 年 3 月,万州区人民政府下发《关于加快气象事业发展的意见》。2008 年 4 月,万州区人民政府办公室印发了《万州区突发气象灾害应急处置预案》。

依法管理本行政区域内防雷减灾和空飘气球施放,设有万州区防雷减灾办公室和民用氢气球安全技术管理办公室。1999 年,成立万州移民开发区防雷工作安全委员会,2000 年 5 月 1 日起,防雷设施验收列入万州区建设工程验收项目。主要负责防雷工程设计、施工、监审气象行政审批项目,在政府行政审批大厅设专人值班。2000 年 4 月,万州区人民政府办公室下发了《关于进一步加强民用氢气球安全技术意见的通知》,进一步加强了对民用氢气球施放安全的管理。

党建工作 1959 年万县专区气象台建立时有 2 名党员,1963 年 4 月 17 日建立气象台党支部,支部书记王爱桂;1978 年 8 月 8 日建立中国共产党万县地区气象局党组,书记姚士学;1983 年 11 月建立党组纪律检查组,组长许用民。2008 年底,万州区气象局有党支部 2 个(在职职工中的党员为一支部,退休职工中的党员为二支部),党员 37 名。

加强党风廉政建设,认真执行党风廉政责任制,签订党风廉政责任书,开展主题性教育活动和警示教育,开展廉政文化活动,进行局务公开,提高廉政意识。2004—2008 年万州区气象局党风廉政建设工作连续 5 年被区委、区政府考核为优秀等次。

气象文化建设 1993 年被命名为万县市(地级)文明单位。2000 年度被命名为万州区最佳文明单位，2004年4月，被命名为重庆市文明单位。

1989年参加了四川省气象部门文艺汇演。举办过三届职工运动会。2000年和2006年，3个舞蹈节目参加重庆市气象部门一、二届文艺汇演，分别获三等奖和优秀奖。积极组织职工参与市容市貌整治，社会治安综合治理。

积极响应万州区委、政府号召，由单位筹资、职工捐献钱物开展帮乡扶贫工作。1995—1997年负责对云阳县大阳乡帮扶，先后购买南江黄羊20只和脐橙树苗，为其贫困村民发展种养殖业，并开展适用技术培训和气象科技服务。1998—2004年负责帮扶万州区双流乡，帮助发展中药材，提供果树栽培技术，请高级农艺师帮助解决了800亩①梨树多年只开花不结果的问题。并资助资金近5万余元，用于帮助中药材基地建设和帮扶贫困户。此间还向“春蕾小学”特困“春蕾女童”捐资2000元。2005年调整帮扶万州九池乡，当年落实帮扶资金5000元。2006年与区建委、万州海关一同多次到九池乡帮扶，为30户贫困户送去化肥3吨，价值3000多元，帮助九池乡抗旱救灾资金5000元，同时全局职工捐款1930元。自开展帮乡扶贫工作以来，连续被评为扶贫工作一等奖或二等奖。

台站建设与移民迁建

台站建设 1959年始建万县专区气象台时，在万县安乐乡太白社征地4088平方米，建房500平方米。1961年万县气候站迁至万县沙河镇姜家堡，1962年移交给专区气象台土地2604平方米，房屋244平方米。1963年专区气象台迁至城区青羊宫，万县市房产公司划拨土地3387平方米，房屋630平方米。1965年在龙宝给气象台观测组建职工宿舍282平方米。1982年气象局拆1970年建的办公楼，新建办公楼1625平方米。1984年拆部分旧房建宿舍1614平方米。1996年拆气象局车库建综合用房2172平方米。1996年拆1978年和1984年建的宿舍楼，与兴化房产公司联合开发，还气象局宿舍4200平方米。1993—1996年出售给职工住房60套，共4658平方米，占用土地565平方米。2004年拆1982年建的办公楼新建办公楼1730平方米。龙宝气象站，2007年拆部分旧房建办公楼430平方米。2008年新建万州新一代天气雷达站，占地面积4000平方米，建业务用房900平方米。

截至2008年底，万州区气象局（不含天城站）占地面积9200平方米，办公业务用房2160平方米，雷达站业务用房900平方米。

三峡库区对口支援 1992—1993年，中国气象局、四川省气象局分别对万县地区气象部门移民搬迁台站进行考察调研。1995年4月，中国气象局副局长李黄带队考察，同年5月，万县市气象局上报了《关于三峡台站搬迁及综合改善方案的请示》，8月，中国气象局下发《长江三峡工程气象保障服务总体方案》，要求全国20个省市气象局对口支援三峡库区20个（区）县局。1996年5月，中国气象局在万县市召开了全国气象部门对口支援三峡库区工作会议。

移民帮促 成立了移民搬迁帮促领导小组，推动三峡淹没区移民提前或按期搬迁。2000—2006年，抽调1人专职住武陵镇开展1～3期移民帮促工作，保证了移民在规定时间

① 1亩=1/15公顷，下同。

内搬迁，其间区局捐款 3 万余元。2002—2004 年，党员带头组成移民帮促突击队，先后对钟鼓办事处西门坡、柑子园居委会移民帮促，并多次参加了淹没线以下垃圾清理、污染物的消毒工作，并捐款 5 万余元。2003 年度党总支被区直机关授予“移民先锋党支部”，谭尚信同志获“移民先锋党员”。2005 年完成北滨路移民帮促，向帮促移民户捐款 6000 元。2006 年负责完成了和平路社区三期移民帮促任务，并给移民捐款 5000 元。2007 年负责完成了北滨路三期移民帮促工作，捐款 5 万元，2008 年抽专人负责完成了复兴路社区四期移民帮促工作，出资 2000 多元。

万州区气象局龙宝观测场及值班室旧貌

万州区气象局旧貌

修葺一新的万州区气象局龙宝国家气候观象台

万州区气象局新办公楼

万州区天城气象站

天城历史悠久，城东一古城山势险峻，绝壁凌空，峭立如堵，誉为“天城倚空”。相传蜀汉刘备伐吴，曾屯兵于此，故又称天子城。面积 1061 平方千米，人口 56 万。属亚热带季风性湿润气候，年均降雨量 1293 毫米，年均气温 17.7℃，年均日照时数 1204 小时。

机构历史沿革

历史沿革 1937年5月建立万县四等测候所，地址在万县沙河子大坝，1949年7月停办。1954年初，四川省气象局接管万县山区农业试验场气象站，9月1日建立四川省万县气候站，站址在万县山区农业试验场(现农科所)内。1960年2月更名为万县气候服务站，同年12月31日，从万县市龙宝迁至万县沙河镇安乐村姜家堡，1962年7月1日停办。1966年1月1日恢复，更名为万县气象站，站址迁至安乐乡上坪村8队，1968年12月21日停办，1971年7月1日恢复。1979年2月改名为万县气象局。1983年11月，更名为万县气象站1991年1月因观测环境条件恶化，改为辅助站。1993年4月更名为万县市天城区气象局，1998年6月更名为重庆市万州区天城移民开发区气象局，为万州区气象局直管单位。1999年12月将办公室和职工住宅迁至万州区天城大道220号(周家坝"心连心"广场旁)，气象观测场仍在上坪村8队。2000年8月28日，重庆市气象局委托万州区气象局代管。2006年1月1日更名为重庆市万州区天城气象站。观测场位于东经108°21′，北纬30°50′，海拔高度257.0米。

管理体制 1954年建站时由四川省气象局和万县人民政府双重领导。1957年4月，万县站下放给县人民委员会领导。1966年1月1日起，万县气象站人事、财务、业务由万县专区气象台领导和管理。1971年1月，万县站改为县革委建制，县人武部具体领导。1973年9月，万县气象站改由万县县革委领导，财务、业务仍由万县地区气象局管理。1981年1月起，万县气象局改由万县地区气象局领导为主，实行气象部门与地方政府双重领导体制。1998年改属重庆市气象局与万州天城移民开发区管委会双重领导。

机构设置 从1954—2005年底气象站内有观测组、预报组、办公室。2005年底因体制调整，原重庆市天城移民开发区气象局，改为重庆市万州天城气象站，2006年起只有观测组，为国家一般气象站。

2003年10月15日成立了天城移民开发区人工增雨防雹工作站。全面负责天城辖区内的人工增雨防雹工作。

人员状况 建站时3人，1978年16人。现有在职职工6人，其中工程师2人，大专学历3人，党员3人。有退休职工8人。

单位名称及主要负责人变更情况

单位名称	负责人	任职时间
万县气候站	徐君照	1954.09—1956.08
	卢圣贤	1956.08—1960.02
万县气候服务站		1960.02—1962.07
		1962.07—1966.01(停办)
万县气象站	卢圣贤	1966.01—1966.05
	王兴英	1966.05—1968.12
		1968.12—1971.06(停办)
	王兴英	1971.07—1973.06
	牟维培	1973.07—1979.02

续表

<table>
<tr><th>单位名称</th><th>负责人</th><th>任职时间</th></tr>
<tr><td rowspan="3">万县气象局</td><td>牟维培</td><td>1979.02—1980.02</td></tr>
<tr><td>王兴英</td><td>1980.02—1981.03</td></tr>
<tr><td rowspan="2">李永泉</td><td>1981.03—1983.11</td></tr>
<tr><td rowspan="2">万县气象站</td><td>1983.11—1987.04</td></tr>
<tr><td rowspan="3">幸正端</td><td>1987.05—1990.11</td></tr>
<tr><td>万县气象局</td><td>1990.11—1993.04</td></tr>
<tr><td rowspan="2">万县市天城气象局</td><td>1993.04—1995.09</td></tr>
<tr><td rowspan="2">翁文谈</td><td>1995.09—1998.06</td></tr>
<tr><td rowspan="2">天城移民开发区气象局</td><td>1998.06—2002.02</td></tr>
<tr><td>江贵生</td><td>2002.02—2005.11</td></tr>
<tr><td>重庆市万州区天城气象站</td><td>周祖才</td><td>2005.12—</td></tr>
</table>

气象业务与服务

1. 气象业务

①气象观测

地面气象观测 地面气象观测在气象观测场进行。万县测候所，按《测候手册》的规定，气象观测场为南北向 9 米，东西向 6 米，1954 年 1 月 1 日起执行《气象观测暂行规范》，将观测场改为东西向 16 米，南北向 20 米。

气候观测分器测（仪器测量）和目测。器测项目有气压、气温、湿度、风向风速、降水量、蒸发量、日照、地温等要素。目测项目有云状、云量、云高（分高、中、低云）、能见度、天气现象等要素。

观测时次（时制） 1954 年 9 月 1 日，采取地方平均太阳时，即 4 次观测为 01、07、13、19 时，1960 年 8 月 1 日至今用东经 120°标准时（即北京时）。

1961 年 1 月 1 日起每天进行 08、14、20 时 3 个时次地面观测。

地面观测方式 1954 年 9 月—2003 年 12 月人工观测。2004 年 1 月起，天城站安装 DYYZ-Ⅱ型自动气象站（地面气象综合有线遥测仪-Ⅱ型），其中，2004 年 1 月—2005 年 12 月为人工观测与自动站观测并行观测期。2006 年起为自动观测。

2004 年 10 月 1 日起，开展酸雨观测。

天气报告 1937 年 5 月起，向四川省建设厅编制《逐旬天气要素旬报表》。1940 年 11 月起，编发“两组五字”天气报。1944 年，经四川省无线电总台向国民政府中央气象局拍发天气报，1945 年发绘图天气报。1946 年 7 月起，向四川省气象测候所拍发天气报。

1951 年 5 月 1 日起，先后使用《国内绘图天气报告电码》（气技 911）、《绘图及辅助绘图天气报告电码》（气技 921）、《气 921（修）暂行五字电码》、《陆地测站定时绘图天气报告电码 GD-01》、《陆地测站地面天气报告电码（GD-01Ⅱ）》拍发天气报告和小天气图报。1959 年 8 月 15 日起，使用《四川省常用气象电码（VDM-01）》向四川省气象局编发 2 次天气报，1960

年1月1日取消。1960年1月1日起，万县专区各气象站向专区气象台发1次小天气图报。1960年7月10日起，执行《地面气象观测规范》改为1次天气报。1956年12月17日—1959年6月发航危报。2002年1月1日，改为3次天气报。

重要天气报 1936年，四川省建设厅令各测候所如遇风、雹、旱、涝等，应随时以电报告该厅，这是重庆气象机构开展重要天气报告的开始。1936年起，向四川省建设厅发危险天气报。1958年起，参与本区域危险天气报通报网。1959年8月15日起，万县气象站用《四川省危险天气通报电码(VDM-2)》和修码(VDM-3)、(VDM-3Ⅱ)编发危险天气报。1983年5月，改"危险天气报"为"重要天气报"。

地面气象记录报表 各要素平均值，从1966年1月1日起均按02、08、14、20时4次平均。

气候资料统计，1966—1968年，1972—2008年观测资料连续统计。

气象仪器供应、维修和计量检定 气象仪器和消耗器材由万州区气象局供应。天城站不负责仪器检定工作，1998年送重庆市局进行维修和检定。

②气象通信

万县气象站从建站开始，配备了预报用收音机收听四川省气象广播电台和邻近省台的汉语天气形势预告和天气预报。

传真通信 1982年收成都区域中心气象台的传真广播。同年，改用普通纸滚筒式传真机，主要接收成都区域气象中心广播的传真图、数值预报产品、降水实况、雷达回波、卫星云图等。

辅助通信 1990年与万县地区气象局组成SSB辅助通信网。1996年12月，与万县市气象局实现计算机联网。

卫星通信 1982—1999年，用传真机接收卫星云图，2000年建成PC-VSAT卫星单收站，2000年12月，通过X.25与市气象台联网，直接接收北京总站气象资料、雷达回波、气象卫星云图、数值预报产品等。

③天气预报

短期天气预报 最初是在接收省、地两级气象台天气预报的基础上，把地方天气预报经验与周围大范围天气形势相结合，进行补充订正，作出本县天气预报。

20世纪60年代初，专区气象台与省台上下结合用环流分型模式制作本地区天气预报。20世纪70年代，采用"统计学与天气图相结合的预报方法"，20世纪80年代中期，建立了"短期暴雨预报专家系统"，增强了预报各类天气的能力。2003年MICAPS 2.0系统开始在短期天气预报中应用。

中期天气预报 根据短期预报用的天气图，使用外推的方法，制作3天左右的预报。1966年应用700百帕环流型先后建立了与成都中心气象台500百帕环流型相配套的大、中、小结合的中期预报模式，实现了地市台用环流分型制作本地区的中期天气预报。

20世纪80年代开始使用欧洲中期数值预报中心和日本播发的3～6天的数值天气预报数据，西风带环流形势的变化以及西太平洋副热带高压、青藏高压的高、低值系统活动，谐波分析等，建立了一些中期预报模式与预报指标。

20世纪90年代，用国家气象中心的T63、T106、T213数值预报以及欧洲数值预报等数据和本地实况数据相结合研制中期逐日滚动预报。

长期天气预报(1999 年改称短期气候预测) 1958 年兰州全国中长期天气预报会议后,把与天气变化的相似、相关规律、天气韵律和气候奇异点以及群众经验等进行整理与验证,建成预报工具,用以制作长期天气预报。20 世纪 70 年代开始,又把回归分析、周期分析、平稳时间序列和阴阳历迭加等方法,陆续用于预报实践。

从 1973 年起,参与万县地区气象局组织的预报方法改革会战、评定重要天气预报质量、业务竞赛、评定个人预报质量、撰写预报工作服务经验、季度和年度预报质量评定、优秀预报员评选等,促进了预报质量的提高。

④农业气象

1955—1961 年,万县气候站开展以水稻、小麦为主的粮食作物生长发育状况和产量结构观测。

1955 年开展土壤温度观测,采取土钻取土、天平称重烘干的方法,测量旱地作物农田土壤水分。1960 年,万县气候站在观测和调查农业气象灾害的基础上,将水稻、小麦、玉米、红苕、油菜、棉花几种作物生长发育过程中主要病虫害发生期及消长危害、防治措施、灾害性天气的防御等编纂成册,为农业部门服务。1957 年万县气候站向有关部门邮寄农业气象旬报,1958 年 9 月万县向中央气象局和四川省气象局拍发农业特殊天气报电报,1959 年万县向四川省气象局拍发农业气象旬(月)报,1960 年 7 月 31 日停止。1958 年万县气候站开始试作冬季作物播种期预报。1960 年 3 月,四川省气象局指导万县等气象站开展病虫害气象预测,找出病虫害发生发展的农业气象指标。编写了《万县气候志》,主要内容为:万县气候概况,农作物病虫害情况,主要农作物的气候条件和病虫害的关系,家畜家禽和疾病概况等。开展了稻螟虫、蝗虫、黑穗病等病虫观测,寻求病虫发生与气象条件的关系。1966 年停止农气观测。

2004 年 6 月 10 日开始土壤墒情观测工作。

2. 气象服务

公众气象服务 1956 年 7 月起,在县广播站口语发布天气预报。1969 年万县农村有线广播网建成,天气预报开始传播到广大农村,播发 48 小时以内的天气预报。

20 世纪 70—80 年代,万县气象站旬、月、季、年度天气预报书面送给县领导机关和相关部门。

1975 年起,开始制作年度气候趋势预报《气象日历》,1983 年终止,1992—2005 年恢复制作。

2002 年 5 月天城移民开发区举办第一届中小学生运动会,参加人数近万人,气象局建议 4 月 27—30 日举行,预报准确及时,确保运动会如期举行,节约资金近 5 万元。天城移民开发区教委感谢气象局的帮助和支持。

决策气象服务 1986 年,万县气象站准确预报了 7 月 25 日暴雨,仅新田水库就多蓄水 300 万立方米,多灌农田 7500 万亩,多发电 10 万千瓦。

1988 年,万县气象站 7 月上旬发布“伏旱已经露头,并持续到 8 月中旬”的预报。县政府据此组织动员群众开展抗旱。全县 35 万多人投入抗旱,动用抽水机 660 台,抢修机电排灌设施 406 台,堵溪截流 748 处,调整了晚秋作物种植计划,落实生产自救措施。县政府评价气象站的预报："为制定抗旱措施作出科学决策提供了依据，在很大程度上避免和减轻了灾害天气带来的损失，促进了全县经济的发展。"

1989年7月8日和7月10日以及1993年7月17日大暴雨预报准确，均获得四川省气象局颁发的预报服务显著奖。

1998年，万州移民开发区范围内多次出现暴雨或大暴雨天气过程，气象部门准确预报，全力以赴搞好抗洪抢险气象服务工作，极大地减少了人员伤亡和财产损失。

2002年4月15日冰雹及寒潮预报准确，服务及时。天城移民开发区各相应部门及早采取了避防措施，减少和避免了由于冰雹和寒潮带来的直接或间接经济损失120万元左右，尤其对冰雹的准确预报在群众中反响强烈，区政府对这次预报十分满意。

专业与专项气象服务 万县气象局从20世纪70年代起为水利、电业、农机等部门进行专业预报服务，为经济、农业主管部门制作提供中长期天气趋势预测和咨询气象服务。

1975年万县气象局为瀼渡电力线路维修制作专题天气预报。

天城气象局开展了林业气象、水产气象、蚕茧气象服务工作。与万州区登丰水库、新田水库、双堰水库、天城水利局、林业局、高粱农机站、三正农机站以及天城、五桥种子公司、甘宁蚕种场等签订专业气象服务合同，提供长中期天气预报。每年的预报服务单位20多个。为甘宁蚕种场定期制作专题天气预报，收到了好的服务效果。

人工影响天气 万县气象站1961年开展高炮增雨作业。1962年7—8月在万县高升、三正、天城等5个点开展作业8次，用弹277发。由于天气系统变化过程掌握得比较好，各地分别下了中雨、大雨或小雨，对缓解旱情起到了积极的作用。1973年8月5日防雹作业中发射炮弹50多发，防雹减灾效果明显。2003年10月15日，成立了天城移民开发区人工增雨防雹工作站，全面负责天城辖区内的人工增雨防雹工作。

防雷减灾服务 天城气象站没有组建专门机构开展防雷减灾服务，派员与万州区气象局一道开展避雷装置安全检测工作。对移民迁建的各类房屋、易燃易爆场所、高新技术设备等单位开展防雷安全初检、年检，各相关单位积极配合、及时整改，避免了雷电灾害。

气象科普宣传 天城气象站以纪念世界气象日宣传主题内容为契机，每年3月23日，在城区召开纪念会，办专题宣传栏，在报上发表科技论文宣传气象科普知识，防灾减灾知识，宣传气象现代化的成就。3月23日又正值春播气象服务关键期，气象局多年坚持气象科技下乡，紧密结合春播天气开展气象咨询服务。

党建与气象文化建设

党建工作 1975年万县气象站建立党支部，有3名党员，支部书记牟维培，1981—1986年支部书记李永泉，1986—1987年支部书记幸正端，1988—1992年支部书记翁文谈，1993—2009年支部书记牟奇琼。2008年底，天城气象站党支部为万州局总支的第三支部，有党员8名。

认真执行党风廉政责任制，签订党风廉政责任书，向职工进行廉正承诺，开展主题性教育活动和警示教育，开展廉政文化活动，进行局务公开，提高廉政意识。1998—2004年天城气象站3次被天城农办党委评为优秀党支部。

气象文化建设 天城气象局先后成立了创县级和区级精神文明单位建设领导小组，

1998年被天城移民开发区授予（县级）文明单位，连续保持至2001年。2002年2月被天城移民开发区党工委、管委会命名为“最佳文明单位”。

提倡“爱国守法，明礼诚信，团结友爱，勤俭自强，敬业奉献”的基本道德规范，提高职工素质，拓展文化视野。支持退休职工参加小区各类文化活动。2000年和2006年天城气象局派员与区气象局一道参加重庆市气象部门第一、二届文艺汇演，3个节目分别获三等奖和优秀奖。积极组织职工参与市容市貌整治，社会治安综合治理等活动。

台站建设

1972年在安乐乡上坪村8队修建一幢砖木结构业务工作用房，面积167.5平方米，1974年修建1幢片石、土墙、砖薄壳结构的职工用房，面积403.2平方米。1985年在上坪村原址上重新修建1幢二层办公用房，面积189.65平方米，土地使用面积333.54平方米。1999年12月随主城搬迁，将办公室和职工住宅迁至万州区天城大道220号（周家坝“心连心”广场旁），该房屋为砖混结构，共七层，总面积2513.2平方米，其中业务办公用房面积589.78平方米，土地使用面积1785平方米。气象观测场仍在上坪村8队，观测场和道路的土地使用面积1335.08平方米，值班室及辅助用房215平方米。

截至2008年底，天城气象站占地面积3453平方米，现有业务办公用房589.78平方米，其他房屋400.22平方米。

涪陵区气象局

涪陵区位于重庆市中部，长江与乌江汇合处。幅员面积2941.46平方千米，人口114万。涪陵区属中亚热带湿润季风气候，年平均气温18℃，年总降水量1130毫米，海拔最低138米，最高2033米，立体气候明显。涪陵在上古名枳，春秋战国时巴国曾建都于境。三国时置汉平县涪陵郡，东晋置涪郡（又名枳城郡），唐武德元年（公元618年）置涪州，清代设为散州，隶重庆府，不辖县。1913年改称涪陵县。1950年置川东涪陵区。1952—1968年4月为涪陵专区。1968年5月—1995年11月改称涪陵地区。1996—1997年改为地级涪陵市。1997年12月设涪陵区。涪陵有“榨菜之乡”的美誉。

机构历史沿革

历史沿革 涪陵区气象局位于涪陵城石嘴后街49号，东经107°25′，北纬29°45′，海拔高度273.5米，占地1.33万平方米。1937年1月在涪陵县农业技术推广所内设立四等测候所，1944年2月升为三等测候所，1947年更名为四川省测候所涪陵分所，1949年11月停办。1952年9月建立中国人民解放军涪陵气象站。1953年12月改称涪陵气象站。1958年12月，涪陵气象站改建为涪陵专区气象台，管辖垫江、丰都、石柱、南川、金佛山、武隆、彭水、黔江、酉阳、秀山10个气象站。1968年更名为涪陵地区气象台革命委员会，1971年成立涪陵地区气象台临时领导小组，1973年8月成立涪陵地区气象局。1978年增建涪陵县气象站，1980年撤销涪陵县气象站与地区气象局合并。1990年黔江地区气象局成立，涪陵地区气象局改辖垫江、丰都、南川、金佛山、武隆等5个气象站。1996年5月更名为涪陵市气象局。1997年重庆成立直辖市后，1998年6月调整为涪陵区气象局，不再管辖垫江、丰都、南川、金佛山、武隆5个气象站。1952年9月—2006年12月属国家基本站，2007年1月改为涪陵国家气象观测站二级站。

管理体制 1953年8月1日前，台站建制属中国人民解放军西南军区和四川省军区。8月1日起，改属涪陵专员公署（农业局代管）。1964年1月起，涪陵专区气象台改由四川省气象局与涪陵专员公署双重领导。1966—1967年“文化大革命”期间，无明显建制关系。1968年起属涪陵地区革命委员会领导。1971年起，地方气象工作实行革命委员会和军事部门双重领导，以军事部门为主。1971年8月，涪陵专区气象台改为涪陵地区气象局。1973年8月，气象体制由部队改为地方建制，军队干部撤回。1980 年 3 月，实行气象部门与地方政府双重领导体制，以气象部门领导为主。1996 年涪陵地区气象局更名为涪陵市气象局，体制职能不变。1998 年 6 月设立涪陵区气象局，由重庆市气象局和涪陵区人民政府双重领导。

机构设置 涪陵区气象局内设机构多次增减调整。2008 年底，区气象局设有办公室、人事政工科、业务管理科、气象台、大气探测中心、防雷中心、气象科技服务中心。

人员状况 1952 年涪陵气象站 4 人。1959 年涪陵专区气象台 14 人。1998 年底，涪陵区气象局 88 人。至 2008 年底，全局职工 91 人，其中离退休 52 人，在职 38 人。在职职工中，依照公务员管理 13 人，大专以上 31 人，工程师 13 人，高级工程师 2 人。

单位名称及主要负责人变更情况

单位名称	负责人	任职时间
中国人民解放军涪陵气象站	常有堂	1952.09—1953.12
涪陵气象站	王锦兴	1953.12—1955.08
	尹家樑	1955.08—1958.12
涪陵专区气象台	刘秀卿	1958.12—1965.12
	柯昌辉	1965.12—1968.06
涪陵地区气象台革命委员会	于明才	1968.06—1970.12
涪陵地区气象台临时领导小组	黄树民	1971.01—1973.08
涪陵地区气象局	郑庆德	1973.08—1977.04
	陈树林	1977.04—1983.02
涪陵地区气象处	卓传书	1983.02—1986.09
涪陵地区气象局		1986.09—1989.01
	赵　森	1989.01—1992.05
	廖定明	1992.05—1996.05
涪陵市气象局		1996.05—1997.12
	阳作明	1997.12—1998.03
	陈辉强	1998.03—1998.06
涪陵区气象局		1998.06—2004.12
	谷　骏	2004.12—

气象业务与服务

主要业务：地面气象观测（国家基本站）、酸雨观测、天气预报，人工影响天气。

主要服务和科技服务：专业专项天气预报服务，气象资料、农业气象服务，防雷设施管理及安全检测，气象声像广告。

1. 气象业务

①气象观测

地面气象观测 1954 年起执行《气象观测暂行规范》，观测场为长、宽各 25 米的正方形场地。

观测项目（目测和器测）：目测项目有云（云状、云量、云高）、能见度、天气现象；器测项目有气压、气温(包括最高、最低)、湿度、风向风速、降水量、蒸发量(大、小蒸发)、日照、地温(0～320厘米)、雪深等。

观测时次:1961年前为每日01、07、13、19时(地方平均太阳时)。1961年1月1日—2006年12月31日观测时次改为02、08、14、20时(北京时)4次定时观测,每日05、17时2次辅助观测。2007年1月1日起,观测时次改为08、14、20时3次定时观测,向重庆市气象台拍发加密天气报告。

观测方式:1952年10月—2001年12月为人工观测,2001年自动站建成后,2002年1月—2003年12月为人工观测和自动观测并行观测,2004年1月起自动站单轨运行。

区域气象观测网:2003—2008年,已建立区域自动气象站33个,其中立体气候剖面观测站4个,四要素站16个,两要素站10个,长江航道站3个。

地面气象记录报表 1952年9月至今,每月将地面基本气象记录02、08、14、20时4次各要素平均值制作月报表和年报表,上报省、市气象局和中国气象局,2002年起停止上报纸质报表。

航危报观测 1952年开始,每日定时或不定时向民航或军事部门拍发航空报和航空危险天气报告,遇有危险天气出现时,向成都中心气象台和毗邻台站拍发四川省危险天气报告。1998年1月1日取消所有航危天气报告。

天气雷达观测 1978年自购"711型"测雨雷达1部,每年4—9月不定时为人工增雨防雹观测,因雷达故障频繁,未参加雷达组网,资料残缺不全。

太阳辐射观测 1973年3月—1990年12月,进行日射观测,属辐射观测一级站。

特种气象观测 1997年1月1日国家统一开始酸雨pH值和电导率K值观测。1998年1月1日起,进行E-601蒸发观测,2001年10月起开展酸雾观测,2002年7月开始,协助国家气候中心开展三峡库区立体气候剖面观测,2003年7月14日开始长江航道观测,2004年7月1日起按重庆市气象局统一规划部署进行土壤墒情观测,全区设立涪陵、南沱、山窝、丛林、惠明5个观测点,同时增设本局40～320厘米深层地温观测,2006年6月开始本局自定观测项目:室外真实大气、水泥地面和草面极值温度观测。

②气象通信

莫尔斯电报通信 1959年建台时配备M138直流机,12灯交流收讯机到1978年的"56"型短波收讯机,主要是人工抄收摩尔斯电报,每日08、14时抄收成都区域气象中心广播的东亚地面天气报告和欧亚高空资料报告。

电传通信 1977年配备"单边带"接收机和"51"型电传打字机。1979年使用SD-62丙型单边带无线电传(移频通信),接收北京及成都区域中心的气象广播,结束了手工抄报历史。

传真通信 1978年启用117型化学纸传真机,接收北京、东京气象传真天气图。1982年配备了123B型传真收片机,用于接收成都区域气象中心广播的传真图、数值预报产品、降水实况等。

辅助通信 1987年配备短波单边带电台1部,可直接与成都区域气象中心和毗邻地区通话。1989年配备单板机,可自动选取气象电报。1991年使用SSB网辅助通信。

计算机网络 1993—1995年开通成都区域中心至涪陵远程微机终端。1994—1996年与邮电部门建立X.25分组数据交换网。1997年7月建成气象卫星综合应用业务系统(即

“9210 工程”)VSAT 地级站。1999—2001 年建立 PC-VSAT 气象信息卫星单收站。2001 年建立涪陵区气象局局域网。2004 年接入重庆市气象局办公自动化系统网络。2005 年视频会商系统开通。2006 年全国灾情信息网开通。

卫星、雷达 2005 年建立 FY-2C 卫星接收系统。2007 年建成 FY-2D、DVB-S 接收系统。2008 年 10 月建立 PUP 雷达接收显示工作站。

③天气预报

短期预报 1958 年 12 月建台后,自绘 08 时(有时根据需要增加 20 时)500 百帕、700 百帕、850 百帕亚欧高空天气图各 1 张,08 时亚欧地面和变压图、14 时东亚地面天气图、涪陵专区小天气图。应用天气学、气候学、锋面气旋理论等制作短、中期天气预报。1961 年举办首次天气预报训练班,1962 年举办预报改革训练班。在 20 世纪 60 年代初,还建立专区气象台与省气象台上下结合用环流分型模式制作本地区的天气预报。20 世纪 70 年代初,逐步使用统计学与天气图相结合的方法制作预报。20 世纪 80 年代前期,接收中央气象台、日本、欧洲天气图和数值预报产品、物理量图,为短期天气预报提供了较多依据。继后,又学习引进天气动力模式输出的统计预报方法等。建立暴雨、寒潮、大风、冰雹等灾害性天气预报方法。1999 年后计算机技术、网络、MICAPS 系统用于短期天气预报,预报员停止绘制天气图,通过电脑调取资料分析制作预报。

涪陵专区气象台成立后,负责管辖垫江、丰都、石柱、南川、金佛山、武隆、彭水、黔江、酉阳、秀山 10 个气象站的指导预报和涪陵的本地预报。1991 年黔江地区气象局成立,涪陵地区气象台负责垫江、丰都、南川、金佛山、武隆等 5 个气象站的指导预报及涪陵的本地预报。1998 年 6 月后只负责涪陵本区域的预报。

中长期预报 1959 年建台后,发布短期天气预报的同时,利用统计方法和平均环流图,制作旬、月、农事季节等中长期天气预报。20 世纪 60 年代后期开始,长期预报逐步扩展到年度预报。至 20 世纪 80 年代中期,建立了“春季低温天气预报专家系统”,还建立了多种以天气学、数理统计学方法为主的旬、月、季、年为时间尺度的中长期预报工具。

预报发布方法的演变 1999 年以前,预报员手工绘制、分析天气图后制作预报,采用广播、人步行传送、传真、电话等方式发布。1999 年后,短期天气预报多采用网络发布。2008 年底,在发布长、中、短期预报的同时,还要发布灾害性天气预报、短时天气预报、电视天气预报、城镇天气预报、次生灾害天气预报、精细化天气预报、公众天气预报等。

预报业务的组织管理 主要是建立与健全规章制度,保证各项规范和技术规定的贯彻执行与预报工作正常秩序,组织预报服务协作和预报方法改革会战、预报会商,采用评定重要天气预报质量、业务竞赛、评定个人预报质量、撰写预报工作服务经验、通报季度和年度预报质量、评选优秀预报员等措施。

④农业气象

1959—1961 年,在涪陵专区农科所建立农业气象试验站,开展玉米、水稻、小麦、油菜、榨菜等作物的生育期及病虫害观测。1982 年 7 月—1983 年 4 月开展山地剖面气候观测,在此基础上完成了涪陵县及涪陵地区农业气象气候区划和农业气候资源汇编。1983 年起开展农业气候评价。1986 年开展珍稀动植物气候生态引种试验,获四川省气象局四等奖。1988 年开展小麦、油菜、玉米、水稻产量预报,并发布农气月报。

⑤气候资料

1952年开始形成气候资料档案，由站长和组长保管。1964年配专职资料员。1971年对积累的气候档案资料进行清理整编，装订归档。1979年按四川省气象局制定的分类大纲和保管期限进行分类鉴定。2003年6月根据重庆市气象局的统一安排，将540册降水自记纸移交市气象局保管。2004年9月将建站以来至2000年的地面观测资料3603册移交重庆市气象局保管。1989年档案管理达机关单位档案管理省三级，1997年档案管理重新申报验收达科技事业单位省部级，2001年升为科技事业单位国家二级。

⑥气象科研

1961—1976年，组织各县气象站多次开办气候资料统计预报方法训练班。1979—1982年参加重庆、江津、涪陵、万县、达县5地市川东伏旱课题研究，撰写了《川东伏旱与北半球海平面气压场的关系》、《北太平洋海温异常与川东伏旱的关系》等论文。该课题于1986年获四川省科技进步二等奖。1982—1986年参与四川盆地暴雨预报方法研究，该课题1987年获四川省科技进步二等奖。1985年参与了川东南水稻低产农业气象问题研究课题，获四川省科技进步二等奖。1998年和区农科所共同主持的稻瘟病生态区划及系统控制研究，获重庆市科技进步二等奖，涪陵区科技进步一等奖。2002年参与中国气象局三峡库区立体气候剖面观测课题研究。2005—2008年，先后开展了重庆市气象局科技计划项目"涪陵区苎麻生产气象条件适宜性研究"、"涪陵区烟叶生产气象条件适宜性研究"、"涪陵区山区土质防雷工程常用接地体接地电阻研究"等课题研究和涪陵区科委科技计划项目"涪陵区泥石流滑坡气象条件危险度等级预报方法"、"涪陵区GIS精细化农业气候区划研究"、"涪陵区雷灾调查及雷击风险防范等级研究"等课题研究。

1998—1999年，获得中国气象局科研课题"三峡库区果蔗生产气候适应性研究"，在龙桥镇北拱村一社租地40亩建设果蔗生产基地，种植从广西引进的优质果蔗，1999年收获果蔗80吨。

2. 气象服务

①公众气象服务

1959年建台后制作本地短期天气预报，通过县广播站对外发布。20世纪60—70年代制作的中短期天气预报送地县领导指挥生产。1974年开始制作气象历书，1993年由电视台制作文字语音天气预报在电视台播出，1998年引进影视设备，由气象局制作景区天气预报和乡镇天气预报在电视台播出。同年开通"121"电话，后改为"12121"和"96121"天气预报自动答询服务。2004年与涪陵区广播电视局联合，首次在涪陵电台开播《气象之声》栏目。2005年5月1日起每日在当地巴渝都市报发布天气预报及泥石流滑坡、森林火险等级预报等。2006年与区公安局交警支队联合编制《道路交通手册》。2007年建立MAS涪陵区防灾减灾平台（手机短信预警发布平台），发布对象为涪陵区四大班子、区级各部门及企业、乡镇、学校等负责人共970人。同年开展电子显示屏公众气象服务。

②决策气象服务

为领导指挥农业生产服务。早期主要是提供天气预报和农事建议。1982年开始每年参加四川省气象局年度、春播、汛期等预报会商，提出农业生产建议。1987年开始召集各县站对年度、春播、汛期天气会商，主要针对农业生产的发展及灾害预防提出针对措施建议，供各级党政领导指挥生产参考。重庆直辖后，决策气象服务扩展到各级领导部门及各行各业。

为领导指挥防灾减灾服务。2006年6—9月，全区遭受百年一遇特大干旱，8月15日，最高气温达43.5℃，创历史新高。在抗御百年一遇的特大干旱中，及时为区委、区政府领导及相关部门提供准确、优质的气象服务，积极有效开展人工增雨作业，为全区夺取抗旱救灾取得全面胜利作出了突出贡献，被区委、区政府评为抗旱救灾先进集体，吴江、徐进明同志被评为先进个人。谷骏同志被中国气象局评为重大气象服务先进个人。

在2006年百年一遇特大干旱中，气象局领导一行赶往帮扶乡镇惠明乡现场帮助引水抗旱

2008年1月13日—2月4日，全区遭受30年一遇的持续低温雨雪冰冻灾害天气。涪陵区气象局及时启动《重庆市涪陵区突发气象灾害应急预案》，围绕抗灾救灾、恢复重建，提出针对性的气象保障措施，为区委、区府及各部门指挥全区应急工作提供全面的决策气象服务。

③专业与专项气象服务

专业气象服务 1983年开始专业气象服务，逐步与涪陵港务局、地区轮船公司、电力公司、龙桥发电厂、涪陵化工厂、816化工厂、涪陵乌江、长江大桥、涪长高速公路建设等重点工程及大型企业开展专题专项气象服务。从2007年起至2008年，推广安装气象信息电子显示屏40块，分布在领导机关及乡镇和部份企事业单位。

人工影响天气 1960年8月，四川省气象局组织4门高炮在涪陵城关镇、马武、酒店乡进行高炮人工增雨试验。同年用炸药、土火箭在涪陵黄草山、望州关进行高山爆炸土法增雨试验。1971—1979年每年均有8～12门高炮在涪陵及各县进行人工增雨试验。1978年地区财政拨专款16万元购“711”天气雷达用于人工增雨防雹。1998年购买3门“三七”高炮固定在涪陵焦石、山窝、武陵山乡。2004—2006年购进3套火箭发射装置开展全区流动作业。2004年4月28日首次使用火箭弹作业。

防雷工作 1990年起开展防雷检测，1999年开展防雷技术评价。2000年起逐步开展防雷工程设计安装。2006年开展雷击风险评估。2006年涪陵区政府首次将防雷安全列入各行业、事业单位及乡镇安全生产目标管理。政府每年定期组织召开防雷联席会议，总结并布置防雷工作。每年应急办、安监局、气象局等部门联合开展防雷行政执法检查工作，发现隐患限期整改，确保雷雨季节防雷安全。

④气象学会和气象科普

1962年1月成立涪陵专区气象学会，后一度停止活动，1979年12月恢复。1983年开始，湘、鄂、川、黔四省(市)边界区气象学术交流会每年轮流举办1次，1988年涪陵地区气象学会承办了第六届交流会。20世纪80年代起，每年3月23日围绕“世界气象日”主题开展活动，参加科协组织的5月的科普月宣传、9月的科技宣传周活动和春季科技“三下乡”活动。1983—2001年共出刊内部刊物《涪陵气象》七期。2006年涪陵区气象局被区委宣传部、区科协、区教委授予科普教育基地，成为涪陵区至2006年为止唯一的科普教育基地。

⑤气象服务效益

获国家气象局“1983 年重大气象预报先进集体”。1992—1994 年连续 3 年获四川省气象局服务效益奖。1997 年获重庆市气象局伏旱高温预报服务奖。1998 年获重庆市气象局“防汛抗洪先进集体”。2003 获中国气象局“重大气象服务先进集体”。2000—2005 年连续获重庆市气象局预报服务奖。2006 年获重庆市气象局“抗旱救灾先进集体”。

社会管理

1992 年 10 月，涪陵地区行署下发《关于进一步发展我区气象事业的通知》(〔1992〕134 号)。1998 年 6 月，涪陵区政府下发《关于进一步加强防雷安全工作的通知》(〔1998〕25 号)。2007 年涪陵区政府下发《关于加快气象事业发展的意见》(涪府发〔2007〕119 号)。

空飘气球施放安全管理 1999 年 11 月，涪陵区公安局、工商局、气象局联合以涪气发〔1999〕60 号文通知，成立涪陵区民用氢气球灌充施放安全技术管理办公室。2004 年 10 月根据《关于禁止在主城区及飞行主航线区施放系留气球的通告》(渝府发〔2004〕84 号)精神，涪陵区属飞行主航线区，实行禁放空飘管理。

人工影响影天气工作管理 1979 年成立地区人工降雨办公室，设在气象局，1983 年机构改革时撤销。1996 年涪陵市政府以〔1996〕64 号批准成立涪陵市人工增雨防雹领导小组，办公室设在气象局，负责人工影响天气日常工作。

雷电灾害防御管理 1998 年成立防雷检测中心。1999 年开展防雷技术评价。2000 年起逐步开展防雷工程设计安装。2005 年开展防雷行政审批。2006 年开展雷击风险评估。2006 年涪陵区政府首次将防雷安全列入各行业、事业单位及乡镇安全生产目标管理。政府每年定期组织召开防雷联席会议，总结并布置防雷工作。每年应急办、安监局、气象局等部门联合开展防雷行政执法检查工作。

党建与气象文化建设

党建工作 1952 年建站时有党员 1 人。1964 年为加强党对气象工作的领导，涪陵地委调酉阳县委副书记于明才同志任气象台专职支部书记，同年 9 月建立党支部，有党员 6 人。“文化大革命”期间，党组织瘫痪，1973 年 9 月恢复党支部。1978 年 5 月，涪陵地委批准成立中共涪陵地区气象局党组。1983 年 9 月增设纪检组。1989 年 9 月，涪陵地直机关工委批准成立中共涪陵地区气象局总支委员会，设 3 个支部(业务支部、行政支部、离退休支部)。2008 年底共 2 个支部，党员 40 人，其中在职党员 17 人。2005 年，被涪陵区直机关工委评为 2003—2005 年度先进基层党组织，并创建为涪陵区级机关党建示范单位。

气象局党组注重党风廉政建设，执行党风廉政建设责任制。局党组与上级党组和本局各科室签订年度责任书，推行党务公开、局务公开，营造廉政文化氛围。2004 年 9 月成立三人廉政监督小组，负责对本单位民主决策、干部任用、局务公开、财务收支进行监督。2007 年起参加由当地纪委、宣传部、电台组织的《阳光涪陵》节目播出。2008 年 9 月出刊《廉政之窗》1 期。

气象文化建设 1997 年被命名为涪陵区“文明单位”。1999 年被命名为涪陵区“最佳文明单位”。2000 年创区级安全文明小区、绿化红旗单位。2001 年获重庆市爱国卫生先进单位。2003年被命名为重庆市“文明单位”。1998—2008年，暑期青教工作连续11年被评为先进集体。2002年开始，每年在全局职工中，开展评选卫生之家、五好家庭、文明职工、文明楼院、优秀党员、先进工作者等活动。2000年，成立涪陵区敦仁街道文明市民学校气象局分校，以职工会议等形式为载体，组织干部职工学习和活动。在长期气象文化建设中，涌现出大批先进个人，摘录部分于个人荣誉栏。

2006年11月参加重庆市气象部门第二届文艺汇演，舞蹈《七月火把节》获最佳表演奖

2000年、2006年参加重庆市气象部门一、二届文艺汇演，6个参演节目分别获得最佳创作奖、最佳表演奖、一等奖、三等奖、纪念奖。

建站以来，一直参与对地方乡镇的各种帮扶工作，其中1999—2008年期间，相继帮扶镇安、惠明、增福、龙潭等4个乡镇，在职党员与贫困党员开展结队帮扶献爱心，单位共计投资15万元为帮扶乡镇修缮村办公室、添置旋耕机。2004年被评为践行“三个代表”重要思想、弘扬“涪陵精神”活动先进集体，受到涪陵区委组织部等8个部门联合表彰。2008年评为全区宣传思想工作先进集体，2008年底前，单位设有篮球场、排球场、党员活动室、职工阅览室、活动中心，多功能舞厅及普通体育活动器具等供职工使用。

台站建设

1952年建站时，有观测值班综合用房100平方米。1964年修建办公楼400平方米和平房180平方米。1984年5月前仅有套房14套，职工住单间或集体宿舍。1985年5月至1992年10月，先后修建宿舍楼3幢，共3130平方米。

1996年新建办公楼1645平方米，生活辅助用房300平方米，办公条件得到改善。1998年拆除1964年修建的砖木结构办公楼，改建成篮球场。2007年5月拆除1982年修建的老平房，平整为活动场地。

截至2008年底，涪陵区气象局有业务办公用房1645平方米，辅助用房300平方米。

涪陵区气象局观测场全貌

沙坪坝区气象局

沙坪坝位于重庆中心城区两江半岛西侧，其半数地面属重庆中心母城之一，幅员面积396.2平方千米，常住人口87.7万，汇聚了重庆市著名的高等院校、科研机构和中小学，融巴渝文化、沙磁文化、抗战文化、红岩文化于一炉，是享誉中外的科教文化名区和历史文化名城。沙坪坝区地貌属于川东平行岭谷低山丘陵区的一部分，年平均气温18.2℃，平均无霜期350.4天，年平均降水量1105.1毫米。

机构历史沿革

历史沿革 重庆市沙坪坝区气象局位于沙坪坝街道饮水村104号，东靠嘉陵江，观测场东经106°28′，北纬29°35′，海拔高度259.1米。沙坪坝区气象局气象资料记录断断续续已达百年以上。

重庆市沙坪坝区气象局前身为1934年7月1日建立的重庆大学测候所。该所于1941年由国民政府中央气象局与重庆大学合办，1943年1月由国民政府中央气象局完全接办，并迁址至沙坪坝高家花园6号(现饮水村104号)国民政府中央气象局院内，成为该局测候科的一部分，承担具体的测候业务工作。1946年5月，国民政府中央气象局迁南京，留下测候业务组建成重庆沙坪坝测候所。1948年1月，国民政府中央气象局在沙坪坝测候所的基础上扩建成立重庆气象台。

原国民政府中央气象局所留防空洞

1950年1月20日，中国人民解放军西南军区航空处接管原国民政府中央气象局办事处和重庆气象台，撤销办事处，保留重庆气象台，2月更名为中央军委气象局重庆气象台，8月16日西南军区司令部气象处在重庆气象台的基础上成立，11月21日气象处迁成都，留下部分人员设立沙坪坝气象站。

黄厦千、罗素人、李良骐、张乃召、余非、姚国士、彭平等先后在沙坪坝从事过气象工作。

管理体制 1950年正式建站时归西南军区司令部气象处领导，名为西南军区气象处沙坪坝气象站，1953年1月更名为四川省军区沙坪坝气象站；1953年11月27日，交重庆市第三区人民政府管理，由建设科直接领导，1954年1月更名为重庆市沙坪坝气象站；1955年8月移交四川省气象局，更名为四川省重庆沙坪坝气候站；1959年9月归沙坪坝区人民委员会领导，业务由四川省气象局领导，更名为重庆市沙坪坝区气象站；1964年2月体制上收，归四川省气象局建制，更名为四川省重庆沙坪坝气象站；1970年11月属沙坪坝区革命委员会建制，区革委和人武部双重领导，以人武部领导为主，更名为重庆市沙坪坝区气象站；1973年7月改属沙坪坝区革命委员会领导；1980年9月改属重庆市气象局与沙坪坝区政府双重领导，以气象部门领导为主的管理体制。1990年5月更名为重庆市沙坪坝区气象局。

机构设置 建站时主要是地面观测业务，只有观测组；1987年1月从市气象台迁并入高空探测、日射、地面观测业务，增设探空组、办公室；1990年5月站改局时设立办公室、地面观测科、高空探测科、专业服务科；1999年成立区防雷中心；2001年1月增设气象业务科、改专业服务科为科技服务科。2008年底，沙坪坝区气象局设有办公室、气象业务科、气象观测科、高空探测科、科技服务科和防雷中心、防雷安全委员会办公室、人工影响天气指挥部办公室等3个地方气象事业机构。

人员状况 建站时有正式职工3人，1954年核定为三等气象站编制5人，1958年底实有职工8人；1987年1月从市气象台迁并入高空探测、日射、地面观测业务增加21人。沙坪坝区气象局为国家基本气象站，也是重庆市唯一的高空探测站。2008年核定编制27人。现有在职职工30人，离退休14人，在职职工大专及以上学历21人；中级专业技术职称21人；30岁以下5人，31～40岁5人，41～50岁11人，51岁以上9人。

单位名称及主要负责人变更情况(新中国建站以来)

<table>
<tr><th>单位名称</th><th>负责人</th><th>任职时间</th></tr>
<tr><td>西南军区气象处沙坪坝气象站</td><td>不详</td><td>1950.01—1952.12</td></tr>
<tr><td>四川省军区沙坪坝气象站</td><td rowspan="2">巩学义(首任站长)</td><td>1953.01—1954.01</td></tr>
<tr><td rowspan="2">重庆市沙坪坝气象站</td><td>1954.01—1954.12</td></tr>
<tr><td rowspan="5">朱聿来</td><td>1955.01—1955.07</td></tr>
<tr><td>四川省重庆沙坪坝气候站</td><td>1955.08—1959.08</td></tr>
<tr><td>重庆市沙坪坝区气象站</td><td>1959.09—1964.01</td></tr>
<tr><td>四川省重庆沙坪坝气象站</td><td>1964.02—1970.10</td></tr>
<tr><td rowspan="2">重庆市沙坪坝区气象站</td><td>1970.11—1987.09</td></tr>
<tr><td rowspan="2">胡甫盛</td><td>1987.10—1990.05</td></tr>
<tr><td rowspan="6">重庆市沙坪坝区气象局</td><td>1990.06—1993.03</td></tr>
<tr><td>张　庆</td><td>1993.04—1996.07</td></tr>
<tr><td>王廷锐(副局长主持工作)</td><td>1996.08—1999.05</td></tr>
<tr><td>王廷锐</td><td>1999.06—2004.11</td></tr>
<tr><td>何洸富</td><td>2004.12—2007.12</td></tr>
<tr><td>冉光槐</td><td>2008.01—</td></tr>
</table>

气象业务与服务

主要业务：地面气象观测（国家基本站）、高空气象观测（以上两项目资料供国内、国际交换）、太阳辐射观测、酸雨观测、天气预报、人工影响天气。

主要服务和科技服务：专业专项天气预报服务，气象资料、农业气象服务，防雷设施管理及安全检测，空飘气球广告。

1. 气象业务

①气象观测

地面观测　观测时次和项目：全天24小时值守班，每天24小时自动观测，每天8次定时观测。人工观测项目有：云、能见度、天气现象。自动观测项目有：气压、气温、湿度、风向风速、降水、日照、蒸发（大型）、地温（0厘米、5厘米、10厘米、15厘米、20厘米、40厘米、80厘米、160厘米、320厘米、地面最高温度，地面最低温度）等。

基本业务：1940年沙坪坝测候所建立后于1941年1月1日正式开始观测记录，根据当时国民政府中央气象局一级测候所的任务要求，主要观测气压、气温（含最高、最低气温）、水汽压、相对湿度、云天状况、能见度、降水量、风向风速、地温（含0～80厘米深层温度）等，并向国内用户编发气象电报。1950年沙坪坝测候所由西南军区气象处接管后，直至1986年归属国家气象站网范畴，每日完成观测8次，守夜班，但不编发气象电报。1980年1月1日改为国家基本站。1987年1月1日开始承担每日4次天气报、4次补充天气报、预约航危报、气象旬（月）报、气候月报等国际、国内气象资料、气象情报的交换任务。2007年1月1日调整为国家气候观象台，每个正点人工观测1次，1天24次观测并承担8次天气报（补绘报）发报任务。2008年12月31日调整为国家基本气象站，每天8次定时观测并发报。

辐射观测：1958年在原沙坪坝区石桥铺陈家坪（1993年区划调整出沙坪坝）建立甲种日射观测站，1987年1月迁至沙坪坝气象站内，是重庆市唯一的辐射观测点。按统一的规范观测总辐射、直接辐射、散射辐射。1991年7月改辐射观测为照度观测，主要测量昼夜各时大气的净辐射和散射辐射。1992年4月1日改为综合遥测辐射仪观测总辐射、净全辐射（属国家二级辐射观测站）。2001年10月24日安装了自动辐射仪，人工、自动同时进行，2003年1月1日起停止人工观测，只运行自动观测。

酸雨观测：沙坪坝气象站是全国最早研究酸雨危害的观测点之一。1981年，沙坪坝区气象站与南京大学气象系、内蒙古师范学院化学系三地同时对酸雨进行监测，收集资料，沙坪坝区气象局观测至今无间断。以前，气象界一直认为北方酸雨较南方严重，1983年在重庆举行的全国酸雨第二次讨论会得出结论：南方酸雨比北方大，沿海比内地大，西南地区比其他地区大，重庆、贵阳、成都为全国之冠。改变了以前的观点，为环境保护提供了科学依据。1991年7月1日，国家气象局统一布点，在沙坪坝区气象局正式建立酸雨观测站（名称：重庆站）。观测自然降水的pH值和电导率（K值），并向中国气象局呈送月报表。

区域气象观测站：从2003年起至2008年已建成10个区域气象观测站和1个长江航道观测站。

高空气象探测　探测时次和项目：沙坪坝高空气象探测站是重庆市唯一的探空站，属国家二级站，每天 08 时和 20 时施放 2 次探空气球，每天 02 时进行 1 次雷达测风观测。探测从地面到 30000 米高空各规定层的气压、温度、湿度、风向风速。探测资料以情报的形式每天 3 次定时向北京气象中心编发电报并参加国际气象组织资料交换。

业务变化：沙坪坝高空气象探测最早始于 1948 年 4 月。当时的国民政府中央气象局曾在沙坪坝歌乐山建立高空气象探测站，但正常工作时间不足一年。1957 年，随着航空事业的发展和制作天气预报的迫切需要，在白市驿机场正式建立重庆探空站，隶属重庆市气象台，探空主要使用 701 型雷达。1965 年迁至石桥铺陈家坪重庆市气象台本部。1987 年 1 月，根据中国气象局（原国家气象局）观测业务并迁的指示，探空站迁并至沙坪坝气象站。2004 年 7 月 1 日起试运行新一代 L 波段电子探空仪探测系统（L 波段雷达），2006 年 2 月 24 日经验收合格该系统正式投入业务，运行了近 40 年的五九型探空仪作备份设备用。

其他观测：从 2005 年起，重庆市气象局陆续在沙坪坝气象局安装了能见度自动观测仪、闪电定位仪等作为对比观测和试验。

②气象信息网络

1982 年，沙坪坝站配备传真机，并开展传真接收业务，主要接收成都区域气象中心广播的传真图、数值预报产品、降水实况、雷达回波、卫星云图等。1985 年 11 月开通日本 M7 型台式超短波 VHF 电台。1997 年，开通 X.25 分组交换网实现与重庆市局微机联网，建成远程数据传输终端。1999 年建成 PC-VSAT 卫星单收站。2002 年建成帧中继网接入重庆市气象局办公自动化系统，同年接入沙坪坝区政府党政网。2005 年 9 月开通与重庆市局和各区县气象局的可视天气预报会商系统。2007 年建成气象业务平台，全部职工配备了计算机，建成了局域网，实现无纸化办公。

③天气预报

由于沙坪坝地处主城核心区，市气象台所处陈家坪原属沙坪坝区，沙坪坝气象站的预报范围与市气象台的预报范围多有重叠，为了规范对外预报服务，避免矛盾冲突，沙坪坝站初期并未开展天气预报业务，市气象局也一直未将沙坪坝的天气预报业务纳入全市天气预报业务网进行管理考核。为了当地的服务需要，从 20 世纪 60 年代起，沙坪坝才自身逐步开展了天气预报工作，未设专门的预报岗位，由部分测报人员与预报大轮班，20 世纪 80 年代初曾停止预报业务，后根据服务需要恢复，到 20 世纪 90 年代中期以前，所作预报都是只提供给政府、有关部门、合同单位和接受用户天气咨询，不对社会公开发布。1995 年 3 月市气象局同意沙坪坝建立和开展预报服务，开始设置专人从事天气预报服务工作并对外发布天气预报，但不纳入全市预报业务考核。

开始只制作本地短期天气预报，后逐步发展到自成系统的县级预报，包括短时天气预报、短期天气预报、中期天气预报和短期气候预测。

预报制作开始时靠收听上级气象台预报加民间测天经验进行单站补充预报，逐步发展结合分析单站气象要素演变规律，用点聚图表、气象要素曲线分析作出本地天气预报。20 世纪 70 年代用天气预报模式、指标等。20 世纪 80 年代中期，使用传真机接收天气图、数值预报产品，结合本站资料做预报。1999 年建成 PC-VSAT 卫星接收站，直接接收气象信息资料，传真机停止使用。2002 年引进 MICAPS 系统，建成天气预报业务服务平台，直接调用北京气象中心、欧洲数值预报中心、重庆市气象台的数字预报产品结合本站资料做预报。

2003年6月起，开展了泥石流滑坡危险度气象条件等级预报业务。2005年天气预报可视会商系统投入使用。

④农业气象

20世纪60年代在歌乐山林业试验场、井口农科站、石桥乡等地建立气象观测哨，直至20世纪80年代初期。观测的原始数据送区气象站审核后作为档案保存。

20世纪70年代后期开展农业气候区划工作，以气象哨观测资料为主要依据对全区进行农业气候区划。区划成果获重庆市科委颁发的农业气候成果三等奖。1987年起，定期印发《农业气象月报》。开展的服务有主要农事季节气象预报、土壤墒情观测、农业气象与生态环境监测、气候评价等。

2. 气象服务

①公众气象服务

20世纪90年代前，公众气象服务主要是广播和书面形式传播天气预报。1988年建立沙坪坝区天气警报无线通讯网，配备甚高频电话和20台警报接收机。1994年增加电视台播出。2006年建成防灾减灾短信警报台。2008年建成20块气象电子显示屏。气象信息主要发布形式为：沙坪坝党政网、政府门户网、兴农网、电视台、报刊、MAS信息平台、电子显示屏、电话、传真、QQ群等。

②决策气象服务

决策气象服务产品 重要气象快报、专题气象服务、重大活动气象保障服务、灾害性天气预警信号、气象信息专报、雨量实况报告、森林火险天气预报、地质灾害气象条件等级预报等10多种。

【决策气象服务事例】 2006年7月9日—9月4日，重庆出现百年一遇的特大干旱。在57天连晴高温中，日最高气温≥35.0℃的高温日数51天，较常年同期偏多22天，日最高气温极值达43.0℃。对比百年资料：日最高气温、高温强度、持续时间均创历史纪录。

在抗旱救灾工作中，沙坪坝区气象局工作主动，信息准确，利用百年气象资料及时为科学部署抗旱防灾救灾工作提供了优质的决策气象服务。尤其在“8·11”虎溪、曾家镇森林大火中，主动开展火灾现场应急气象服务，实施了3次人工增雨作业，普降小到中雨，部分达大雨，为夺取森林救火的胜利起到了重要作用，旱情有效缓解，火险级别大幅降低。9月4—5日，沙区气象局再次组织人影作业，成功降下喜雨，量级达大到暴雨。高温干旱期间，沙区气象局向区委、区政府及有关单位发布各种服务专报、材料131期，为夺取抗旱救灾的决定性胜利做出了重大贡献。

2007年7月17，沙坪坝日降雨量271.0毫米，过程降雨量369.9毫米。超过1893年以来的百年降水记录。对百年不遇的特大暴雨，沙区气象局提前发出预测预警信息，通过各种媒体及时发布了暴雨、大暴雨、特大暴雨重要天气消息和暴雨橙色、红色预警信号，及时启动应急气象服务预案和“一时一报”服务工作，及时向区委、区府和相关部门领导汇报，迅速赶赴灾区调查灾情，在受灾最重的陈家桥镇建立应急气象站，领导带队驻守现场救灾指挥部提供及时服务，每小时向市、区领导及有关部门报告雨情和未来天气情况，并通过手机短信发布平台、区政府网向社会发布。在做好特大暴雨预报服务的同时及时查找历史史料，分析对比得出了此为1893年以来最大的一次降雨过程，实为百年不遇的特大暴雨。据此，及时向区委区府做出了针对性的服务，及时编发了各种服务快报和材料34期，为区委区府及时采取果断措施，指挥全区抗洪抢险、群众安全转移、最大限度地减少国家和人民生命财产损失、争取上级支援起到了重要作用。中共中央总书记胡锦涛等中央领导亲临沙坪坝受灾最严重的陈家桥镇查看灾情，慰问受灾群众。

③主要专业与专项服务

人工影响天气服务 1959年开始进行人工影响天气试验，由重庆市科委牵头，组成由部队和兵工企业及沙坪坝气象站参加的试验小组，研制成催化降水的碘化银高射炮弹，并于1959年4月首次在长寿狮子滩试射催化降雨成功。1973年，中央气象局在重庆召开会议，介绍重庆催化降雨和消雹除灾经验，随后，这种炮弹推广到全国22个省、市、自治区，此项成果荣获1978年全国科学大会奖。沙坪坝气象站的"使用三七高炮人工降雨防雹试验"获全国、全市科学大会奖，主研人朱聿来获四川省科学大会奖，其撰写的《打开人工影响局部天气的大门》等十多篇学术文章，刊登在《重庆日报》上。

2005年4月购置2门人影火箭和1台作业车，成立了区人工影响天气指挥部，由区气象局全面负责人影工作，当年即开始了人影作业，并在2006年百年不遇的特大干旱中发挥了重要作用。此后，人工影响天气工作进入常年化、规范化。

防雷技术服务 防雷减灾工作始于1989年，1995年4月成立沙坪坝区避雷装置检测所，1998年经区编委批复同意成立具有独立法人资格的区防雷中心。主要开展新建建设项目防雷工程设计审核、施工监审、竣工验收工作；已建建筑物、计算机机房、电子设施、电气设备、易燃易爆场所(油库、加油站)防雷装置进行年度安全检测工作；建设项目雷电灾害风险评估工作；雷电灾情调查、鉴定、评估工作。2007年1月1日起防雷中心实行整合，统一纳入重庆市防雷中心管理。沙坪坝区防雷中心同时挂重庆市防雷中心沙坪坝区分中心牌子合署办公。

气象资料服务 沙坪坝的气象资料记录断断续续已达百年，是重庆市范围内时间最长、要素最多、项目最齐的气象历史资料。1951年后的气象资料已全部整编成册，为准确地进行气候分析、制作长期天气预报和为科研、社会单位提供气象资料服务带来了极大的方便。五十多年来，沙坪坝的气象资料为当地乃至重庆市在防灾减灾、城市规划、项目建设、决策服务、应对气候变化、服务社会经济发展等诸多方面发挥了重要作用，并取得良好的社会效益和经济效益。

④气象科技服务与技术开发

20世纪80年代中期，开展气象科技有偿服务，建立天气警报无线通迅网，服务范围涉及工、农、商及政府部门。1992年初，通讯网移交重庆市气象局统一服务和管理。1989年开始氢气球广告服务，随后还开办了气象声像广告、机电、计算机网络、通讯设备商贸业务。至2002年，这些项目均先后停办。

⑤气象科普宣传

以区气象学会为主体，每年"3·23"世界气象日开展广场气象科普宣传活动；开放青少年气象科普教育基地供中小学生、市民参观；每年至少一次到机关、学校、工厂、部队等讲课；不定期到镇街、农村参加科技下乡活动；利用全国科技活动周、宣传月发放各种气象防灾减灾宣传资料；利用政府网站、区电视台发布和播放气象科普文章、科普宣传片等。

社会管理

2001 年 1 月 1 日成立法规科，与局办公室合署办公，同年，7 人通过执法培训，取得沙坪坝区行政执法证。

2007 年沙坪坝区人民政府下发了《关于加快气象事业发展的意见》（沙府发〔2007〕127 号）。

探测环境保护 从 2001 年起，每年 4 月 30 日前，均向当地规划、建委、法制办、国土房管局等部门进行探测环境保护备案，将观测场环境保护纳入城市建设规划。

2002 年 9 月，距观测场 80 米的重庆七中教师集资楼设计高达 28 层，将严重影响探测环境。2004 年 11 月 27 日，配合重庆市气象局政策法规处对重庆七中教师集资楼建设超高违反气象法规进行了行政执法，沙坪坝区政府于 11 月 30 日召开了有多个部门参加的协调会，最后更改设计为 23 层。

2007 年 9 月，由重庆华宇（集团）开发的“秋水长天”建设项目一期工程，在位于 200 米外低于观测场 60 米的滨江路上，但设计最高高度达 100 米，将对高空探测环境造成影响。探测环境受到一定破坏，经中国气象局与重庆市人民政府商定，由重庆市政府筹资将探空业务搬迁至沙坪坝区歌乐山，同时“秋水长天”建设项目 2 号楼降低原设计高度。

雷电灾害防御管理 雷电灾害防御工作始于 1989 年，1998 年 10 月成立沙坪坝区防雷安全工作委员会，2002 年 3 月，派专人入住沙坪坝区行政审批大厅接件办理防雷行政审批，2005 年防雷设计审核正式纳入建设项目行政审批环节。

党建与气象文化建设

党建工作 1975 年成立党支部时有党员 4 人，第一任支部书记朱兴才。1991 年成立党组。截至 2008 年底有党员 19 人，其中在职 11 人，离休 1 人，退休 7 人。2006 年，支部被区委评为“先进基层党组织”；2008 年支部被区委评为“五好基层党组织”和“先进基层党组织”。

精神文明建设 1997 年被沙坪坝区人民政府授予“园林式单位”。1998 年被命名为沙坪坝区“文明单位”。1999 年荣获重庆市气象部门“文明服务示范单位”称号。2001 年获区总工会“先进职工之家”；气象业务科获“巾帼文明岗”称号；气象观测科获区团委命名的“青年文明号”称号。2003 年 3 月被命名为重庆市“文明单位”。

个人荣誉 1991 年，刘虹被重庆市人民政府授予重庆市“劳动模范”荣誉称号。

台站建设

1954 年建办公室 65.4 平方米；1965 年扩建办公室 51.3 平方米；1978 年建职工宿舍 235 平方米；1979 年建职工宿舍 109.3 平方米；1981 年建职工宿舍 208.7 平方米；1987 年 1 月建业务办公楼 508.9 平方米，同年 9 月建氢气存储房 55.7 平方米；1988 年 2 月建职工宿舍 1329 平方米；1991 年建职工宿舍 153.8 平方米；1998 年建职工集资房 20 套，面积 2340

平方米。1996—2002 年，先后出售职工宿舍 44 套，建筑面积 3669 平方米；2001 年拆除职工宿舍 235 平方米修建篮球场；2006 年拆除职工宿舍 208.7 平方米，新建气象防灾减灾综合楼 1268.2 平方米并于 2007 年 12 月投入使用。

截至 2008 年底，沙坪坝区气象局占地面积 16276 平方米，办公业务用房 2152.12 平方米。

沙坪坝区气象局建站时的职工宿舍

沙坪坝区气象局 1998 年修建的职工宿舍

沙坪坝区气象局旧业务楼及观测场(2002 年)

沙坪坝区气象局新业务综合楼及观测场(2008 年)

北碚区气象局

北碚位于重庆市区西北郊的缙云山下，嘉陵江畔，幅员面积 753 平方千米，人口 63 万。因有巨石伸入嘉陵江中，曰碚，又因在渝州之北，故名北碚。北碚在南齐时曾设东阳郡，清代为巴县之北碚镇。北碚年平均气温 18.3℃，年平均降水 1105.4 毫米，年平均日照 1276.7 小时，属亚热带季风气候。

机构历史沿革

历史沿革 重庆市北碚区气象局（以下简称北碚局）始建于 1935 年 1 月 1 日，现位于北碚区东阳街道下坝新村 66 号，东经 106°27′，北纬 29°51′，海拔高度 240.8 米。北碚站拥有悠久的建站历史，经过 7 次搬站。北碚站成立于 1935 年 1 月 1 日，位于北碚江北石子山，时称中国西部科学院北碚测候所，1941 年 12 月 1 日更名为中央研究院气象研究所；1942 年搬迁至北碚朝阳镇水岚垭；1946 年又迁到北碚水井弯象庄乡村；1950 年 1 月 20 日，更名为中央气象局测候所；1950 年 8 月 20 日更名为中国人民解放军西南军司令部北碚气象站；根据四川军区第 4 号命令，1953 年 1 月 1 日更名为中国人民解放军四川军区北碚市气象站；1954 年 1 月 1 日更名为重庆市北碚气象站，并搬迁到北碚金刚乡协合村；1954 年 7 月迁到北碚歇马场板溪院；1955 年 11 月搬迁至重庆北碚歇马场西南农科所桃园；1958 年 6 月 1 日更名为重庆市北碚区水文气象站；1960 年 1 月 1 日搬迁至北碚东阳镇夏坝新村 66 号。1964 年 10 月 1 日更名为四川省重庆市北碚气候站；1966 年 1 月 1 日更名为四川省重庆市北碚气象站；1969 年 5 月 1 日更名为四川省重庆市气象台革命委员会北碚气象站；1971 年 9 月 1 日更名为四川省重庆市北碚气象站；1990 年 6 月 14 日更名为重庆市北碚区气象局。

管理体制 1950 年 1 月，重庆市军管会接管，属军队建制。1954 年 11 月改属四川省气象局建制。1969 年属北碚区革命委员会建制，区革委会和人武部双重领导。1980 年 9 月改属重庆市气象局与北碚区政府双重领导，以气象部门领导为主的管理体制。

机构设置 1935 年至 1955 年，北碚站只有业务组，1955 年 7 月始，设置观测组、农气组。1975 年始设置观测组、农气组、预报组。2006 年气象业务体制改革，设置办公室、业务科、观测科、科技服务科。

20 世纪 80 年代后期，成立北碚区人工降雨指挥部办公室，现为重庆市北碚区人工影响天气指挥部办公室。1999年成立重庆市北碚区防雷安全委员会办公室。

人员状况 建站初期职工一般为3～5人。2008年定编10人，实有在编职工10人。平均年龄41岁，本科3人，大专5人，中专2人。工程师5人，初级职称5人。

单位名称及主要负责人变更情况

单位名称	负责人	任职时间
中央气象局测候所	冯天荣	不详—1950.07
中国人民解放军西南军司令部北碚气象站	冯天荣	1950.08—1951
中国人民解放军西南军司令部北碚气象站	李　生	1951—1952.12
中国人民解放军四川军区北碚市气象站	李　生	1953.01—1953.02
中国人民解放军四川军区北碚市气象站	吴辉光	1953.03—1953.12
重庆市北碚气象站	满在鑫	1954.01—1954.07
重庆市北碚气象站	郭　安	1954.08—1957.07
重庆市北碚气象站	谢永葆	1957.08—1958.05
重庆市北碚区水文气象站	谢永葆	1958.06—1964.09
四川省重庆市北碚气候站	谢永葆	1964.10—1965.12
四川省重庆市北碚气象站	谢永葆	1966.01—1969.04
四川省重庆市气象台革命委员会北碚气象站	谢永葆	1969.05—1971.08
四川省重庆市北碚气象站	谢永葆	1971.09—1981.01
四川省重庆市北碚气象站	柯昌荣	1981.02—1990.05
重庆市北碚区气象局	柯昌荣	1990.06—1996.05
重庆市北碚区气象局	程　超	1996.05—

气象业务与服务

1. 气象业务

①地面观测

观测时次和项目 北碚气象站从1960年8月1日起白天值守班，每天3次定时观测。观测项目有：云、能见度、天气现象、气压、气温、湿度、风向风速、降水、日照、蒸发(小型)、地温(0厘米、5厘米、10厘米、15厘米、20厘米、地面最高、地面最低)。2004年10月1日起开始酸雨观测。

业务变化 1935年1月1日建站，每天8次定时观测。观测项目有：气压、气温、湿度、最高、最低气温、露点、相对湿度、天气现象、降水量、能见度、风向、风速。1935年11月1日增加日照观测统计。1954—1969年增加了0厘米地温、最高、最低地温和5厘米、10厘米、15厘米、20厘米曲管地温观测统计。其后停止统计。1972年又恢复了地温0厘米、最高、最低地温和5、10、15、20厘米曲管地温观测统计。1959年6月1日开始拍发08、20时(东经120°)定时气候报；1959年8月15日气候报改为每月08、14、20时(东经120°)3次报；1962年5月1日气候报改为每月14时(东经120°)1次报；2002年1月1日气候报改为每月08、14、20时3次报。1956年6月1日—1956年8月12日拍发定时航报和航危报。

2003年12月31建成自动气象观测站，2004年起对比观测2年，2005年12月31日20时自动站正式单轨运行。2004年10月1日增加酸雨观测业务并发报。2007年改为国家气象观测站二级站，2006年开始建立区域气象观测站，现已建成12个。2008年12月31日后改称国家一般气象站，原国家气象观测站二级站业务不变。

②气象信息网络

1981年以前气象信息来源主要是收听成都中心气象台广播，1981年配备ZSQ-1A型天气图传真机。1990年，开通甚高频电话。1997年，开通X.25分组交换网，实现与重庆市气象局微机联网，建成远程数据传输终端，1999年建成PC-VSAT气象信息卫星数据单收站，2002年建成帧中继网接入重庆市气象局办公自动化系统、2008年12月建成SDH线路接入重庆市气象局办公自动化系统，帧中继网作为备份。

③天气预报

主要业务：短时天气预报、短期天气预报、中期天气预报和短期气候预测。

短期天气预报内容有：最高温度、最低温度、天气现象、雨量等级、重要天气现象。中期预报项目：暴雨、寒潮、连晴高温、冻害、大雪、低温阴雨、适播连晴、连阴雨等。长期预报项目：年度预报、春播预报、汛期预报、盛夏预报、三秋预报、冬防预报。

北碚站从1958年6月1日正式发布短期天气预报。1965年6月1日开始发布中、长期天气预报。短期天气预报主要是收听成都中心气象台大范围天气形势和天气预报广播以及重庆气象台预报加民间测天经验进行补充订正预报，逐步发展用点聚图表、气象要素曲线分析，20世纪70年代，引进数理统计预报方法，20世纪80年代中期开始用传真接收数值统计预报天气图，20世纪80年代后期开始使用高频电话与市台进行天气会商，再编码向市台传输。1999年建成PC-VSAT卫星接收站，直接接收气象信息资料，传真机停止使用。并使用MICAPS系统，建成天气预报业务服务平台。2005年天气预报可视会商系统投入使用。

④农业气象

北碚属国家农业气象基本站，主要业务范围：农气观测、拍发旬（月）报、农气试验、农业气象技术推广、农气情报预报等。

现有观测项目　水稻、小麦、玉米、红薯、柑橘等作物生育期观测，桃树、柑橘等物候观测，土壤墒情监测。

业务变化　北碚站从1956年开始农气观测业务，开展果树、农作物、蔬菜等物候观测及目测土壤湿度。1958年初，向四川省气象局编发农气旬报和农业气象特殊天气报。1959年向四川省气象局报送农气观测报表。1962年10月确定为四川省农业气象基本站、农业气象试验站。1980年定为国家农业气象基本站。按国家局要求2004年7月增加土壤墒情观测，设立澄江、歇马、蔡家、天府、东阳5个点，每年3—10月开展土壤墒情监测并向重庆市气象局发报。

2. 气象服务

①公共气象服务和决策气象服务

服务产品　重要天气快报，交通安全服务、重大活动气象保障服务，灾害性天气预警信号、重大气象情况报告、森林火险天气预报，地质灾害气象条件等级预报等十几种。

服务方式 2002年前，主要是广播和书面形式。1992年开始发布森林防火预报。2002年1月增开了“96121”、“121”气象咨询服务。2002年7月新增地质滑坡预报。2004年6月新增电视天气预报，并开通手机短信服务。2005年建成防灾减灾短信警报台。在《新北碚报》设立天气预报服务专栏。2005年6月6日发布煤矿安全气象预报。

②主要专业与专项服务

防雷技术服务 1994年起，建立防雷安全定期检测制度，每年与安监、公安、消防、教委等相关单位联合发文，对区内易燃易爆场所、高层建筑、人员密集场所等开展防雷装置安全性能监测。1999年开展防雷装置图纸审核、施工监督、竣工验收等技术服务。

人工影响天气服务 1960年首次开展人工增雨作业。93年代先后购置高炮3门，开展高炮消雹增雨作业。2004年购置火箭2架，开展火箭与高炮结合的人工增雨消雹作业，2008年建成东阳、静观人影作业固定炮站。

③气象服务效益及科技成果

典型气象服务效益 1981年是典型的洪涝灾害年，7月15—17日，洪水使北碚区11个公社不同程度受灾，被淹土地达12000多亩，黄桷、澄江两镇街道全部被淹没。朝阳地区被淹没近30%。全区死亡5人，受灾户达2080户，房屋倒塌1020户。渝碚公路被淹停车半月，黄桷—东阳公路路基被洪水冲跨。

2006年，北碚遭受百年大旱，从7月1日开始进入高温伏旱期，至8月31日持续时间已长达62天。降水量为历史同期最少值：7月1日—8月31日降雨量31.7毫米，偏少90%；7月10日—8月31日降雨量9.8毫米，偏少96%。最高气温(≥40℃)持续日数较多，高温强度、高温持续时间均创历史纪录：7月1日—8月31日极端最高气温≥39℃日数达32天；≥40℃日数达19天；≥42℃日数达10天；其中8月15日极端最高气温达44.3℃，是北碚72年以来有气象记录的最高值；8月7日至8月21日15天中有12天最高气温超过40℃；8月28日起，极端最高气温又连续4天超过40℃，分别达40.1℃、42.0℃、42.7℃、42.4℃。

北碚区气象局在2006年年度、汛期、盛夏天气预报中都先后作出伏旱预报，并及时做好补充订正预报。以“重大气象情况报告”的形式向区委、区人大、区政府、区政协报告，为区委、政府组织全区人民抗旱救灾提供了重要的决策依据。随着旱情范围的加大和加重，北碚区气象局领导和气象业务服务人员全力参与天气监测预测和气象服务工作，24小时等待着天气有利时机，随时准备进行人工增雨作业以缓解北碚区出现的严重旱情，直至高温伏旱天气结束。同年北碚区气象局被重庆市委、市政府评为抗旱救灾先进集体；程超局长和何遂、贺显友获得抗旱救灾先进个人称号。

科技成果 1987年张世达、柯昌荣星座判别法获四川省科委科技成果二等奖；伏旱强度客观预报中的应用获市科委科技成果三等奖。1988年程超、张世达气象传真图与单站压温、湿要素在暴雨预报中的综合应用获区政府科技成果二等奖；B模式数值预报输出产品在重庆市的推广应用获市政府科技成果三等奖。1990年张世达、陈红红、程超春季和初夏、大风短期客观预报系统获区政府科技成果三等奖；张世达暴雨客观预报获区政府科技成果三等奖。

社会管理

2007年，北碚区人民政府下发了《关于加快气象事业发展的意见》。

雷电灾害防御和氢气球施放管理 1999年北碚区人民政府成立防雷安全工作委员会，由北碚区气象局归口管理本行政区域内的防雷减灾工作。2004年9月，北碚区气象局派专人进驻北碚区行政服务中心，办理防雷行政审批等相关事宜。

人工影响天气工作管理 北碚人影工作历来实行政府统一领导、气象部门具体负责、有关部门协调配合。20世纪70—80年代，区政府成立非常设人工降雨指挥部。20世纪80年代后期，人工降雨指挥部趋于常设，下设指挥部办公室，挂靠气象局，负责人工影响天气日常工作。

依法保护观测场环境 2007年起，每年将观测场环境保护相关材料在规划局、城乡建设委员会、国土局进行备案，将观测场环境保护纳入城市建设规划。

党建与气象文化建设

党建工作 1980年1月，组建中国共产党北碚区气象站党支部。先后有谢永葆、柯昌荣、程超担任支部书记。现有中共党员8人。

精神文明建设 1999年，被命名为“北碚区文明单位”，2000年被命名为“北碚区十佳单位”，2002年被命名为重庆市“市级文明单位”。

荣誉 1981年、1983年获得北碚区先进集体称号。1989年获得重庆市气象局颁发的“先进集体”。1989年获得国家气象局颁发的“全国气象部门双文明建设先进集体”称号。2003年获得北碚区防汛抗旱先进集体。2005—2006年获得北碚区行政审批服务工作先进单位。2006—2007年分别获得重庆市气象局颁发的“重大气象服务先进集体”、年度目标管理特别优秀达标单位。2008年获得北碚区防汛抗旱先进集体。

台站建设

1960年始建时征地4800平方米，建观测场625平方米，建房120平方米。1979年修建职工宿舍700平方米。1985年建办公配套用房250平方米。2007年，拆除旧办公楼，新修建业务办公用房及炮库915平方米。

截至2008年底，北碚区气象局占地面积4800平方米，现有业务办公用房915平方米，生活用房480平方米。

万盛区气象局

重庆市万盛区始建于1955年。殷商、西周、春秋及战国初期为巴国地，解放初期仍分属贵州省桐梓县和四川省南川县、綦江县。1955年1月21日，经国务院批准，建成四川省重庆市南桐矿区，1993年4月8日，更名为四川省重庆市万盛区。

万盛区位于重庆市东南部，处于东经106°45′～107°03′，北纬28°46′～29°06′。幅员面积566.13平方千米，人口27万，属亚热带季风气候，年平均气温18.0℃，年总降水1301.4毫米，日照1124.5小时。

机构历史沿革

历史沿革 重庆市万盛区气象局(站)始建于1965年，位于万盛区万盛城莲池村小湾，东经106°56′，北纬28°57′，海拔高度325.3米。1965年6月鱼田堡煤矿气象站移交四川省气象局，更名为四川省重庆市南桐气候站；1966年1月改名为四川省重庆市南桐气象站；1969年5月改名为四川省重庆市气象台革命委员会南桐矿区气象站；1971年9月改名为四川省重庆市南桐矿区气象站；1978年7月改名为重庆市南桐矿区气象站；1990年5月2日改名为重庆市南桐矿区气象局；1993年4月1日改名为重庆市万盛区气象局。

管理体制 1965年属四川省气象局领导，业务委托重庆市气象台负责；1971年，属南桐矿区革命委员会建制，受南桐矿区革命委员会和中国人民解放军南桐矿区人民武装部双重领导，以武装部领导为主；1974年，改由南桐矿区革命委员会领导；1980年7月，由重庆市气象局和南桐矿区人民政府双重领导，以重庆市气象局领导为主。

机构设置 1966年—1979年6月，只有业务组。1979年7月，设置测报组、预报组。20世纪90年代初，设置测报科、预报科。2006年气象业务体制改革，设置办公室、业务科、科技服务科。

20世纪90年代初，成立人工降雨指挥部办公室，现为重庆市万盛区人工影响天气指挥部办公室。1998年成立万盛区虹宇广告部。1999年成立万盛区防雷安全委员会办公室，设立重庆市万盛区防雷设施监测站(属地方机构编制)。

人员状况 建站初期职工2人，1985年增加到11人。2008年定编9人，实有在编职工10人。本科2人，大专4人，中专、高中共4人。工程师2人，初级职称7人。

单位名称及主要负责人变更情况

单位名称	负责人	任职时间
四川省重庆市南桐气候站	庹文理	1965.06—1966.01
四川省重庆市南桐气象站		1966.01—1969.05
四川省重庆市气象台革命委员会南桐矿区气象站		1969.05—1971.09
四川省重庆市南桐矿区气象站		1971.09—1974.04
	兰宗卿	1974.04—1978.07
重庆市南桐矿区气象站		1978.07—1990.05
重庆市南桐矿区气象局		1990.05—1993.04
重庆市万盛区气象局		1993.04—1999.05
	余宗财	1999.05—2001.06
	樊　斌	2001.06—2006.12
	徐世华	2006.12—

气象业务与服务

主要业务：地面气象观测（国家基本站），天气预报，人工影响天气。

主要服务和科技服务：专业专项天气预报服务，气象资料、农业气象服务，防雷设施管理及安全检测，空飘气球广告，气象声像广告。

1. 气象业务

①地面气象观测

观测时次和项目　从1966年1月1日起每天进行3次定时观测，白天守班，夜间不守班。观测项目有：云、能见度、天气现象、气压、气温、湿度、风向风速、降水、日照、蒸发（小型）、地温等。

业务变化　万盛区气象站为国家一般气象观测站。1966—1979年执行的是中央气象局1961年1月出版的《地面气象观测规范》和相应的补充技术规定。1980年起按照《地面观测规范》观测记录，每日以北京时08、14、20时3次定时观测，并制作上报气象记录月报表。1965年6月1日起每日06时向重庆市气象台编发雨量报，每日14、20时向重庆、永川、万县、涪陵4地市气象台编发气候电报。1965年10月11日起，每日06、14时向重庆市气象台编发雨量报、气候报。1967年5月1日起每日06时雨量报改为每日08时编发。1969年增加每日08时向成都中心气象台编发雨量报。1972年4月1日起，向成都中心气象台和重庆市气象台编发“危险天气报”。1981年4月1日起向重庆市气象局编发本站和农村中心气象哨农情月电报。2003年在万盛区内万盛、青年、金桥、石林、关坝等地布设了5个土壤墒情监测点，每年3—10月开展土壤墒情监测并向重庆市气象局发报。2003年建成自动气象观测站，2003年12月31日20时起对比观测2年，2005年12月31日20时起自动站正式单轨运行。2004年增加酸雨观测业务。2007年改为国家气象观测站二级站，2005年开始建立区域气象观测站，已建成8个（四要素1个，两要素7个）。2008年12月31日后改称国家一般气象观测站，原业务不变。

②气象信息网络

1983年以前气象信息来源主要是收听成都中心气象台广播，1983年配备天气图传真机。

1990年，开通高频电话。1997年，利用MODEN拨号，实现与重庆市气象局计算机联网，建成远程数据传输终端，1999年建成PC-VSAT卫星单收站、2002年建成帧中继网接入重庆市气象局办公自动化系统、2004年接入万盛区政府党政网，2008年，帧中继改用SDH替换。

③天气预报

主要业务：短时天气预报、短期天气预报、中期天气预报和短期气候预测。

万盛站从1965年7月正式发布天气预报。主要是以收听成都中心气象台大范围天气形势和预报广播以及重庆气象台预报，以天气日历卡片、点聚图表、气象要素曲线演变为手段，以天气学为理论基础，从中寻找和建立长、中、短期天气预报模式和指标。20世纪70年代中期开始运用高空气象要素剖面分析与地面气象要素结合的短期预报方法。运用概率回归、周期分析、相似相关检验、阴阳历迭加等数理统计预报方法，建立中、长期天气预报工具。20世纪80年代主要运用传真接收数值统计预报天气图，以数值预报产品，物理量诊断、云天演变、环流形势与地面气象要素结合制作天气预报。随着PC-VSAT卫星接收站建成和MICAPS系统的使用，天气预报主要是以数值预报为主，MOS预报为辅。2005年，完成对原通信网络改造，建立了以帧中继通信方式为主的可视天气预报会商系统。

2. 气象服务

①公众气象服务

1965年6月7日起在南桐矿区广播站广播短期天气预报。1999年推出时长为3分钟的万盛区电视天气预报节目。2002年，重庆市局整合资源，全市统一开展“12121”、“96121”气象声讯服务，开通手机短信服务。2006年在万盛区政府门户网站设立天气预报专栏。2007年建成防灾减灾短信警报台。2008年建成3块气象电子显示屏。

②决策气象服务

决策气象服务产品　目前开展了重要气象快报，专题气象服务、重大活动气象保障服务，灾害性天气预警信号、雨量实况报告、森林火险天气预报、地质灾害气象条件等级预报等。

【决策气象服务典型事例】　2006年，万盛遭受百年大旱，夏旱从5月14日开始6月1日结束，伏旱从7月9日开始8月31日结束，夏伏旱连续日数达到73天，特别是进入7月，气温异常偏高，高温强度大，持续时间长，蒸发量大，造成全区直接经济损失13225.87万元，高温干旱对工农业生产造成了严重影响。万盛区气象局在2006年度、汛期、盛夏天气预报中都先后作出伏旱预报，并及时做好补充订正预报。抓住转折性天气开展人工增雨作业，缓解了旱情，得到区委政府的表彰，被评为抗旱救灾先进集体。

2007年7月12日，万盛区普降特大暴雨，从12日02时至13日08时降水本站209.9毫米，关坝167.3毫米、青年128.3毫米、石林104.1毫米、南桐188.5毫米、黑山207.5毫米、金桥84.7毫米。7月9日17时通过传真、短信等方式向区委、区政府、区防汛办、区安监、区国土、区交通等部门发布了暴雨天气消息，区委、区政府领导高度重视，立即对防灾救灾工作进行了安排部署，向各镇、街及救灾、防汛、水利、国土、安监、交通、建委、教委、经贸、房管、旅游、民政等部门发出了预警，要求各级各部门高度关注此次持续性降水天气过程，切实防范山洪、地质灾害、雷电、煤矿透水等突发事件，并做好值班、监测及灾情处置工作。此次暴雨天气过程全区未发生人员伤亡事故和游客滞留事件，气象服务得到了重庆市气象局及区委、政府的表彰。

③主要专业与专项服务

防雷技术服务 1997年起，与区劳动局质监站一起建立防雷安全定期检测制度，对区内易燃易爆场所、高层建筑、人员密集场所等开展防雷装置安全性能检测。1999年成立防雷设施监测站，开展防雷装置图纸审核、施工监督、竣工验收、防雷年检等技术服务。

人工影响天气服务 1977年从重庆市气象局调来1门"三七"高炮首次开展人工增雨作业。20世纪90年代先后购置高炮3门，分别在万盛城区、青年、五和开展高炮消雹增雨作业。2004年4月购置火箭发射架2副，2007年报废高炮3门。

④气象科技服务

1998年设立科技服务科。同年成立万盛区虹宇广告部，主营广告设计制作、空飘气球施放、电视天气预报插播广告，兼营服装印花、防雷产品销售。1999年成立万盛区防雷安全委员会办公室，设立重庆市万盛区防雷设施监测站(属地方机构编制)，开始开展防雷工程设计审核(包括初设和施工图审核)、防雷工程施工监审、防雷工程竣工验收、防雷设施年检等气象科技服务工作。

3. 科技成果

1978年5月《开展云天观测，掌握气候观测》获重庆市科学大会集体奖。1983年10月《挡风云的形成及其在天气预报中的应用》获重庆市科协优秀论文、四川省气象学会优秀论文三等奖，并作为中国气象学会大气探测委员会全国《云和天气》学习交流会交流内容。1985年《云天演变与大风短时预报》获四川省气象局表彰。

社会管理

2007年万盛区人民政府下发了《关于加快气象事业发展的通知》(万盛府发〔2007〕61号)。2008年万盛区人民政府办公室印发了《万盛区突发气象灾害应急处置预案》。

雷电灾害防御和氢气球施放管理。1999年万盛区人民政府成立防雷安全委员会，下设防雷设施监测站和防雷安全办公室，由万盛区气象局归口管理本辖区内的防雷减灾工作。2003年12月，万盛区气象局派专人进驻万盛区行政服务中心，办理防雷行政审批、氢气球施放许可等相关事宜。2004年起，万盛区气象局列为万盛区安委会成员单位，负责全区防雷安全管理。

人工影响影天气工作管理。万盛区人影工作历来实行政府统一领导、气象部门具体负责、有关部门协调配合。20世纪90年代，区政府成立人工降雨指挥部，下设指挥部办公室，挂靠气象局，负责人工影响天气日常工作。

依法保护观测场环境。2005年起，每年将观测场环境保护相关材料在区规划局、城乡建设委员会、国土局进行备案，将观测场环境保护纳入城市建设规划。

党建与气象文化建设

党建工作 1983年4月14日，成立中国共产党南桐矿区气象站支部，时有党员3人。

先后有兰宗卿、樊斌、徐世华担任党支部书记。现有党员9人。

气象文化建设 2000年，被命名为万盛区文明单位。2001年被命名为万盛区最佳文明单位。2006年3月，被命名为重庆市文明单位。

按照万盛区人民政府统一安排，积极配合开展扶贫工作，先后与石林镇两河村、茶园村结成对子，帮扶资金2万元、水泥40吨、计算机1台。

人物简介 庹文理 从1978—1985年先后获得了重庆市科协、四川省气象学会的表彰，其研究成果还作为中国气象学会大气探测委员会全国《云和天气》学习交流会交流内容。1978年出席中央气象局在北京召开的全国气象部门“双学”代表大会，受到了党和国家领导人的接见。1980年1月被重庆市革委评为重庆市劳动模范。

台站建设

1965年始建时征地2113.3平方米，建观测场625平方米，建房32.69平方米。1974年建办公楼208.17平方米。1979年在办公楼东端增加一楼一底，办公室面积增加到309.77平方米。1981年建职工住宅楼362.64平方米。1990年单位占地面积增至2673.3平方米。

2003年拆除单位所有房屋，修建新办公住宅楼3270平方米，其中办公用房464.49平方米，另修炮库50平方米，协议长期租地666.7平方米。

截至2008年底，万盛区气象局占地面积（土地使用权）2157.28平方米，办公业务用房514.49平方米。

万盛区气象局旧办公场所

万盛区气象局旧观测场

万盛区气象局新办公楼

万盛区气象局新观测场

渝北区气象局

机构历史沿革

历史沿革 渝北区气象局始建于民国二十年(公元1931年)10月,1932年底竣工,1933年1月开始正式工作,当时为江北县测候所,地址在县城公园天灯台,1934年2月撤销测候所,历时1年零1个月。

1958年10月随县城搬迁,在江北县滩口(三汇乡示范繁殖农场内)重建江北县气候站,1959年1月1日正式开始工作。1967年1月再一次因县政府搬迁至两路,江北县气象站搬迁到两路公社胜利二队(黄桷堆)山丘上。2002年5月,因江北机场二期扩建占用,搬迁至双凤桥街道骝马村一社骝马山,2003年1月1日开始正式工作。观测场位于东经106°37′,北纬29°44′,海拔高度464.7米。

管理体制 1933年,在江北县政府建设科内设三等测候所开展气象观测工作。1959年—1970年8月,江北县气象站属江北县政府管理,业务受江津专区气象局管理,1970年9月—1973年2月,气象部门实行军管。1973年3月,气象部门恢复区有体制,改属江北县革命委员会领导;1980年,江北县气象局管理体制变为由四川省气象局管理为主、气象部门与地方政府的双重领导;1995年3月,江北县改为渝北区,随之江北县气象局更名为渝北区气象局,受重庆市气象局和渝北区政府双重领导。

机构设置 1979年开始,江北县气象站设置观测组、预报组。1992年设置办公室、业务科、专业服务科(含防雷中心)。1993年经江北县编委批准县防雷中心为自收自支事业单位,故隶属县气象局直接领导。2006年气象业务体制改革后,设置办公室、业务科、科技服务科(含区防雷中心)。

人员状况 2008年底,渝北区气象局有职工26人(其中退休8人、在职职工15人、合同工4人)。在职职工中50～59岁6人、40～49岁3人、40岁以下6人;本科生3人、大专5人、中专高中及以下7人。高级工程师1人、工程师8人。职工中党员14人、共青团员1人,全部为汉族。

单位名称及主要负责人变更情况

<table>
<tr><th>单位名称</th><th>负责人</th><th>任职时间</th></tr>
<tr><td>江北县气候站</td><td rowspan="2">彭乡忠</td><td>1959—1960.02</td></tr>
<tr><td rowspan="2">江北县气象服务站</td><td>1960.03—1961.11</td></tr>
<tr><td rowspan="5">刘国贵</td><td>1961.12—1964.09</td></tr>
<tr><td>四川省江北县气候站</td><td>1964.10—1965.11</td></tr>
<tr><td>四川省江北县气象站</td><td>1965.12—1972.02</td></tr>
<tr><td>江北县气象站</td><td>1972.03—1990.04</td></tr>
<tr><td rowspan="2">江北县气象局</td><td>1990.05—1990.08</td></tr>
<tr><td rowspan="2">何洸富</td><td>1990.08—1995.02</td></tr>
<tr><td rowspan="2">重庆市渝北区气象局</td><td>1995.03—2004.12</td></tr>
<tr><td>陈辉强</td><td>2004.12—</td></tr>
</table>

气象业务与服务

渝北区气象局的主要业务是完成地面一般气象站的气象观测，每天向重庆市气象台传输4次定时观测电报，制作气象月报和年报表。

根据国民经济建设和农业生产制作天气预报和农业气象服务工作。

1. 气象业务

①气象观测

1959年1月1日建站初期气象观测项目有：风向、风力（风压板）、干湿球温度、最高最低气温、能见度、云量、云状、相对湿度、降水量、降水时间、积雪深度、天气现象。1959年8月1日增加日照（乔唐式）观测。1960年1月1日增加地面0厘米、最高最低和5厘米、10厘米、15厘米、20厘米曲管地温观测；1962年1月1日起执行地面气象观测规范；增加轻型维尔达风压器观测；1963年4月1日增加小型蒸发器观测；1968年1月1日取消地温观测；1980年1月1日恢复地面0厘米、最高最低温度观测；1964年2月1日增加重型维尔达风压器观测；1964年5月1日增加雨量计（口面积500平方厘米，1975年2月1日后为314平方厘米）和水银气压表（寇乌式，1969年12月6日后为动槽式）观测；1969年1月1日起使用毛发湿度表；1972年1月1日增加温度计（双金属片、日转）、气压计（空盒日转）、湿度计（毛发日转）、EL型电接风速计（无自记部分），1980年1月1日增加EL电接风自记记录器，进行自记记录观测，1988年1月1日起停止EL型电接风的自记记录观测。1980年1月1日开始执行1979年中央气象局编制的《地面气象观测规范》。2003年12月建成自动气象站。2004年1月1日—12月31日为人工自动站双轨观测，2005年1月1日起采取自动仪器记录资料发报单轨运行。2004年10月增加酸雨观测业务；2007年1月1日起，调整为重庆市渝北国家气象观测站二级站。1959年1月1日起采用地方平均太阳时进行01、07、13、19时4次观测，1960年8月1日后为北京时间08、14、20时每天3次定时观测。观测项目有：云、能见度、天气现象、气压、气温、湿度、风向风速、降水、日照、蒸发（小型）、地温（0厘米、地面最高、地面最低）等。2008年12月31日起调整为重庆市渝北国家一般气象站,保持原国家气象观测站二级站业务不变。

②气象电报的传输

1999年以前,每天08、14时的气象报通过邮电局按照(GD-01)电码型式"五字一组"共11组的形式电话传送。1999年重庆全市气象站统一安装了PC-VSAT单收站,经一年的试运行,2000年1月1日起,全部利用单收站拨号直接传输到重庆市气象台。2005年起,采用光纤电缆和GPRS两种方法传递,使气象电报的传输得到双重保障。

气象报表的制作:2000年以前,用手工抄写方式编制,一式2份,1份报专(市)台,1份本站留底。从2000年1月起,使用微机打印报表,向上级气象部门报送磁盘并保存资料档案。

③天气预报

短期天气预报 1959年3月开始,主要采用"听、看、谚、资、地、商、用、管"八字措施制作单站补充订正预报。1984年4月后,使用传真机接收中央气象台、成都区域中心的图表,结合本站气象预报、预报模式工具制作天气预报。2000年1月起,利用计算机网络接收的数值产品,结合本站的历史资料制作天气预报,准确率较高。

中期天气预报 1984年4月开始,使用传真机接收中央气象台、成都区域中心的旬、月天气预报再结合分析本地气象资料、短期形势、天气过程的周期变化等制作旬、月天气过程趋势预报。2000年起,主要依据数值预报产品和上级指导预报及本站资料、工具套用而制作,准确度有较大提高。

长期天气预报(短期气候预测) 县气象站主要运用数理统计方法和常规气象资料图表、韵律关系、周期相似等方法,分别制作出年、季的天气趋势预报。1966年开始,开始制作长期天气预报,20世纪80年代为适应预报工作发展的需要,进一步贯彻执行中央气象局提出的"大中小、图资群、长中短相结合"技术原则,组织力量,进行会战,建立起一套长期预报的特征指标和方法,广泛应用于预报业务。

长期天气预报主要有:春播预报、初夏预报、汛期(5—9月)预报,三秋预报、冬防预报、年度预报。20世纪90年代后期开始,上级业务部门对长期预报业务纳入考核内容之一。

④农业气象

1959年江北县气候站开展了玉米、小麦、油菜、棉花作物生长发育状况物候观测;1960年3月增加水稻物候观测,1—11月还增加生猪气象条件观测,1978年12月停止农业物候观测。1982年春,根据重庆市气象局要求,恢复上述主要农作物的物候观测,由于江北县气象站不是农气基本站,于1997年10月停止农业物候观测。

2. 气象服务

①公众气象服务

1959年3月起,通过县广播站向全县广大城镇及农村传递天气预报,1997年7月开始由渝北区气象局将天气预报制成DV带,送区电视台每晚播放。2005年起,气象局每天下午将未来48小时内的短期天气预报报送区电视台制成字幕在电视上滚动播放。年、季、月、旬天气信息在政府网上传递,并开通了"12121","96121"天气信息咨询服务。

②决策气象服务

2005年以前，主要采用送服务材料、与乡镇签订气象服务合同为主的决策气象服务，为领导组织指挥防灾救灾提供科学的决策依据。2005年以来，逐步建立决策气象服务平台，陆续为区委、区人大、区政府、区政协及区级部门主要领导开通了手机短信气象服务，2006年逐步扩大范围，已经扩展到镇、街所有区级部门的所有领导，效果显著，并为区、镇、街组织的大型户外活动提供气象信息服务。

③专业与专项气象服务

人工影响天气 江北县人工影响天气工作从1972年开始至1978年，作业人员统一由气象局协商工厂工人到所定作业点进行作业。1979年起，县内作业人员，由所在炮点乡镇的退伍炮兵组成作业队伍，各炮长由当地人武部长兼任，有作业机会事先通知集中，作业后随之解散。2007年渝北区兴隆、旱土、两路炮站都修建了专门的炮库和作业人员生活、工作用房。

防雷减灾 1988—1997年，主要从事新建房屋的防雷装置竣工验收和已建房屋、易燃易爆场所的年检工作，经验收检查不合格的，发给整改通知书，促其整改。1998年起，气象部门进入新建工程防雷装置的风险评估、图纸审核、施工监审、竣工验收的实质性工作。2003年渝北区政府成立了行政审批大厅，该项工作也作为行政审批项目进入大厅运行。

3. 气象科技服务

1995年江北县气象局成立了气象广告部，为各种庆典、宣传活动提供氢气球服务。由于地处空港，对飞机起飞及飞行安全有影响，2004年初此项工作因净空条例颁布而终止。2003年5月，为了保障气象事业的发展，成立了重庆市天美科技有限公司，开展气象科技服务。

4. 气象科普宣传

主要是利用每年的“3·23”世界气象日，以及区里组织的科技活动月“四下乡”“五进社区”等活动，组织发放宣传资料、卡通片、气象法律法规，通过电视、报刊等多种形式宣传气象科普和防灾减灾知识。

社会管理

1998年渝北区人民政府下发了《关于加强全区防雷减灾工作的通知》(渝北府函〔1998〕160号)和《关于加强氢气球灌充施放消防安全管理的通知》(渝北府发〔1998〕87号)。1999年渝北区防雷工作委员会下发《关于加强建设项目防雷工程管理工作的通知》(渝北防雷委〔1999〕02号)。

防雷安全管理 江北县气象局1989年开始开展避雷装置安全检测工作。1998年渝北区成立了防雷安全委员会，并下设办公室，挂靠在渝北区气象局，承担全区防雷工程设计审核、施工监审、竣工验收，以及避雷装置、静电绝缘的安全检测等工作。

空飘气球安全管理 1998年6月15日成立渝北区空飘管理工作委员会，下设办公室，办公室挂靠在气象局，2004年该项工作在渝北区内终止。

政务公开 对气象行政审批办事程序、气象服务内容、服务承诺、气象行政执法依据、服务收费依据及标准等，采取了户外公开栏、发放宣传单等方式向社会公开。干部任用、财务收支、目标考核、基础设施建设、工程招投标等内容采取职工大会、局务会、公示栏等方式向职工公开。职工奖金福利发放、劳保、住房公积金等向职工作详细说明。职工晋职晋级等及时向职工公示或说明。

党建与气象文化建设

1. 党建工作

支部组织建设情况　1959年1月—1967年12月，有中共党员1人，编入三汇乡县示范繁殖农场党支部活动。1968—1975年，仍只有党员1人，1976年有党员2人，到1978年7月，党员人数增至3人，但没有成立党支部。从1968年起编入县农业局党支部活动。1978年7月成立中共江北县气象站党支部，刘国贵同志任支部书记。随着部队转业军人到地方、内调等原因，党员人数不断增加，1995年11月8日，第一次发展党员1人。现有中共党员14人。2006年中共渝北区气象局党组成立，陈辉强同志任党组书记，原中共渝北区气象局党支部更名为中共渝北区气象局机关党支部，李泽忠同志任支部书记。

1975年7月，何洸富被渝北区委评为优秀共产党员；2009年6月，胡红菊被渝北区委评为优秀党务工作者。

党风廉政建设情况　认真落实党风廉政建设目标责任制，积极开展廉政建设教育和廉政文化建设活动，努力建设文明机关、和谐机关和廉洁机关，建立了廉政监督员制度，配备了廉政监督员。每年积极参加中国气象局、重庆市气象局、渝北区纪委组织的“廉政宣传月”“廉政宣传周”及影视观看等活动。局财务账目每年接受上级部门检查，并将结果向职工公布。

2. 气象文化建设

始终坚持以人为本，弘扬自力更生、艰苦创业精神，深入持久地开展文明创建工作。政治学习、业务学习有制度，文体活动有场所，有老年活动中心一个，图书阅览室一个，健身器材一套。

鼓励职工参加函授学习，多次选送职工到成都、南京气象学院培训、深造。全局职工和睦相处，无一人违法违纪，无一例刑事民事案件，无一人超生超育。2000年3月23日，渝北区气象局被命名为渝北区“文明单位”。2003年3月19日成立了“创建市级文明单位领导小组”和创建规划，2004年7月10日被命名为重庆市“文明单位”。

3. 荣誉

集体荣誉

获奖时间	获奖名称	获奖单位	颁奖机关
1964	1963年度先进单位	江北县气象服务站	江北县委
1980	1979年度重庆市先进单位	江北县气象站	重庆市革委
1985.06	江北县农业气候区划三等奖	江北县气象站	江北县政府

续表

获奖时间	获奖名称	获奖单位	颁奖机关
1998.02	“三高”农业先进单位	渝北区气象局	渝北区政府
2000.03	农业和农村工作先进集体	渝北区气象局	渝北区委、区政府
2004.04	重庆市文明单位	渝北区气象局	重庆市文明委
2006.11	抗旱先进集体	渝北区气象局	渝北区委、区政府
2009.01	2008年创建全国文明城区先进集体	渝北区气象局	渝北区委、区政府

个人荣誉 1971年10月，费开源被江西省政府授予“劳动模范”称号。

台站建设

1931年建站时，江北县气象站只有3间“干打垒”的乱石土墙房屋，生活、工作环境十分简陋，20世纪60年代修建房屋700平方米。1981年修职工宿舍300平方米。1993年修职工宿舍290平方米。2000年江北县机场二期工程扩建，占用了渝北区气象局地块。2001年单位筹资修建办公楼650平方米，职工筹资修建住宅楼1610平方米。2003年观测站搬迁至骝马山，占地面积8亩。2007年在骝马山新建业务办公用房2600平方米。2008年新建观测值班室180平方米。

截至2008年底，渝北区气象局占地面积5333平方米，现有业务办公用房2600平方米，观测值班室180平方米，其他房屋650平方米。

渝北区气象局旧貌

渝北区气象局现办公楼

巴南区气象局

重庆市巴南区的前身是千年历史名邑巴县。早在3000多年前的商代，巴人就在此繁衍生息，立国建都。秦代置巴郡，南朝齐永明五年置垫江县，北周改称巴县，并沿袭至1995年。1995年国务院批准撤县建区，成立巴南区。巴南区位于重庆市主城区南部，属重庆都市经济发达圈。东与涪陵区、南川区接壤，南与綦江县、江津区毗邻，西与九龙坡区、大渡口区隔江相望，北与南岸区相接。全区幅员面积1827平方千米，人口86万，属亚热带温润气候。

机构历史沿革

历史沿革 巴南区气象站原为四川省巴县气象观测站，1958年根据四川省江津专区农林水利局农水局(58)局农字78号文建巴县气候站，1959年5月1日起开始地面气象观测。初建时位于巴县小坝乡化龙村(东经106°31′，北纬29°23′，海拔高度206.9米)，后因城市扩展于1991年1月1日迁至鱼洞镇解放村(东经106°32′，北纬29°23′，海拔高度243.6米)。1960年3月11日更名为巴县水文气象服务站，1964年10月1日更名为四川省巴县气候站；1966年1月15日更名为四川省巴县气象站；1969年4月23日更名为四川省重庆市气象台革命委员会巴县气象站；1971年9月1日称四川省巴县气象站；1978年4月更名为巴县气象站；1990年5月2日更名为巴县气象局；1995年2月10日起更名为重庆市巴南区气象局。

管理体制 1958年初建时由四川省江津专区农水局建制，1959年5月1日归巴县人民委员会领导，1964年4月1日起归四川省气象局领导，1971年9月1日起归巴县武装部领导，1974年2月15日起归巴县革命委员会领导，1980年3月17日起归四川省重庆市气象局领导，实行气象部门和地方政府双重领导、以气象部门领导为主的管理体制。1997年重庆直辖后，归重庆市气象局领导。

机构设置 1979年开始，巴县气象站设置观测组、预报组，1992年设置观测科、预报科。2006年气象业务体制改革后，设置办公室、业务科、科技服务科。

人员状况 1959年建站初期只有3人，20世纪60年代有2～5人，1971年后有8～9人，1983年后为11～13人，2008年定编9人，实有在职人员11人，平均年龄37岁。其中本科6人、大专4人,中专1人。工程师5人、初级职称6人。

单位名称及主要负责人变更情况

单位名称	负责人	任职时间
巴县气候站	封为政	1959.05—1960.03
巴县水文气象服务站		1960.03—1964.10
四川省巴县气候站		1964.10—1966.01
四川省巴县气象站		1966.01—1969.04
四川省重庆市气象台革命委员会巴县气象站		1969.04—1971.09
四川省巴县气象站		1971.09—1974.02
	石崇伦	1974.02—1974.11
	张洪涛	1974.11—1978.04
巴县气象站		1978.04—1980.11
	李永祥	1980.11—1990.05
巴县气象局		1990.05—1992.01
	钟云成	1992.01—1995.02
重庆市巴南区气象局		1995.02—2000.03
	王　旭	2000.03—2001.05
	胡明华	2001.05—

气象业务与服务

主要业务:地面气象观测(国家一般站)、天气预报,人工影响天气、雨情报。

主要服务和科技服务:专业专项天气预报服务,气象资料、农业气象服务,防雷设施管理及安全检测,空飘气球广告、气象声像广告。

1. 气象业务

气象观测　1959年5月1日建站初期气象观测项目有能见度、云量、云状、天气现象、风向、风速(风压板)、干湿球温度、最高最低气温、相对湿度、降水量、降水时间、积雪深度、地面状况。1959年8月1日增加日照(乔唐式)观测、1960年1月1日增加地面0厘米、最高、最低和5厘米、10厘米、15厘米、20厘米曲管地温观测;1962年1月1日起执行新地面观测规范;1962年1月1日增加轻型维尔达风压器观测;1963年4月1日增加小型蒸发器观测,1964年1月1日增加40厘米、80厘米、160厘米、320厘米直管地温观测;1968年1月1日取消地温观测;1980年1月1日恢复地面0厘米、地面最高、地面最低温度观测;1964年2月1日增加重型维尔达风压器观测;1964年5月1日增加雨量计(口面积500平方厘米,1975年2月1日后为314平方厘米)和水银气压表(寇乌式,1969年12月6日后为动槽式)观测;1969年1月1日起,开始启用EL型风向风速器,1966年9月1日起开始使用毛发湿度表;1972年1月1日增加温度计(双金属片,日转)、气压计(空盒日转)、湿度计(毛发日转)、EL电接风向速计(无自记部分),1980年1月1日增加EL型电接风记录器,进行自记记录观测,1988年1月1日起停止EL型风的自记记录观测。1980年1月1

日开始执行1979年中央气象局编定的《地面气象观测规范》。2003年12月建成自动气象站，2003年12月31日20时(北京时)起开始为期2年的人工和自动站并行观测，并开始使用2003版《地面气象观测规范》，2005年12月31日20时(北京时)自动站正式单轨运行。2004年10月，增加开展酸雨观测业务。1959年5月1日起采用地方平均太阳时进行01、07、13、19时每天4次观测；1960年1月1日起调整为地方平均太阳时07、13、19时每天3次观测，1960年8月1日后至今改为北京时间08、14、20时每天3次定时观测。观测项目有：云、能见度、天气现象、气压、气温、湿度、风向风速、降水、日照、蒸发(小型)、地温(0厘米、地面最高、地面最低)等。2007年1月1日起，站名更改为重庆市巴南国家气象观测站二级站。2008年12月31日后站名更改为重庆市巴南国家一般气象站，保持原国家气象观测站二级站业务不变(区域站)。

1959年6月1日开始，每天08、20时人工送气候报到巴县邮政局发报，1960年1月1日增加14时气候报，改用电话通过邮政局发报。1962年5月1日减少08、20时气候报。1964年7月1日增加20时气候报。1964年11月10日减少20时气候报。其中1972年2月1日到1976年3月20日20时增发逐日日平均气象要素报。2002年1月1日增发14时、20时天气加密报。1964年11月10日到1973年8月增发预约航空报。其间还向长江航运办公室重庆水文总站发过雨情报，发过四川省危险天气报、雨量报。2009年每日08时、14时和20时拍发加密天气报，不定时拍发重要天气报。

气象信息网络 建站初期，靠人工传递气象信息，1960年开始用电话。1960到1981年天气预报信息来源主要是收听四川省成都中心气象台语音广播。1981年配置CZ-80型气象传真机，主要接收北京、成都传真的气象资料(1999年传真机停止使用)。1984年配置PC-1500袖珍计算机，1990年购买AST-386计算机，同年开通甚高频电话。1997年，开通X.25分组交换网，与重庆市气象台微机联网，建成远程数据传输终端。1999年9210项目扩展工程PC-VSAT单收站(接收气象卫星资料)投入运行，2002年电信帧中继通信方式建成，接入重庆市气象局，2004年办公自动化系统接入重庆市气象局办公网，同年接入巴南区党政网。2006年后为电信专用光纤传输。

天气预报 建站初期天气预报采用的是本站气象要素曲线、指标、模式的单站补充预报方法，也采用过“以群为主、土洋结合”的补充订正预报方法。1960年以后，天气预报工作在使用本站气象要素曲线、指标、点聚图、模式的同时，用短波电台(收音机)收听成都气象广播口语播送的天气形势预告和天气预报，绘制简易天气形势图、单站气象要素时间要素剖面图，制作单站天气预报。20世纪70年代初开始，引进数理统计预报方法。20世纪70年代后期到80年代初，进行了天气预报业务“四项基本建设”(基本资料、基本图表、基本方法、基本档案)。1982年开始使用传真气象资料做气象站天气预报。1999年后，在天气预报中大量使用了高空地面天气资料和天气图、数值预报产品、卫星云图、雷达资料。2002年气象信息综合分析处理系统(MICAPS)投入使用。2005年后天气预报可视会商系统投入使用。

建站初期的预报产品有1～2天的订正天气预报、农时季节天气预报，20世纪80年代后逐渐开展了短期(常规预报内容有：天空状况、有无降水、风向风速、最高气温、最低气温等)、中期(主要是旬预报，内容有：降水天气过程，旬雨量、旬平均气温、旬极端最高气温和最低气温)、长期天气预报(包括月预报、年度预报、春播预报、汛期预报、盛夏预报、三秋预报、冬防预报。预报内容有降水总量、平均气温、最高温度、最低温度、旱涝趋势、农事建议等)、灾重天气预报、专题专项天气预报,2001 年以后,天气预报工作取得了长足发展,短时临近灾重天气预警、短期 48 小时天气预报、灾重天气预报、中期天气预报、年、季、月天气预报、专题专项天气预报、各乡镇街天气预报更加贴进人们生产生活的需要,同时在每年还开展了地质灾害、森林防火、防病治虫、高考等专题气象服务。

2. 气象服务

①公众气象服务

1959 年建站时,每天用黑板在县政府食堂前发布天气预报,巴县广播站建立后,通过有线广播发布天气预报。巴县广播电台建立后,又在广播电台上播出天气预报。1997 年 1 月 1 日开始在巴南区电视台播出天气预报。1996 年 10 月"121"公共气象服务咨询电话开通,2002 年 9 月开通"96121"气象声讯服务,2004 年 5 月"121"气象信息电话升位为"12121"。2003 年开通了巴南区"兴农网"。2008 年开始用气象电子显示屏发布天气预报和天气预警。

②决策气象服务

建站开始,主要是为领导指挥农业生产和防灾减灾提供天气实况、天气预报、气候分析决策气象服务材料。还先后建立过气象哨、雨量点。2004 年 7 月建设土壤墒情观测点。2006 年开始建设区域气象观测站,2008 年底全区共建成 21 个区域气象观测站和 4 个人工土壤墒情观测点。多次开展了农业气象调查区划工作,1984 年巴县农业气候区划编入巴县农业资源调查和区划报告集。2003 年 6 月起开展了滑坡泥石流预报和森林火险等级预报服务。

决策气象服务方式先后有电话、专送、传真、网络,2004 年 3 月用移动信使建立"巴南区气象服务系统",对区领导和有关单位开展了短信决策气象服务。2008 年建立了手机短信预警发布平台,区级领导、有关部门、乡镇负责人和气象信息员和义务气象员都能接收气象服务短信。2009 年开始,提供的气象服务材料有:旬月年预报、周末天气预报、重要天气服务快报、短时临近天气警报、天气情况通报、降水天气实况、重大活动专题气象保障服务、农业气象情报、春播专题气象服务、农业气象灾害警报、农业气象服务专刊、大气环境服务专刊、气候事件评价、大雾、森林火险气象等级专报、滑坡泥石流等级预报。

③专业与专项气象服务

专业气象服务 从 1983 年开始签订气象资料和天气预报合同开展专业气象服务。

防雷技术服务 防雷减灾气象服务工作,从 2002 年取得了较好的发展,按照防雷安全定期检测制度,每年与安监、商委、教委等相关单位联合发文,对区内易燃易爆场所、高层建筑、人员密集场所等开展防雷装置安全性能检测,对新建建(构)筑物开展防雷装置设计审核、施工监督、竣工验收等技术服务。

人工影响天气服务 人工影响天气工作于 1966 年 8 月 11 日在气象站南面 2 千米的白马岩山顶用土炮、土火箭进行人工影响天气试验。1972 年 7 月重庆市警备区调动民兵高炮装备,在鱼洞进行"三七"高炮人工降雨试验。1977 年省市县结合,进行了飞机、高炮人工降雨,高炮人工消雹。1990 年成立县人工降雨指挥部,到 1992 年县人工降雨指挥部有“三七”高炮4门，用甚高频电话指挥作业。2004年4月增加火箭作业装备2套，同年开始用GPS定位和电话指挥作业。2009年巴南人工影响工作已有4个固定炮点，2个移动炮点，24名作业人员。每年在春夏交替季节、盛夏伏旱期和重大庆典活动，开展人工消雹、人工增雨和人工消雨作业。

空飘气球服务 1993年6月成立重庆风云贸易公司，1995年4月6日改为重庆市巴南区风云广告装饰部，1995年开始施放空飘气球，2004年10月停止施放空飘气球。

④气象科普宣传

1981年成立巴南区气象学会。在每年的世界气象日、科技三下乡、安全生产月等宣传活动中，都要组织开展气象知识、气象防灾减灾知识等气象科普宣传活动。1987年开始与县科协合作编印(1988年)气象历书，此后气象历书编印工作断断续续，直到2006年停止编印。

社会管理

巴南区人民政府先后下发了《关于加强建设项目防雷工程管理的通知》(巴南府发〔2002〕26号)、《关于加快气象事业发展的决定》(巴南府办发〔2007〕26号)、《关于加强我区防雷工作的通知》(巴南府办发〔2007〕169号)及《关于加强我区气象灾害监测与预警系统建设工作的通知》(巴南府办发〔2007〕231号)等重要规范性文件。

1990年巴县人民政府、巴县人民武装部印发《人工降雨作业预案》，成立县人工降雨指挥部，指挥部办公室设在县气象局。1995年更名为巴南区人工降雨指挥部，指挥部办公室设在区气象局。

1999年8月3日巴南府办发〔2001〕76号成立巴南区防雷工作安全委员会，办公室设在气象局。1999年11月3日经重庆市巴南区机构编制委员会发文设立重庆市巴南区防雷中心：“承担市防雷中心授权的防雷工程设计审核、施工监审、竣工验收以及避雷装置的安全检测等工作”。

2001年巴南府办发〔2001〕108号成立巴南区民用空飘气球管理办公室，办公室设在气象局。

2002年5月气象行政管理进入巴南区行政审批中心。

党建与气象文化建设

党建工作 建站初期无共产党员，1971年从部队转业党员2人，1973年3月15日巴县组织部发文同意成立巴县气象站临时支部，周应中(县武装部派到气象站指导员)任支部书记，只设书记1人，1974年后改为支部，只设书记1人。2002年经巴南区直机关工委同意，巴南区气象局党支部支委会由3人组成。2008年有党员10人，其中在职党员5人。气象局党支部2005年6月被区直机关党工委表彰为“五好党支部”，2007年6月被区直机关党工委表彰为“区直机关五好基层党组织”。

气象文化建设 1987年6月被命名为巴县“文明单位”后，一直保持“文明单位”称号。2003年被命名为巴南区“最佳文明单位”，2004年被授予重庆市“文明单位”。2003年成立巴南区气象局老年体育协会。2005年8月成立巴南区气象局工会。

荣誉 1980年“巴县盛夏伏旱的亚欧500百帕环特征分析及伏旱长期预报”被四川省重庆市革命委员会授予“四等奖”。1986年重庆市人民政府授予巴县气象站“巴县农业气候资源调查和区划三等奖”。1991年“汛期气象服务工作,成绩显著”,获四川省气象局表彰。2005年区委、区政府授予巴南区气象局“创建山水园林城区二等奖”。2005年中国气象局授予巴南区气象局“气象部门政务公开先进单位”。2006年区委、区政府授予巴南区气象局“重庆市抗旱救灾工作先进集体”。

台站建设

1959年建站之初,气象站建100平方米的简易房屋和一个625平方米的观测场。1976年建300平方米职工住房。1986年因巴县县城发展,搬迁气象站。1990年建成1130平方米的2栋职工宿舍和值班室。1993年5月完成500平方米办公楼建设。2001年因公路扩建拆除办公楼,2003年新建巴南气象办公综合楼,面积3608平方米,其中业务办公用房705平方米,职工住宅2903平方米。2005年购置业务值班室110平方米。

截至2008年底,巴南区气象局占地面积2133平方米,现有业务办公用房705平方米,业务值班室110平方米。

巴南区气象局旧貌

巴南区气象局新貌

巴南区气象局新观测场全景

黔江区气象局

重庆市黔江区位于武陵山区腹地，全区幅员面积2402平方千米，人口52万，属土家族苗族少数民族聚居区。境内山地居多，海拔高度最低320米，最高1938米，呈“七山一水两分田”格局，年均气温15.4℃，降水1200毫米左右，属亚热带湿润性季风气候。

机构历史沿革

历史沿革　黔江区气象局始建于1959年，时称黔江县气候站，初建时位于黔江县城南村山顶，东经108°47′，北纬29°31′，海拔高度635.7米；1973年6月迁站至黔江县城郊南北台，东经108°47′，北纬29°32′，海拔高度607.3米。

1960年3月更名为黔江县气候服务站；1964年10月更名为四川省黔江县气候站；1965年12月更名为四川省黔江县气象站；1968年6月，更名为四川省涪陵地区气象台革命委员会黔江气象站；1971年8月恢复为四川省黔江县气象站；1987年更名为黔江土家族苗族自治县气象局；1988年国务院批准成立黔江地区后，1990年11月成立黔江地区气象局，与黔江土家族苗族自治县气象局合并办公；1998年8月，黔江地区气象局更名为黔江开发区气象局；2000年9月，黔江开发区气象局与黔江土家族苗族自治县气象局合并，成立重庆市黔江区气象局。

黔江新一代天气雷达站（CINRAD/CD型）于2007年11月建成，位于黔江区城东街道丰山居委会八面山中山顶上，东经108°43′41″，北纬29°35′31″，海拔高度1700米，天线高度1725米。

1977年，根据业务工作需要，先后设立了濯水、邻鄂、石家3个人工气象哨；2004年开始建设乡镇区域自动观测站，截至2008年底，共有26个区域自动观测站。

管理体制　1959年—1964年5月隶属于黔江县人民委员会农业科，业务指导由涪陵专区气象台负责；1964年5月改属四川省气象局，业务由涪陵专区气象台管理；1970年改由黔江县革命委员会和涪陵军分区双重领导，以涪陵军分区领导为主的管理体制，建制属黔江县人民武装部、黔江县革命委员会；1973年隶属于黔江县革命委员会，业务由四川省涪陵地区气象局管理；1980年10月实行气象部门与地方政府双重领导的管理体制，以涪陵地区气象局领导为主；1990年11月黔江地区气象局属四川省气象局领导，管辖石柱土家族自治县气象局、彭水苗族土家族自治县气象局、酉阳土家族苗族自治县气象局、秀山土家族苗族自治县气象局，黔江地区气象局与黔江土家族苗族自治县气象局合并办公，仍保留黔江土家族苗族自治县气象局机构；1997 年 3 月，黔江土家族苗族自治县气象局作为黔江地区气象局下属单位管理，独立办公；1998 年 8 月改属重庆市气象局和黔江区人民政府领导，代管石柱土家族自治县气象局、彭水苗族土家族自治县气象局、酉阳土家族苗族自治县气象局、秀山土家族苗族自治县气象局、黔江土家族苗族自治县气象局；2000 年 3 月，不再代管石柱、彭水、酉阳、秀山等 4 个自治县气象局。

机构设置 1978 年因业务工作的需要，黔江县气象站正式设立预报组和测报组，1978 年—1980 年 6 月开展农业气象试行观测，成立农业气象组。1990 年黔江地区气象局成立后，先后设立了办公室、气象科、业务科、计财科、人事科、科技服务科等内设机构。截至 2008 年底，黔江区气象局设有办公室（法规科）、人事政工科、业务管理科等 3 个机关科室，设立气象科、黔江新一代天气雷达站、大气探测科、科技服务科等 4 个业务科室，以及黔江区人工降雨防雹办公室、黔江区防雷中心等 2 个地方气象事业机构。

人员状况 1959 年建站时，只有职工 3 人。1974 年正式配备站长，共 9 人。1980 年底共有 11 人，其中中专生 6 人。1990 年，黔江区气象局共有 18 人（含黔江县气象局）。2008 年底，黔江区气象局共有职工 45 人，其中退休人员 11 人。在职职工中，参照公务员管理 11 人，事业编制 20 人；本科学历 23 人，大专学历 3 人；副研级高工 1 人，工程师 8 人，助理工程师 10 人；土家族、苗族等少数民族共 15 人，占在职职工总数 44%。

单位名称及主要负责人变更情况

单位名称	负责人	任职时间
黔江县气候站	邓忠烈	1959.04—1960.03
黔江县气候服务站		1960.03—1962.05
	彭古训	1962.05—1964.10
四川省黔江县气候站		1964.10—1965.12
四川省黔江县气象站	王启明	1965.12—1968.06
四川省涪陵地区气象台革命委员会黔江气象站		1968.06—1970.10
四川省黔江县气象站	杨军万	1970.11—1971.07
		1971.08—1974.09
	杨友山	1974.09—1979.11
	李元沛	1979.11—1983.11
	胡隆厚	1983.11—1985.11
黔江土家族苗族自治县气象局	黄运涛	1985.11—1987.10
黔江地区气象局		1987.11—1990.10
	耿忠东	1990.10—1996.09
	罗贵洪	1996.09—1997.11
黔江开发区气象局	冉光槐	1997.11—1998.07
重庆市黔江区气象局		1998.07—2000.09
		2000.09—2008.01
	青吉铭	2008.01—

注：1990 年 10 月成立黔江地区气象局后，黔江土家族苗族自治县气象局作为一个科室并入黔江地区气象局。1997 年 3 月—2000 年 9 月，为了争取地方气象事业经费投入，黔江土家族苗族自治县气象局独立办公，这期间罗文莉任局长。

气象业务与服务

主要业务:地面气象观测(国家基本站)、新一代天气雷达(CINRAD/CD型)观测、酸雨观测、天气预报,人工影响天气等。

主要服务和科技服务:专业专项天气预报服务,气象资料、农业气象服务,防雷安全管理及防雷设施安全检测,气象声像广告。

1. 气象业务

①气象观测

地面气象观测 1959年建站时,执行中央气象局编发的《气象观测暂行规范》(地面部分),观测场占地625平方米,为南北向25米,东西向25米的正方形。1962年1月起执行《地面气象观测规范》。1973年迁站后,观测场为南北向20米,东西向16米的长方形。

1959年4月11日正式开始地面观测时,开展的观测项目有:能见度、云、各种天气现象、风向、风速、空气温度和湿度、降水、积雪和地面状态。其它观测项目:水面蒸发观测,主要观测0.01米和0.4米水温,TTN-Ⅰ型三级水面蒸发、降水(口面积为3000平方厘米)、2.0米梯度风。

从1959年4月正式观测开始,到1970年期间,观测项目增减变化较大。截至2008年底,观测项目分器测和目测。器测项目有气压、气温、湿度、风向风速、降水量、蒸发量、日照、地温、电线积冰等要素。目测项目有云状、云量、云高、能见度、天气现象等要素。

观测时次 1959年4月11日建站开始观测时,每天实测次数4次,以地方平均太阳时:01、07、13、19时为准。从1960年8月1日起为02、08、14、20时4次观测。1961年4月1日—2006年12月31日,均为3次实测(08、14、20时)。从2006年12月31日20时—2008年底,为每天8次观测(02、05、08、11、14、17、20、23时),均为北京时。

观测方式 1959年4月11日—2001年12月31日为人工观测,2002年1月1日—2008年12月31日为自动观测。其中2002年1月1日—2003年12月31日为人工观测和自动观测并行观测期。

天气报告 1959年8月15日开始,先后使用《四川省气候站拍发天气电报电码》、《四川省常用气象电码汇编VDM-01》、《陆地测站定时绘图天气报告电码GD-01》、《陆地测站地面天气报告电码(GD-01Ⅱ)》等拍发天气报告和小天气图报。1959年8月15日—1959年12月4日向成都台拍发08、14时气候报。1960年4月10起向四川省气象局拍发08时雨量报。1962年5月1日起每天定时(14)时向涪陵专区气象台拍发天气报1次。1965年7月20日开始改为3次天气报。2001年4月1日08时开始,每日08、14、20时实时气象资料上传,在国内交换使用。2001年8月遥测自动气象站开始建设。2001年10月1日开始使用地面气象测报数据处理系统《AHDM5.01》,实现计算机编报。2007年1月1日开始,每日8次天气报。

从1965年1月26日开始,先后向北京、成都、重庆、恩施、梁平、贵州民航局、89753部队、遂宁、酉阳、秀山等地方和单位拍发航危报、预约航危报、危险天气报、雨量报,2007年1月1日全部停止。

地面气象记录报表 各要素平均值从1959年4月11日—2003年12月31日均按02、08、14、20时4次平均;从2004年1月1日起使用00—24时共24个时次作各要素平均统计,并开始用计算机制作地面气象记录报表。气候资料统计采用是将1959年4月11日—2008年12月31日作连续统计。

天气雷达观测 黔江新一代天气雷达(CINRAD/CD型)从2002年9月开始进行前期准备工作,2005年11月开始土建施工,2007年8月雷达吊装完毕,同年11月投入业务试运行。

黔江新一代天气雷达站(2008年)

特种气象观测 2002年9月建立黔江舟白机场临时气象站,用于黔江舟白机场建设论证,从2002年10月1日—2004年10月31日进行观测。

2004年9月1日开始,被确定为酸雨观测一级站,开始酸雨观测工作。2006年1月1日开始执行新《酸雨观测业务规范》和使用新《酸雨观测业务软件》。

②气象通信

1959年4月—1989年,每日用收音机人工抄收成都区域气象广播14时天气预报,供制作天气预报使用。

传真通信 1985—1990年用普通纸滚筒式传真机,主要接收成都区域气象中心广播的传真图、数值预报产品、降水实况、雷达回波、卫星云图等。夏季每日接收传真图14~18张,冬季每日接收传真图8~10张。1997年建成"气象卫星综合应用系统"(即9210工程)VSAT地级站,并进行资料收发,1998年,PC-VSAT单收站建成使用。

电传通信 1991—1992年起使用移频电传机收成都区域中心等地的气象电码,进行500百帕、700百帕、850百帕人工填图。1993—1996年后用单板移频收报机与28型电脑打字机配合,自动收报、填图,结束了手工抄报、填图的历史。

计算机网络 1995年6月,建立起与四川省气象局联结的计算机网络终端。1996年12月,各科室计算机联网。1997年12月23日用X.25与重庆市气象台通信。1998年1月19日与四川省气象局脱离网络联结。2003年建成地面卫星中规模利用站。2005年,完成对原通信网络改造,建立了以帧中继通信方式为主的可视天气预报会商系统,其后,帧中继改用SDH替换。2008年建立DVB-S小站。

③天气预报

黔江站气象预报开始工作时间为1959年4月11日,1978年正式设立预报组,预报基本项目有年、月、旬及每日预报、主要农事季节预报等。1990年黔江地区气象局成立后,设立黔江区气象台,实行专班制,制作黔江县本地天气预报,并负责石柱、彭水、酉阳、秀山、黔江等地指导预报和天气预报工作的组织与管理,2000年9月起不再承担此项工作。

短期(时)天气预报 20世纪60年代初开始制作本地区的天气预报,主要方法有天气日历卡片、曲线图、点聚图、天气概率、500百帕平均距平值,回归方程等。20世纪80年代中后期开始使用数值预报产品，2000 年以后 MICAPS1.0、MICAPS2.0 及 MICAPS3.0 系统陆续开始在短期天气预报中应用。

中期天气预报 1960 年初制作短期预报的同时开始尝试制作中期天气预报，主要方法有简易时间序列波、阴阳历叠加等。20 世纪 90 年代后期开始，数值预报产品在中期天气预报中得到较好应用，准确率有较大幅度提高。

短期气候预测(1999 年前称长期天气预报) 1976 年开始制作发布年、月等长期天气预报，主要采用回归方程、阴阳历叠加等预报方法。20 世纪 90 年代中期，预报方法逐步改进，开始使用高空物理量如极涡、500 百帕月平均高度距平值、东亚槽强度及位置等资料制作长期天气预报。

1990 年开始手工绘制天气图表，2000 年开始使用计算机绘制地面、高空天气图，2004 年开始不再单独绘制天气图。

1964 开始评定重要天气预报质量，以后逐步开展重要天气、日常预报、长期天气预报质量评定和考核。同时还通过业务技术总结、个例分析等方式提高预报准确率。

④农业气象

1978 年起，开展了近一年的农业气象观测，后经调整取消，但仍开展农业气象服务工作。20 世纪 80 年代开始，农业气象服务范围逐步从传统的粮食作物发展到烤烟、蚕桑、牲畜及中药材等经济作物并重，主要产品有农业气象旬月预报、专题专项农事预报等，从 1991 年起，制作发布黔江区主要粮、经作物气象产量预报。

⑤气象科研

1990 年以前的黔江县气象局气象科研工作开展较少。1990 年黔江地区气象局成立以后，先后开展了天气预报、气象服务、气象科技成果转化及推广应用等方面的科学研究。

1991 年黔江地区气象局组织开展了黔江地区灾害性天气发生规律研究，编写了《黔江地区灾害性天气概况》。

1995 年由黔江地区气象局主持，秀山、酉阳、石柱、彭水等县局参与，开展了黔江地区冰雹的时空分布及其预报方法研究。

2001—2003 年开展了黔江、石柱、彭水、酉阳、秀山等地区暴雨、寒潮预报方法研究，研究成果在预报业务上得到了较好应用。

2003—2004 年先后开展了魔芋种植气象条件研究、地牯牛种植生态适应性研究，对黔江区魔芋种植、地牯牛适宜播种期、种植区等提出了建设性意见，取得了较好的经济效益。

2006—2007 年先后与重庆市气象科学研究所、重庆市气象局农气中心合作，在黔江区栅山、洞塘、城西办事处等地区推广优质稻适用技术约 5000 亩；开展了中国气象局扶贫项目武陵山区地牯牛农业气象适用技术推广。

2006—2008 年开展了 T213 数值预报产品在黔江暴雨预报中的方法研究。

2. 气象服务

公众气象服务 1959 年 4 月试作天气预报起，即通过广播站发布天气预报，主要是 24 小时天气预报。年、月、旬预报则通过书面形式邮寄给有关单位。20 世纪 80 年代初开始制作《气象历书》。1991 年 4 月起，用电话方式向电视台传送天气预报，然后由电视台播出。2008年，中央电视一台午间新闻，播报黔江区天气预报。

1997年1月起，开通电话自动答询和网络自动查询天气预报服务，即"121"台，后改为"12121"和"96121"。

2008年5月起先后建成了移动MAS系统、手机短信群发器、联通信使手机短信预警发布平台，建立了涉及区四大家领导、区级有关部门、乡镇负责人以及烤烟、蚕桑、果蔬种植大户、煤矿业主、地质灾害监测人员等专业短信服务群组，约3400人。

2008年9月，启动气象电子显示屏安装工作，通过这种新方式向社会公众提供天气信息。

决策气象服务 黔江地区气象局成立以前，决策气象服务主要将重要天气过程以书面形式向县委、农工部等单位报告。黔江地区气象局成立以后，逐步改进决策气象服务的方式和手段，服务内容逐渐丰富，除将暴雨、风雹、大雪、强降温、连晴、连阴雨等灾害性、关键性和转折性天气向区四大家及有关部门报告外，同时每年还将年度、春播、汛期、盛夏、三秋、冬防等长期天气预报向党委政府、农业生产有关部门报送，供各级领导指挥工农业生产、防灾减灾决策时参考，服务方式已从单一的纸质材料向手机短信、纸质材料、网络信息并重。建立了"六长(即政府分管农业的秘书长，农业、林业、水电、畜牧、气象局长)会议"制度。

先后受到中国气象局、重庆市委市政府、重庆市气象局、黔江区委区政府表彰，获得"全国气象部门防汛抗洪服务先进集体"、"重大气象服务先进集体"、"烤烟气象服务先进集体"、"春播气象服务先进集体"、"增雨气象服务先进集体"等荣誉称号，2006年在黔江区百年一遇的特大干旱系列气象服务中，预报准确及时，服务积极主动，受到重庆市委、市政府表彰，被评为"抗旱救灾先进集体"。

专业与专项气象服务 与乌江电力集团公司、黔江区农业局、黔江区双河丝绸厂、重庆市烟草公司黔江分公司、渝湘高速公路建设各项目部等单位签订有专业气象服务合同，提供包括中长期天气预报在内的各类天气预报。特别是2002开始的黔江机场建设气象环境条件论证，先后抽出10多人，进行了2年气象观测，收集、积累、分析、对比、统计气象资料，为机场建设提供了科学的依据。

人工影响天气 黔江区曾在20世纪60年代开展过人工降雨试验和闪电造肥试验工作。从1981年正式开展人工降雨天气工作，指挥部设在黔江县水电局，并由黔江县水电局负责组织实施，黔江县气象局负责提供天气监测预报信息。1991年以后改由黔江地区气象局负责组织人工降雨天气工作，有"三七"高炮3门。2000年成立黔江区后，人工影响天气工作得到加强，根据黔江区烤烟产业发展需要，逐步调整高炮设置布局。2002年黔江区人影办在重庆市率先建立乡镇(水市)人工影响天气工作站，并得到重庆市气象局充分肯定，获得人工影响天气工作创新奖。2003年以后，逐步实施人工影响天气固定炮站标准化建设，先后在白土、阿蓬江、中塘、邻鄂等乡镇建设了标准化固定炮站。2005年又购置了车载式和牵引式火箭发射架2门用于人工影响天气机动作业。到2008年底，黔江区共有人工影响天气作业高炮5门，火箭发射架2台。

黔江区由于地理位置特殊，局地强对流天气较多，经常易受冰雹、干旱袭击，给全区工农业生产特别是烤烟生产带来了严重威胁。1991年5月19日、1999年8月9日的风雹天气过程，造成全区烤烟大面积受灾绝收，烟农损失惨重，在烟区设立固定炮站后，每年均及时组织消雹增雨作业，灾害损失逐年减少。

气象科技服务 黔江区气象局从1986年开始尝试开展专业气象有偿服务。当时服务项目少，只有气象资料服务和专业气象服务；服务单位也少，仅限于与农业生产有密切联系的农业服务部门和单位；同时还尝试与部分建设单位签订气象有偿服务合同，为重点建设工程项目提供定期天气预报信息。有偿服务收入不高且不稳定，1986—1989年，全年有偿服务毛收入在3000元左右。1989年，气象科技服务项目扩展到建筑物防雷工程检测和气象科普历书。建筑物防雷检测内容单调，仅限于建筑物接地电阻检测，防雷检测面较窄，且多为被动服务。2001年3月成立黔江区防雷中心后，防雷工作延伸到防雷工程、避雷装置设计审核、施工监审和竣工检查、验收，防雷工作变被动为主动，工作面逐步拓宽，工作力度不断加大，经济和社会效益日益明显。1994年，黔江区气象局开始开展氢气球广告服务。同时，气象资料服务、专业气象服务等服务项目得到发展，气象科普历书广告和销售取得新进展，气象科技服务毛收入实现突破，达到30万元。至2008年底，气象科技服务项目有：防雷技术服务、专业气象服务、空飘气球广告和“121”声讯电话、手机短信等，气象科技服务毛收入突破60万元。期间，各项气象科技服务项目基本保持稳定，但各服务项目效益变化较大，基本形成了以氢气球广告、防雷技术服务为支撑，其它服务项共同发展的态势。通过气象科技服务取得的经济效益，弥补了气象事业经费不足，有力地保障了黔江气象事业健康发展。

气象科普宣传 1962年3月，黔江县气候站正式成为涪陵专区气象学会会员单位。1991年3月黔江地区气象学会成立，每年在3月23日前后，围绕世界气象组织公布的主题，开展世界气象日纪念活动，采取不同形式宣传气象科普知识。每年都要参加区科委、区科协组织的多部门联合送“文化、科技、卫生”三下乡活动，面对面向农民朋友解答有关问题，向社会公众发放气象法律法规资料、中长期天气预报资料、气象历书、气象科普资料、防雷避险知识等，气象科普宣传逐渐转向了以防灾减灾为重点，走进了机关、乡村、社区、学校、企业、单位。2006年5月，黔江区气象局被确定为黔江区青少年科普教育基地。

社会管理

2005年3月，黔江区人民政府办公室下发《关于加强黔江新一代天气雷达探测环境保护工作的通知》。2006年，黔江区人民政府印发了《关于做好防雷减灾工作的通知》、《关于转发〈重庆市人民政府关于加强气象事业发展的决定〉的通知》。2007年黔江区人民政府办公室印发《黔江区安全气象预警预报信息工作实施意见》。2008年8月，黔江区人民政府办公室印发了《关于进一步加强气象灾害防御工作的意见》、《黔江区突发气象灾害应急处置预案》。

依法管理本行政区域内防雷减灾和空飘气球施放。2001年，成立黔江区防雷安全工作委员会，同时设立防雷安全办公室在黔江区气象局。2001年3月黔江区机构编制委员会批准同意成立黔江区防雷中心，属科级事业单位，人员编制5名，承担黔江区防雷工程、避雷装置设计审核、施工监审和竣工检查、验收工作。2001年4月19日，黔江区建设防雷工程质量监督工作正式从黔江区建设委员会质监站移交给黔江区防雷中心，防雷设施验收列入黔江区建设工程验收项目。气象行政审批项目主要是防雷丙级资质审批、防雷工程设计审核、施工监审、竣工验收、无人系留空飘气球。2004 年，气象行政审批项目入驻政府行政审批大厅，设专人值班。

2008 年 7 月，大气探测环境影响评价纳入黔江区建设领域并联审批程序。

党建与气象文化建设

党建工作 中共黔江县气象站党支部成立于 1974 年 3 月，黄运涛同志任第一任副书记。1996 年 8 月经中共黔江地委批准设立黔江地区气象局党组，书记罗贵洪。1999 年 7 月黔江开发区党工委批准设立黔江开发区气象局党组，冉光槐担任党组副书记（主持工作）。2001 年 1 月经中共重庆市黔江区委批准成立黔江区气象局党组，书记冉光槐。2008 年 1 月，青吉铭任党组副书记（主持工作）。2008 年底，中共黔江区气象局党支部共有党员 22 名，其中，退休党员 4 名，隶属于中共重庆市黔江区农林系统委员会。

气象文化建设 1960 年黔江气候站就开展了测报工作质量、天气预告及预报、服务情况、农气预报效果、农气观测等"五好"评比竞赛活动。

1996 年建成地级文明单位。2000 年被命名为重庆市文明单位；被重庆市爱国卫生运动委员会授予重庆市卫生先进单位称号。2001 年被中国气象局授予"全国文明服务示范单位"称号；同年受到重庆市人事局、重庆市气象局联合表彰，被评为 1999—2001 年度重庆市气象系统"先进集体"。2003 年被命名为重庆市最佳文明单位。2004 年被授予"长江三峡文明长廊建设示范点"称号。

2000 年，在重庆市气象部门首届文艺汇演中，黔江区气象局参演舞蹈《新编土家摆手舞》获得特等奖，同时获得最佳组织奖。2006 年在重庆市气象部门第二届文艺汇演中，参演舞蹈《闪光的银项圈》获得一等奖。同时，还积极组织干部职工参加全民健身运动，从 2001 年起，每年在 3 月 23 日世界气象日前后，黔江区气象局、黔江区体育局、黔江区门球协会均要共同举办"气象杯"门球赛。2004 年举办黔江区气象局第一届职工运动会。从 2005 年开始，黔江区体育局、黔江区气象局、黔江区羽毛球协会每 2 年举办一次"气象杯"羽毛球赛，具有较大的社会影响力和参与度。

积极响应黔江区委、政府号召，采取单位筹资、职工捐钱捐物、开展技术培训、党支部互联共建等方式开展帮乡扶贫工作。2003—2005 年负责对黔江区邻鹗镇坪上村帮扶，捐助 5000 元帮助坪上村修建党支部活动室，2004 年开始捐助坪上村 6 名困难学生家庭，每年解决 6 名贫困学生的入学费用，直至小学毕业。从 2006 年开始，负责帮扶黔江区太极乡鹿子村，捐资鹿子村党支部 1 万元电教化设备，2006 年干旱灾害、2008 年低温雨雪冰冻灾害发生后，先后发动职工捐钱捐物，共捐助资金 6000 元，棉被、衣物等物资 100 余件。

台站建设

1958 年建站时，在黔江县城南村交通路 7 号，共建房屋 4 幢 11 间，观测场占地 625 平方米。1973 年迁站至黔江县城郊南北台后，共征地 4502 平方米，建业务办公用房 500 平方米，生活用房 600 平方米。1990 年黔江地区气象局成立后，在黔江县气象局临时办公。

1991年新增地3072平方米，同时修建生活用房1377平方米。1996年建生活用房1476平方米，辅助用房360平方米。1999年建业务办公用房1003平方米，建观测业务值班室130平方米。2004年，新建黔江新一代天气雷达站，征地3320平方米，建雷达塔楼1500平方米。2007年，拆除原黔江县气象局业务办公用房，新建雷达信息处理楼1600平方米。

截至2008年底，黔江区气象局占地面积10894平方米，现有业务办公用房1600平方米，雷达塔楼1500平方米，观测值班室130平方米，辅助用房360平方米。

1960年黔江县气候站观测场旧貌

改造后的黔江区气象局观测场

2006年黔江区气象局新颜

长寿区气象局

长寿原名乐温县，因“其地常温，禾稼早熟，民乐之”，故得名。唐武德二年（公元 619 年）正式置县。明洪武六年九月（公元 1376 年 9 月），将乐温县改名为长寿县，以县北有长寿山，居其下者，多长寿老人而得名。

2002 年长寿撤县设区。长寿区位于长江上游，重庆中部，东经 106°49′～107°27′，北纬 29°43′～30°12′；幅员面积 1423.62 平方千米，总人口 88 万；属中亚热带湿润气候区，年平均气温 17.4℃，降水 1181.1 毫米，日照 1199.2 小时。

机构历史沿革

历史沿革 长寿区气象局始建于 1959 年 1 月 1 日。从建立至今名称多次变更，但站址一直没有改变。初建时名称为长寿县气候服务站，位于东经 107°04′，北纬 29°51′，海拔高度 378.9 米。1980 年重新测得观测场的位置为东经 107°04′，北纬 29°50′，海拔高度 377.6 米；1964 年 10 月更名为四川省长寿县气候站；1966 年 1 月更名为四川省长寿县气象站；1967 年 12 月改为四川省重庆市气象台革命委员会长寿县气象站；1971 年 7 月恢复为四川省长寿县气象站；1990 年 6 月更名为四川省长寿县气象局；1997 年 4 月重庆市改为直辖市，气象局更名为重庆市长寿县气象局；2002 年长寿撤县设区，同年 4 月 8 日更名为重庆市长寿区气象局。

管理体制 1959—1963 年长寿县气候服务站由长寿县农林水利局管理；（1964—1969 年体制回收，由四川省气象局直接管理）；1970 年随着中央气象局与总参气象局合并，长寿县气象局也改由长寿县人民武装部和长寿县革命委员会双重领导，以人民武装部领导为主的管理体制；1973 年随着中央气象局与总参气象局分开，长寿县气象局改由长寿县革命委员会领导；1980 年气象部门进行管理体制第一步改革，实行上级气象部门与地方政府双重领导，以气象部门为主的管理体制，长寿县气象局改由四川省气象局与长寿县人民政府双重领导，以四川省气象局为主的管理体制。1997 年 4 月重庆改为直辖市后，改由重庆市气象局与长寿县人民政府双重领导，以重庆市气象局为主的管理体制。

机构设置 1959 年建站初期，长寿站只有业务组；1979 年开始分别设立观测组和预报组；1986—1989 年设二股一室，即气象科技服务股、业务股和办公室；1990 年更名为长寿县气象局后，相应机构调整为服务科、业务科和办公室；2006 年气象业务体制改革，设置办公室(法制科)、业务科、观测科、科技服务科。

2002年长寿县人民政府人工降雨指挥部办公室挂靠长寿区气象局,现为重庆市长寿区人工影响天气指挥部办公室。

1998年成立重庆市长寿县防雷中心,2002年更名为重庆市长寿区防雷中心。

人员状况 建站初期职工4人,20世纪60年代稳定为5人,20世纪70年代增加到9人。2008年定编14人,实有在编职工14人;平均年龄37岁,研究生学历1人,本科5人,大专2人,中专6人;工程师6人,助理工程师7人,技术员1人。

单位名称及主要负责人变更情况

单位名称	负责人	任职时间
长寿县气候服务站	陈远根	1959.01—1964.10
四川省长寿县气候站		1964.10—1966.01
四川省长寿县气象站		1966.01—1967.12
四川省重庆市气象台革命委员会长寿县气象站	吴能友	1968.01—1971.06
四川省长寿县气象站	孙元庆	1971.07—1979.02
	黄广茂	1979.03—1980.01
	李光圣	1980.02—1990.06
四川省长寿县气象局	李国友	1990.06—1997.04
重庆市长寿县气象局		1997.04—2002.04
重庆市长寿区气象局		2002.04—

气象业务与服务

主要业务:地面气象观测、天气预报、人工影响天气。

主要服务和科技服务:专业专项天气预报服务,气象资料、农业气象服务,防雷设施管理及安全检测,空飘气球广告,气象声像广告。

1. 气象业务

①地面观测

观测时次和项目 长寿区气象局从2007年1月1日起24小时值守班,每天8次定时观测。观测项目有云、能见度、天气现象、气压、气温、湿度、风向风速、降水、日照、蒸发(小型)、地温(0厘米、5厘米、10厘米、15厘米、20厘米、地面最高、地面最低)。

业务变化 1959—2006年为国家一般气象站。1959年1月1日起观测项目有:云、能见度、天气现象、气温(干球、湿球)、湿度、降水、雪深,每日真太阳时01、07、13、19时4次定时观测,并制作上报气象记录月报表,拍发省内危险报、农气旬报。1960年8月1日起改用北京时制观测记录,同时停止夜间观测,改为北京时08、14、20时3次定时观测,同时加发气候报和雨量报,1962年4月11日停发20时气候报。1959年2月19日,安装维尔达风向风速器,增加风向风速观测,1969年1月1日起改用EL电接风向风速仪测风向风速,1980年1月1日到1998年12月31日增加风向风速自记记录观测;1962年6月1日到1963年12月31日停止观测能见度,1964年1月1日恢复;1963年11月1日起增加小型蒸发皿开始蒸发量观测，1967 年 6 月 1 日到 1979 年 12 月 31 日停止观测蒸发量，1980 年 1 月 1 日起恢复；1965 年 2 月 1 日起增加气压观测；1959 年 8 月 1 日开始观测地面最低温度，1961 年 1 月 1 日观测 0 厘米、5 厘米、10 厘米、15 厘米地温，同年 7 月 1 日增加 20 厘米地温观测，1967 年 6 月 1 日起停止地温观测，1980 年 1 月 1 日起恢复 0 厘米、地面最高、最低温度观测。1966 年 4 月 20 日停发 08 时气候报。1966 年 6 月 1 日停发农气旬报。1967 年 1 月 1 日，停止观测小型蒸发，地面 0 厘米、5 厘米地温。1980 年取消饱和差的观测和统计，增加"三性云"(即指示性云、系统性云、地方性云)观测。2001 年建成自动气象观测站，2002 年起对比观测 2 年，2003 年 12 月 31 日 20 时自动站正式单轨运行，2004 年 7 月 1 日起增加 0 厘米、5 厘米、10 厘米、15 厘米、20 厘米地温传感器，开始地温自动观测记录。2004 年增加酸雨观测业务。2007 年调整为国家气象观测站一级站；2005 年开始建立区域气象观测站，现已建成 22 个区域气象观测站，1 个长江航道观测站。其中两要素(温度、雨量)自动观测站为 5 个，其余均为四要素自动观测站；2009 年 1 月 1 日后改称国家基本气象观测站，原国家气象观测站一级站业务不变。

②气象信息网络

1981 年以前气象信息来源主要是收听成都中心气象台广播，1981 年配备 ZSQ-1A 型天气图传真机。1990 年，开通甚高频电话。1997 年，实现与重庆市气象局微机联网，建成远程数据传输终端；1999 年建成 PC-VSAT 气象信息卫星单收站；2002 年建成帧中继接入重庆市气象局办公自动化系统，同年接入长寿政府党政网。

③天气预报

主要业务：短时天气预报、短期天气预报、中期天气预报和短期气候预测。

从建站开始就开展天气预报业务，主要是收听成都中心气象台大范围天气形势和天气预报广播以及重庆气象台预报结合工作经验及民谚进行补充订正预报。20 世纪 60 年代，使用简易天气图、单站要素时间剖面图、点聚图、气象要素曲线图、天气预报模式等制作当地天气预报。20 世纪 70 年代初期，开始使用数理统计预报方法，应用回归分析、聚类分析、时间序列、马尔柯夫链以及典型相关、阴阳历叠加等方法，提高了天气预报的准确率，特别是中长期预报的准确率。20 世纪 70 年代后期到 80 年代初期进行天气预报基本资料、基本图表、基本方法、基本档案建设。20 世纪 80 年代中期，使用传真机接收天气图、数值预报产品。1999 年停止使用传真机，采用 PC-VSAT 卫星接收站直接接收气象信息资料；2002 年引进 MICAPS 系统，建成天气预报业务服务平台；2005 年天气预报可视会商系统投入使用；2008 年 MICAPS 系统由 2.0 版升级为 3.0 版；2009 年建成多普勒雷达图显示工作站。

④农业气象

提供定期与非定期农业气象情报，并全年拍发气象旬(月)报和 3—10 月逢 3、8 日观测、拍发土壤墒情监测报。其中，土壤墒情观测开始于 2004 年，设有凤城、梓潼、葛兰、沙石、长寿湖 5 个土壤墒情监测点。

2. 气象服务

①公众气象服务

公众气象服务早期是县广播站对社会公众发布短期天气预报，从 1997 年开始制作电视天气预报;2002 年起随重庆市气象局统一开展"12121"、"96121"气象声讯服务,手机短信服务;2005 年起使用防灾减灾短信警报平台,并在《长寿报》设立天气预报专栏;2008 年起设立气象电子显示屏。

②决策气象服务

日常为决策提供的服务材料有:重要气象服务快报、农气月报、季节气候评价、灾害性天气预警信号、雨量实况报告、森林火险天气预报、地质灾害气象条件等级预报、专题气象服务、重大活动气象保障服务等。

建站开始,主要是为领导指挥农业生产提供天气预报、情报和农事建议。为领导指挥防灾减灾提供气象服务。

【典型事例】 1990 年 7 月,长寿县遭受严重伏旱,44 个乡镇 572 个村受到不同程度损失,全县直接经济损失达 5000 万元以上。长寿局在县政府的领导下,采取抗旱措施,在县境内的葛兰、渡舟、双龙实施了高炮人工增雨,作业后 27—30 日,葛兰、大坝、双龙、石堰、双龙等地先后降了大到暴雨,使上述旱情得到明显缓解。

1995 年 7 月 24 日长寿县境内遭受大风暴雨袭击,部分地区出现大暴雨,日雨量在70～170 毫米之间,其中葛兰、双龙、石堰、沙石日降雨量大于 100 毫米。由于 7 月 3 日长寿县气象局就发布了暴雨天气消息,各乡镇采取了相应的防御措施,将灾害损失程度降到了最低。

2006 年,长寿遭遇特大干旱,夏旱连伏旱,总干旱天数达 70 天。大于 35℃的高温日数达到 49 天,大于 37℃高温日数 37 天,大于 40℃的高温日数达 9 天,旱情百年一遇。在大旱开始之前,长寿气象局对旱情的趋势预测准确并多次强调,引起了长寿区委区府的高度重视,做好了相关的宣传动员和物资准备工作,特别是在保证防洪安全的前提下加强了水库的前期蓄水,对抗旱起到了关键作用。大旱期间,长寿区局准确的预报了连晴高温的持续时间,并准确预报了 7 月 18 日、7 月 23 日、8 月 20 日、9 月 5 日的转折天气过程,人影办抓住机会共开展人工增雨 8 次,累计发射人雨弹 245 发、火箭弹 16 枚。7 月 23—24 日作业使全区普降小到中雨;9 月 5 日作业全区普降大到暴雨。预报准确,作业及时,收到了很好的社会效果。

2007 年 7 月 17—19 日长寿区出现大范围强降水过程。至 19 日 20 时,全区累计雨量普遍超过 150 毫米,长寿区气象局观测站达 155.5 毫米,八颗、双龙、狮子滩镇雨量超过 200 毫米,双龙为最大,总雨量达 316.1 毫米。16 日 17 时,长寿区气象局在强降水过程开始 20 小时之前做出了准确的短期暴雨预报,其后又发布了程度不断递进的预报 10 余次,并将联防电码上传。每一次预报发布,长寿区气象局均通过"灾害性预警服务平台"、传真、党政网、长寿门户网、公共信箱通、电视台传送给区委、区府领导、防洪办领导、各街镇领导、狮子滩防汛办、各相关人员和社会大众。此过程服务准确、细致,使广大干部群众及时获得最新气象信息,为长寿狮子滩 17 日 20 时的顺利开闸提供了科学决策,收到了良好效果。

③主要专业与专项服务

防雷技术服务 1991 年起,建立防雷安全定期检测制度,每年与安监、公安、消防、教委等相关单位联合发文,对区内易燃易爆场所、高层建筑、人员密集场所等开展防雷装置安全性能监测。1998 年根据业务发展需要,经长寿区编委批准成立了长寿区防雷中心,履行本地的防雷减灾工作职能,同时开展防雷装置图纸审核、施工监督、竣工验收等技术服务。

每年进行建筑物设计评价和竣工验收单位在100个以上，组织参加协调会50余次。

人工影响天气服务 早在1958年12月长寿县狮子滩就进行了地面燃烧碘化银丙酮溶液喷洒到烧红的焦碳上，使之产生碘化银烟雾散发到空中的人工降雨实验，开辟了长寿地区人影工作的先河。1993购置高炮3门，在渡舟、双龙、葛兰3个固定炮点开展高炮消雹增雨作业。2003年8月购置火箭发射装置2架，增设凤城炮点，开展火箭与高炮结合的人工增雨、消雹作业。

④主要科技成果

1981年10月，完成《长寿县农业气候区划》;1992年2月，完成《长寿县农业气象灾害》编写;2008年12月，完成重庆市气象局科技计划项目《基于GIS技术的长寿区精细化农业气候区划》。

⑤气象科技服务

长寿区气象局气象科技服务开始于20世纪70年代末。早期科技服务项目主要是中长期天气预报、气象资料提供等，随着气象事业的发展，服务项目逐渐增多，相继开展了专业气象预报服务、广告标语制作、空飘气球、电视天气预报、“12121”和“96121”电话声讯答询、手机短信、防雷技术服务等气象科技服务项目。随着科学技术的发展，气象服务业务逐步告别了落后的、原始的信函式的中长期天气预报服务，走向了先进的网络传输服务，以更加方便、快捷的服务方式向社会提供优质的服务。

科学管理与精神文明建设

社会管理 2007年长寿区人民政府下发了《关于加快气象事业发展的通知》。

党建工作 1981年以前长寿县气象局没有建立党支部，党员组织生活和党建工作等随地方有关单位活动。

1981年2月13日，长组发(1981)144号批准成立中共长寿县气象站支部;2000年7月31日，长组发(2000)80号，批准更名为中共长寿县气象局机关支部，2002年撤县设区后更名为中共长寿区气象局机关支部。李光圣、李国友、谭炳全、胡莉先后担任支部书记。支部现有党员6人。

2000年8月22日，长委发(2000)47号批准成立中共长寿区气象局党组，李国友同志为党组书记，谭炳全、胡莉、张白泉先后任党组成员。

精神文明建设 2002年，长寿区气象局被重庆市人事局和市气象局联合授予“重庆市气象系统先进集体”称号;2003年4月28日，被中共重庆市委、重庆市人民政府命名为“市级文明单位”;2004年10月被重庆市精神文明建设委员会命名为“长江三峡文明长廊建设示范点”单位;2005年，被中国气象局和人事部联合授予“全国气象工作先进集体”称号，中国气象局授予“气象部门局务公开先进单位”称号。2006年6月，局党组被中共重庆市长寿区委授予“五好领导班子”称号。

台站建设

1964年修建综合用房100平方米。1969年修建办公用房60平方米。1972年修建职工宿舍120平方米。1974年修建辅助用房60平方米。1982年修建职工住宅楼400平方米。1990修建职工住宅440平方米。1991年1月,办公场所改建为300平方米的二层楼房。1991年修建辅助用房40平方米。1992年7月修建职工住宅楼330平方米。2001年,在凤城五华花园建综合楼3374平方米,其中业务办公用房588平方米,职工住宅2786平方米,同时还解决了气象局长期不通公路的问题。2005年,对长寿区气象局观测值班室进行了改造,建成了300平方米的两层值班室。2008年6月因筹建新办公楼,拆除1982年修的青砖住宅楼及1991年修的旧办公楼、1992年7月修的红砖住宅楼。

截至2008年底,长寿区气象局占地面积4640.96平方米,现有业务办公用房588平方米,观测值班室300平方米。

长寿区气象局观测场旧貌

长寿区气象局观测场新貌

江津区气象局

江津古为巴国地，南北朝齐武帝永明五年（公元487年）建县，为江州县，后因县城地处长江之要津而更名“江津县”。江津位于长江上游，三峡库区尾端，渝川黔三省（市）交汇接壤处，东经105°49′～106°38′，北纬28°28′～29°28′。幅员面积3219平方千米，总人口148万，属亚热带季风气候，年平均气温18.2℃，降水1035毫米，日照1208小时。

机构历史沿革

历史沿革 江津区气象局始建于1955年，时称江津县气候站，初建时位于江津县几江镇西郊村鲤鱼石，东经106°15′，北纬29°17′，海拔高度208.6米。观测站平移2次，搬迁1次。1982年向西北方向平移44米，1995年向东平移110米，2000年迁至几江镇西关村打锣岗，与旧址直线距离380米，海拔高度261.4米，气象局办公楼仍位于几江长城路。

1954年更名为四川省江津县气候站；1966年3月更名为江津县气象站；1969年3月更名为江津县气象站革命领导小组；1970年11月恢复为江津县气象站；1990年5月更名为江津县气象局；1992年更名为江津市气象局；2007年5月更名为重庆市江津区气象局。

1958年，成立四川省江津专区气象组，下属江津专区农林水利局，位于江津县城通泰街17号，受四川省气象局的委托，负责管理江津、永川、大足、铜梁、潼南、荣昌、合川、璧山等8个县气象站；1961年5月，随江津地委、专署机关迁至永川县，仍称四川省江津专区气象组，同年11月20日改称四川省江津专区气象服务台。1964年9月，更名为四川省江津专区气象台。1968年11月至1971年7月，气象台分别由生产指挥组和革命委员会负责管理。1971年7月，成立四川省江津地区气象局（内含气象台），1981年7月更名为永川地区气象局，1983年4月，永川地区气象局合并到重庆市气象局。

管理体制 1954年四川省园艺场专业气候站移交四川省气象局，行政归园艺场代管；1957年4月属江津县人民委员会建制，行政仍归园艺场代管，业务由四川省气象局领导；1958年1月行政由园艺场移交江津县农林水利局代管；1964年5月归四川省气象局建制，业务委托江津专区气象台负责；1970年11月—1975年6月属江津县革命委员会建制，县革命委员会和人民武装部双重领导，以县人民武装部领导为主；1980年实行以气象部门为主、气象部门和地方政府双重领导的管理体制；1983年6月并入重庆市气象局。

机构设置 1957—1978年，江津站只有业务组，1979年始，设置观测组、预报组、农气组。2006年气象业务体制改革，设置办公室、业务科、观测科、科技服务科。

1999年成立江津市防雷安全委员会办公室，设立重庆市防雷中心江津分中心。2007年设立重庆市江津区防雷中心(属地方机构编制)。20世纪80年代后期，成立江津县人工降雨指挥部办公室，现为重庆市江津区人工影响天气指挥部办公室。

人员状况 建站初期职工2人，1957年增加到6人，20世纪60年代稳定5人，20世纪70年代增加到8人。2008年定编16人，实有在编职工16人。平均年龄43岁，研究生学历1人，本科7人，大专2人，中专6人。副研级高工1人，工程师7人，初级职称8人。

单位名称及主要负责人变更情况

<table>
<tr><th>单位名称</th><th>负责人</th><th>任职时间</th></tr>
<tr><td rowspan="2">四川省江津县气候站</td><td>黄德权、江防先后负责</td><td>1955.01—1961.12</td></tr>
<tr><td rowspan="4">徐培秀</td><td>1962.01—1966.03</td></tr>
<tr><td>四川省江津县气象站</td><td>1966.03—1969.03</td></tr>
<tr><td>江津县气象站革命领导小组</td><td>1969.03—1970.11</td></tr>
<tr><td>江津县气象站</td><td>1970.11—1988.08</td></tr>
<tr><td>江津县气象局</td><td rowspan="3">张志辉</td><td>1988.08—1990.05</td></tr>
<tr><td rowspan="4">江津市气象局</td><td>1990.05—1992.12</td></tr>
<tr><td>1992.12—1993.02</td></tr>
<tr><td>彭著泽</td><td>1993.03—1996.08</td></tr>
<tr><td>张志辉</td><td>1996.08—2001.10</td></tr>
<tr><td rowspan="2">重庆市江津区气象局</td><td rowspan="2">田映月</td><td>2001.12—2007.05</td></tr>
<tr><td>2007.05—</td></tr>
</table>

注：2010年10月—2010年12月主要负责人任职时间不连续，是因为张志辉同志于2001.10病逝，田映月同志于2001.12才到任。

江津地区气象局单位名称及主要负责人变更情况

<table>
<tr><th>单位名称</th><th>负责人</th><th>任职时间</th></tr>
<tr><td rowspan="2">四川省江津专区气象组</td><td>谭俊富</td><td>1959.01—1961.12</td></tr>
<tr><td>谢赐福</td><td>1962.01—1962.11</td></tr>
<tr><td>四川省江津专区气象服务台</td><td rowspan="2">张化远</td><td>1962.11—1964.09</td></tr>
<tr><td rowspan="2">四川省江津专区气象台</td><td>1964.10—1966.04</td></tr>
<tr><td rowspan="3">左文学</td><td>1966.05—1971.06</td></tr>
<tr><td>四川省江津地区局</td><td>1971.07—1981.06</td></tr>
<tr><td>四川省永川地区气象局</td><td>1981.07—1983.04</td></tr>
</table>

气象业务与服务

1. 气象业务

①地面观测

观测时次和项目 江津气象站从2007年1月1日起全天24小时值守班，每天8次定时观测。观测项目有:云、能见度、天气现象、气压、气温、湿度、风向风速、降水、日照、蒸发(小型)、地温(0 厘米、5 厘米、10 厘米、15 厘米、20 厘米、40 厘米、80 厘米、160 厘米、320 厘米、地面最高、地面最低)等。

业务变化 1954—2006 年为国家一般气象观测站。1954 年 12 月 31 日 19 时起按照《地面观测规范》观测记录,每日真太阳时 01、07、13、19 时 4 次定时观测,并制作上报气象记录月报表。1956 年增加向白市驿拍发航危报,1959 年增加向省气象局和地区气象局拍发农气旬(月)报、雨量报、危险天气报、小天气图报。1962 年起改为北京时 08、14、20 时 3 次观测。先后增加成都、泸州、大足、白市驿等地固定或预约航危报。1970 年改为 4 次观测(增加 02 时),1974 年恢复 3 次观测。1979 年停发航危报。2001 年建成自动气象观测站,2002 年起对比观测 2 年,2003 年 12 月 31 日 20 时自动站正式单轨运行。2005 年增加酸雨观测业务。2003 年开始建立区域气象观测站,现已建成 29 个(其中 2 个为长江航道观测站)。2007 年改为国家气象观测站一级站,2008 年 12 月 31 日后改称国家基本气象观测站,原国家气象观测站一级站业务不变。

②气象信息网络

1981 年以前气象信息来源主要是收听成都中心气象台广播,1981 年配备 ZSQ-1A 型天气图传真机。1990 年,开通甚高频电话。1997 年,实现与重庆市气象局微机联网,建成远程数据传输终端,1999 年建成了 PC-VSAT 地面气象卫星接收站、2002 年建成帧中继网接入重庆市气象局办公自动化系统、2005 年接入江津政府党政网(光纤网)。2008 年建成江津区气象局门户网站。

③天气预报

主要业务:短时天气预报、短期天气预报、中期天气预报和短期气候预测。

江津站从 1958 年 11 月正式发布天气预报。当时靠收听成都中心气象台大范围天气形势和预报以及地区气象台预报加民间测天经验进行补充订正预报,逐步发展用点聚图表、气象要素曲线分析,20 世纪 70 年代建立天气预报模式、指标等,20 世纪 80 年代传真接收数值统计预报天气图,1999 年建成 PC-VSAT 卫星接收站,直接接收气象信息资料,传真机停止使用。2002 年引进 MICAPS 系统,建成天气预报业务服务平台,2005 年天气预报可视会商系统投入使用。

④农业气象

江津属国家农业气象基本站,主要业务范围:农气观测、拍发旬(月)报、农气试验、农业气象技术推广、农气情报预报等。

现有观测项目:水稻、小麦、红薯、柑橘、花椒等作物生育期观测,桃树、柑橘、梧桐等物候观测,土壤墒情监测。

业务变化:江津站从 1956 年开始农气观测业务,开展果树、农作物、蔬菜等物候观测及目测土壤湿度。1958 年初,向四川省气象局编发农气旬报和农业气象特殊天气报。1959 年向省局报送农气观测报表。1962 年 10 月确定为四川省农业气象基本站、农业气象试验站。1963 年,中央气象局选定江津为物候观测试验站。“文化大革命”期间业务停滞,1978 年夏恢复。1980 年定为国家农业气象基本站。2003 年在江津区内几江、贾嗣、李市、蔡家、白沙等地布设了 5 个土壤墒情监测点,每年 3—10 月开展土壤墒情监测并向市局发报。

2. 气象服务

①公众气象服务

1958 年 11 月 1 日开始，每天制作 1～2 次天气预报，主要是 24 小时天气预报。20 世纪 90 年代前，以书面和广播形式发布。1994 年推出江津电视天气预报节目。1995 年开通“121”天气预报自动答询电话，后改为“12121”和“96121”。2002 年，开通手机短信服务。2005 年建成防灾减灾短信警报台。2007 年在《江津报》、江津门户网站设立天气预报专栏。2008 年启动气象电子显示屏建设，当年建成 20 块。1974 年至今每年编印气象历书，服务面最多年超过 12 万农户。

②决策气象服务

江津区气象局始终把各项决策气象服务放在首位。20 世纪 50 年代，气象部门由军队转到地方建制后，决策气象服务涉及农业、林业、水利、工矿、铁路、航运、公路、建筑、仓储企业和军事部门。1958 年后，“以农业服务为重点”的决策气象服务广泛开展。20 世纪 60—70 年代，双季稻耕作制度改革、抗旱防灾、气象资源、开发利用新品种试种试范、军事航空等决策气象服务工作不断深入。20 世纪 80 年代以来，农业气候区划及应用、杂交稻、再生稻、玉米高产栽培、引种双制、新技术新品种推广及试验示范，以“旱”治旱、防灾减灾、护林防火、栽桑养蚕、农业产业化调整、城市规划、重大工程建设、举办重大活动等决策气象服务取得良好效果。

③专业与专项气象服务

与江津区林业局、农业局、水务局、国土局、电力公司等 30 余家单位签订专业气象服务合同，提供包括中长期天气预报在内的各类天气预报。

1990 年起开展森林防火、蚕桑专题气象服务，与江津护林防火指挥部共同创办了《护林防火与气象》专题材料。1996 年起开展中、短期森林高火险天气电视广播预报服务。1998 年起制作森林火险和地质滑坡等级预报，在江津电视台天气预报栏目中播出。连续 10 多年被评为江津护林防火先进单位。1994 年被四川省气象局、四川省气象学会评选为“气象科技扶贫工作二等奖”，获四川省气象局表彰。

开展专题农业气象情报服务，主要围绕春播、初夏双抢、三秋等重要农事季节和农作物生长发育的关键时期灾害性天气、病虫害开展服务。20 世纪 90 年代以来，农业气象服务从以粮食生产为主向粮、经、林、果并重的方向转化，为农业产业化发展提供气候论证，特别是 2004 年为恒河果业落户江津提供大量资料。

1960 年江津首次开展人工增雨作业。20 世纪 90 年代先后购置高炮 5 门，开展高炮消雹增雨作业。2003 年 8 月购置火箭 2 架，开展火箭与高炮结合的人工增雨消雹作业，2006 年百年大旱期间紧急增购火箭 2 架。2008 年建成李市、蔡家人工影响天气作业炮站。

④气象科技服务

1985 年江津气象科技有偿服务开始起步，至 20 世纪 90 年代初，服务产品主要有中长期天气预报、气象资料和气象历书等。年收入逐渐由几百元增至近万元。1993—1994 年调整事业结构。按照基本气象系统、科技服务、综合经营三部分不同的任务和特点，建立新型的气象事业结构运行机制。气象科技服务全面发展，除专业气象服务外，新增氢气球施放、制作标语条幅、防雷检测、招待所、餐厅等服务项目等。1994 年起，建立防雷安全定期检测制度，每年与安监、公安、消防、教委等相关单位联合发文，对区内易燃易爆场所、高层建筑、人员密集场所等开展防雷装置安全性能监测。1999 年开展防雷装置图纸审核、施工监督、竣工验收等技术服务。1995 年、2002 年相继开通气象信息电话自动答询和手机短信服务。

3. 气象服务效益及科技成果

①典型气象服务效益

1986 年 5 月 12 日傍晚，县内几江、杜市等 9 区镇遭受大风、冰雹、暴雨袭击，最大冰雹直径 4.5 厘米，江津站实测雨量 63 毫米，瞬时最大风速 32 米 / 秒。造成人畜伤亡，房屋倒塌，农作物受灾等重大损失。江津站早在 4 月县府召开的栽秧现场会上就提出了麦收季节要防大风冰雹危害，5 月上旬通过广播广泛宣传，5 月 10 日发布旬预报 5 月 12—13 日有一次冰雹大风天气过程，5 月 12 日早上书面向县委县府领导报告，县领导批示马上通知各区。油溪区公所在广播中反复播出，在暴风雨来临前全区抢收小春作物 4540 亩，减少损失 57950 千克之多。当年江津站获重庆市委市政府表彰，评为抗灾夺丰收先进集体。

1998 年是典型的洪涝灾害年，5—8 月降雨量创历史最高记录，8 次暴雨。江津局 4 月中旬发布汛期天气趋势预报："1998 年是一个丰水年，建议加强防御特大洪涝灾害"。8 月 6 日再次发布暴雨天气消息。8 月 6 日晚至 7 日凌晨，南部山区遭受大暴雨洪涝灾害。23 个乡镇，310 个村和 18 个场镇的 10 多万人被困于洪水之中。由于提前预报，防御措施有力，灾害损失降到最低程度。

2006 年，江津遭受百年大旱，7 月 9 日至 9 月 6 日，60 天总降雨量 63.5 毫米，35℃以上高温日数 52 天，极端最高气温 44.3℃，创历史新高。江津区气象局在 2006 年气象历书、年度、汛期、盛夏天气预报中都先后作出伏旱预报，并及时做好补充订正预报。并提前准确预报 8 月 19 日、9 月 4 日转折性天气过程，抓住战机开展人工增雨作业，解除了旱情，群众送锦旗表谢意。江津局获重庆市委市政府表彰，评为抗旱救灾先进集体。

②科技成果

农气试验及成果 1979 年"高温伏旱对杂交水稻扬花结实影响"分期播种试验，获省、地气象局试验优质奖；1980 年与省水稻研究所合作杂交水稻田间小气候试验，获省科技成果三等奖。

农业气候区划 1983 年完成《江津县农业气候区划》，获四川省气象局优质区划三等奖和重庆市政府研究成果三等奖；2003 年完成《江津市气候带分布图》及江津市花椒、甜橙、猕猴桃、宽皮橘、核桃板栗等 5 个专题气候区划图。

社会管理

2007 年，江津区人民政府下发了《关于加快气象事业发展的意见》(江津府发〔2007〕121 号)。

规范雷电灾害防御和氢气球施放管理 1999 年江津市人民政府成立防雷安全委员会，江津市气象局归口管理本市区域内的防雷减灾工作。2002 年 4 月，派专人进驻江津市行政服务中心，办理防雷行政审批、氢气球施放许可等相关事宜。2004年起，气象局列为江津市安委会成员单位，负责全市防雷安全管理。

规范人影工作管理 江津人影工作历来实行政府统一领导、气象部门具体负责、有关部门协调配合。20世纪70年代至80年代，县政府成立非常设人工降雨指挥部。20世纪80年代后期，人工降雨指挥部趋于常设，下设指挥部办公室，挂气象局，负责人工影响天气日常工作。

依法保护观测场环境 2007年起，每年将观测场环境保护相关材料在规划局、城乡建设委员会、国土局进行备案，将观测场环境保护纳入城市建设规划。

党建与气象文化建设

①党建工作

1972年5月，组建中国共产党江津县气象站党支部。1980年8月，成立中国共产党江津县气象站支部委员会。1991年组建中共江津县气象局党组。先后有张志辉、彭著泽、田映月担任党组书记。1991年3月成立中共江津县气象局机关支部，2007年江津撤市设区，更名为中共重庆市江津区气象局机关支部，隶属于中共重庆市江津区直属机关工委。现有中共党员11人。

②精神文明与气象文化建设

1987年，创建成重庆单列市文明单位。2000年被命名为江津市“最佳文明单位”。2002年2月，被中共江津市委市人民政府评为“诚信文明先进单位”。2004年4月，被命名为重庆市“文明单位”。2004年6月，被重庆市文明建设委员会评为“重庆市诚信文明先进单位”。通过文明创建，单位的办公条件和环境条件得到明显改善，建立了独立的荣誉室、阅览室、图书室、活动室，添置了乒乓球桌、羽毛球、棋牌等设施，制作文明用语宣传牌，营造浓郁的文明氛围。

③荣誉

集体荣誉 1960年评为四川省气象部门先进站；1986年被重庆市委市政府评为抗灾夺丰收先进集体；1989年被重庆市人民政府评为农业系统先进站；1992年被四川省气象局评为先进集体；1993年被中国气象局评为先进局站；1996年被评为全国汛期气象服务先进集体；2006年被重庆市委市政府授予“抗旱救灾工作先进集体”称号。

个人荣誉 徐培秀 1978年被评为全国气象部门“双学”（工业学大庆、农业学大寨）先进个人，并于同年10月出席在北京召开的“双学”先代会，受到了党和国家领导人接见，并合影留念。田文全1989年4月被授予全国气象部门“双文明”先进工作者。

台站建设

1955年始建时征地2000平方米，建观测场625平方米，建房89.32平方米。1973年建办公配套用房100.4平方米。1980年，建业务值班楼102.6平方米，1982年修建办公楼303.4平方米，单位占地面积增至3273平方米。

1992年，拆除1973年修建的办公配套房，修建办公室及炮库231平方米。1994年因建江津长江公路大桥占用气象观测场1000平方米左右，新征地2022.68平方米，建观测场和办公用房300平方米。1996年，拆除20世纪90年代前旧房547.8平方米。1998年，迁移气象观测站至西关村打罗岗，政府划拨土地2560.31平方米，建观测值班室93.73平方米，拆除1992年建办公室原址重建办公楼869.88平方米。2002年，新建办公综合楼1579.2平方米，其中业务办公用房854.32平方米。2005年，观测站危房改造，新建观测值班楼258.6平方米。由于1995年修建长城路和2004年建设长城路和鼎山大道连接路，气象局占地面积减少。

截至2008年底，江津区气象局占地面积3523.74平方米，现有办公业务用房854.32平方米，观测值班室258.6平方米，其他房屋869.88平方米。

江津区气象局旧貌

江津区气象局新办公楼大门

江津区气象局观测场值班室

合川区气象局

合川区位于重庆市北部，嘉陵江、涪江、渠江于境内汇合。幅员面积 2343 平方千米，人口 152 万。属亚热带季风气候，年平均气温 17.9℃，最高气温 42.7℃，最低气温 −3.7℃；年平均降水量 1130.1 毫米，日照 1274.0 小时。

机构历史沿革

历史沿革 合川区气象局始建于 1959 年 2 月，时称合川县气候服务站，初建时位于合川县南屏乡高阳庙（郊外），东经 106°17′，北纬 29°58′，海拔高度 230.6 米。自建站以来未迁站。1966 年 3 月更名为合川县气象站；1990 年 6 月更名为合川县气象局；1992 年 12 月更名为合川市气象局；2007 年 5 月更名为重庆市合川区气象局。

管理体制 1959 年 2 月—1964 年 4 月属合川县人民委员会建制，由农林水利局管理，业务由江津专区气象台管理；1964 年 5 月—1970 年 11 月划归四川省气象局建制，业务仍由江津专区气象台管理；1970 年 11 月—1974 年 1 月实行由合川县革命委员会和人民武装部双重领导，以人民武装部领导为主的管理体制；1974 年 2 月—1980 年归属合川县革命委员会建制；1980 年 2 月—1983 年 3 月实行由江津地区气象局和合川县人民政府双重领导，以江津地区气象局为主（1981 年 7 月江津地区气象局更名为永川地区气象局）；1983 年 6 月起实行由重庆市气象局与合川县人民政府共同领导，以重庆市气象局为主的管理体制；2000—2008 年，合川市地震办公室挂靠在合川市气象局，与气象局合署办公。

机构设置 1959—1974 年 4 月，合川县气象站业务未分设。1974 年 5 月，设置观测组，预报组；1979 年增设农气组。2006 年气象业务体制改革，设置办公室（含法制科），气象观测科（含农业气象），气象业务科、科技服务科（含防雷中心）。

人员状况 1959 年，合川县气候服务站有职工 2 人。到 1970 年底有职工 5 人（气象短训班 4 人，中专生 1 人），其中中共党员 1 人，20 世纪 70 年代末增加到 13 人。2008 年末有在职职工 15 人，其中，本科生 10 人，大专学历 1 人，中专 3 人。有中级职称 8 人，初级职称 7 人；50 岁以上 3 人，40～49 岁 2 人，40 岁以下 10 人，因工作需要，聘请合同制工人 5 人。

单位名称及主要负责人变更情况

单位名称	负责人	任职时间
合川县气候服务站	罗育新	1959.02—1962.02
	陈时中	1962.03—1966.02
合川县气象站		1966.03—1975.03
	刘彪炳	1975.04—1983.11
	曾友仁	1983.12—1987.07
	陈守安	1987.08—1990.06
合川县气象局		1990.06—1992.11
合川市气象局		1992.12—2001.11
	徐前进	2001.12—2007.05
合川区气象局		2007.05—

气象业务与服务

主要业务：地面气象观测（基本站）、农业气象观测（国家一级站）、天气预报、人工影响天气、雨情报。

主要服务：专业专项天气预报服务，气象资料、农业气象服务，防雷设施管理及安全检测，空飘气球广告，气象声像广告。

1. 气象业务

①地面气象观测

观测时次和项目　1959年2月开始，每日地方时01、07、13、19时4次定时观测云、能见度、风、天气现象和温度、湿度、气压、降水、日照；1960年8月1日起，改为北京时02、08、14、20时4次定时观测，1961年5月1日起，改为北京时08、14、20时3次定时观测，直到2006年12月31日止，夜间均未守班。2007年1月1日起，调为国家气象观测站一级站，2009年1月1日起改称国家基本气象站，保持原国家气象观测站一级站任务不变。每日8次定时观测（02、05、08、11、14、17、20、23时），编发8次天气报和气象旬、月报，全天24小时值守班。观测项目有云、能见度、天气现象、气压、气温、湿度、风向风速、降水、日照、蒸发（小型）、地温（0厘米、5厘米、10厘米、15厘米、20厘米、40厘米、80厘米、160厘米、320厘米、地面最高温度，地面最低温度）等。

业务变化　气象站开展工作以后，按照《地面气象观测规范》观测记录，14时向江津专区气象台发小天气图报，并制作、上报年月报表。先后向成都、重庆、泸州、大足、遂宁、白市驿、南充、梁平等地发预约或固定航危报。遇有降水天气，还向重庆、宜昌、武汉水文站发雨情报。

1959年7月用小型蒸发器观测蒸发量，1966年底停止，1980年1月1日起恢复观测。1960年1月1日起，观测地面0厘米温度，地面最高温度，地面最低温度，5厘米、10厘米、15厘米、20厘米土层温度，到1966年7月1日停止；1980年1月1日恢复地面温度观测。2001年建成自动气象站，2001年12月31日20时（北京时）起开始为期2年的人工和自动站对比观测，2003年12月31日20时（北京时）自动站正式单轨运行。2004年7月1日起，用自动站观测地面 0 厘米、5 厘米、10 厘米、15 厘米、20 厘米、40 厘米、80 厘米、160 厘米、320 厘米土层温度，延续至今。2004 年 10 月 1 日增加酸雨观测。1999 年被重庆市气象局授予地面测报四星级台站。

2004—2008 年，分 4 批先后在各乡镇建成 28 个两要素或四要素区域自动站。

②气象信息网络

1982 年底以前，气象信息主要收听成都中心气象台广播。1982 年底，配备天气图传真机。1987 年开通高频电话，1999 年停止接收传真天气图，PC-VSAT 单收站建成，用于接收卫星云图、雷达资料等；2002 年建成帧中继接入重庆市气象局办公自动化系统，同年接入合川市政府党政网，2008 年建成合川气象局门户网站。

③天气预报

主要业务：短时天气预报，短期天气预报，中期天气预报，长期天气预报，其他专项、专业天气预报。

天气预报制作：合川气象站建成开始工作，就正式发布天气预报。当时主要靠收听成都中心气象台大范围天气形势和天气预报广播以及重庆气象台的天气预报，看天，收集民间农谚、土法测天等做补充订正预报。1965 年参加江津专区气象台组织预报改革会战，制作合川长、中、短天气预报配套模式。1973 年开始用数理统计法做中长期单站天气预报，20 世纪 70 年代后期进行天气预报业务的基本资料、基本图表、基本方法、基本档案建设。1983 年，使用传真机接收天气图，1992 年卫星单收站建成，2002 年引进 MICAPS 系统，建成天气预报服务平台，2005 年天气预报可视会商系统投入使用。

④农业气象

观测项目　目前观测项目有油菜、小麦、玉米、自然物候、土壤墒情监测。

业务变化　1959 年便开始了农业气象观测，对小麦、玉米等作物进行分期播种试验，1966 年停止，但常有不定期农业气象调查服务。1978 年恢复农业气象，1979 年定为省属农气站，1990 年定为国家一级农业气象站。从 1996 年起，每年 3—11 月的逢 3 日及干旱时期遇有 5 毫米（含 5 毫米）以上降水过程结束的当天加测一次土壤湿度，报上级业务部门。2004 年 7 月 1 日起，在龙市镇、钱塘镇、三庙镇、太和镇设立了土壤湿度监测点，每年 3—10 月开展土壤湿度监测并向重庆市气象局发报。

农业气象试验　合川区气象局先后承担了中国气象局、四川省气象局下达课题 5 个。合川区气象局自行开展的杂交稻开花结实与高温的关系探讨，历时 5 年。其资料，被四川省农科院、省作物学会、省象气象局、西南农学院联合考察组重视采纳，为冲破川东南高温伏旱杂交稻禁区提供了资料。

1988 年，引进巨穗型小麦 8445，进行分期播种试验，探讨其在合川区气候条件下推广种植的可行性。小麦成熟时，原重庆市领导孙同川市长、于汉卿主任、王正德副市长亲自到田间视察，重庆市农科所周志达研究员、西南农大牟致远教授到田间考察。王正德亲自审阅试验总结。

2. 气象服务

①公众气象服务

建站伊始，即通过合川县广播站对公众发布 24 小时天气预报。1998 年 7 月 13 日电视天气预报开播，在合川电视台合川新闻栏目后播出乡镇预报；1999 年 8 月“121”天气预报自动答询电话开通，实现 24 小时公众服务无缝隙化；2005 年在《合川日报》头版设固定版面刊发天气预报；2006 年 3 月，手机短信发布平台开通；2008 年开始建设气象电子显示屏。

②决策气象服务

决策服务产品 包括重要气象情报、天气周报、专题气象服务、重要活动气象保障服务、灾害性天气预警信号、降水量实况报告、地质灾害气象条件等级预报等。

服务方式 一般采用传真、电话、短信、电子政务系统网络传输等方式书面报告，重大、重要天气直接向领导汇报。

③专业与专项气象服务

20 世纪 90 年代以前，合川专业气象服务主要为建筑业，目前扩大到能源、交通、农业、餐饮业、商业物流等领域。

④气象科技服务

20 世纪 80 年代以前，合川气象科技服务面窄，主要为乡镇提供服务，收取低廉的服务费。1987 年开始尝试开展避雷装置检测，1991 年开始开展空飘气球广告服务，1996 年成立华信广告装饰公司。2002 年 8 月防雷设计审核和竣工验收纳入基本建设程序，其审批进驻合川行政服务大厅。其后，逐渐形成以防雷技术服务为主，辅以手机短信、电视天气预报、资料服务、专业服务的气象科技服务，社会经济效益逐步显现。到 2008 年科技服务收入突破 100 万元。

3. 气象服务效益及科技成果

①典型气象服务效益

为领导指挥农业生产提供气象决策服务 从 1977 年开始，连续 5 年观测杂交稻在本地高温天气下开花结实情况，认定杂交稻在合川本地高温天气条件下开花结实，与常规稻比无异常现象，合川县适宜种植杂交稻。合川县委采用了这一建议，种植杂交稻的面积逐渐扩大，1983 年，种植杂交稻 54 万亩，每亩比常规稻净增 211 斤[①]，全县增产水稻 10972 万斤。为农业气象服务作出了应有的贡献。

为领导防灾减灾提供气象服务 1989 年 7 月 8—10 日，连续 3 天降暴雨—大雨—特大暴雨。7 月 10 日降水量 232.1 毫米，为百年不遇。7 月 7 日作出未来 36 小时内有暴雨的预报，7 月 9 日又作出有暴雨的预报，7 月 10 日 01 时，作出还有特大暴雨预报，电话通知有关部门和领导、重点服务单位。国营陵川机械厂技安科接电话后，安全转移运输车 56 台，封堵油库门，使 25 吨润滑油免受损失。未转移的 8 台运输车被泥石流淹没 1.3～1.7 米深。

2006 年 7 月 2 日开始到 9 月 3 日，合川遭受了百年一遇的严重高温伏旱。降水量仅为历史同期一成，高温干旱达 64 天，≥37℃有 41 天，≥40℃有 14 天，其中 8 月 15 日极端最高气温达到 42.7℃，刷新了建站以来的最高气温历史记录。7 月 20 日，旱象露头，21 日将“伏旱初显”的专题服务材料送到市政府领导手中。随后，及时将高温干旱实况、未来的天气走势和对策建议报送市委市府领导和相关部门，适时启动旱情日报制，为领导指挥抗旱

① 1 斤＝0.5 千克，下同。

救灾提供了科学的决策依据。8月29日，提前作出预报9月3日、4日前后降温降水转折性天气过程。区委办、区府办多次转发决策服务材料，因为服务及时主动准确，受到市委市府领导的肯定和相关部门的好评。

②气象科技成果

《合川县农业气候资源区划》获重庆市政府科技成果三等奖；参与项目《合川县社会、经济、生态系统工程应用研究》获重庆市1990年度科技进步三等奖和软科学二等奖；水库宜鱼性分析（项目主研人员）被评为1990年度县软科学三等奖。

社会管理

雷电灾害防御和氢气球施放管理 1990年起，开展了防雷装置检测服务。1997年3月1日，合川市府办、安办、气象局联合发通知，合川市境内各种建筑物的防雷装置由气象局检测。2002年8月，防雷行政审批进驻行政服务大厅，2004年起，气象局列为合川市安全委员会成员，负责全市防雷安全和空飘气球施放监管工作。

人工影响天气工作管理 1971年开始，用“三七”高炮作业，人工影响天气增雨防雹。1991年11月建成高炮炮库；目前有“三七”高炮4门，组建了民兵作业队伍。2004年，由重庆市气象局和合川市政府各匹配12万元购置江铃皮卡人工增雨防雹作业车1台、火箭发射装置2台。2008年在龙井建成标准化人工影响天气作业基地，人工降雨防雹已成气象局的常年服务工作。

探测环境保护 自建站以来，按地面气象观测规范，对影响观测环境的竹树多次砍除，并进行宣传。对农民建房两次依法限制，对高阳小学建房依法撤退到符合规定的范围内，较好地保护了观测环境。与建委规划局协商，按气象法确定了观测场保护范围，在保护范围内新建建筑物必须经气象局审批。

党建与气象文化建设

①党建工作

1962年，合川县气候服务站有中共党员1人，组织关系在农水局。1971年武装部管理，派彭兴尧、调邮电局杨延维到气象站工作，组建党支部。1974年1月彭兴尧归队，气象站移交地方，党组织不健全。1975年8月8日，调刘彪炳到气象站工作，组建党支部，并任书记。党支部成立后，抓职工政治思想工作，抓组织发展，发展新党员3人。2008年有在职党员7人，定期召开民主生活会。

②精神文明建设

建站时住房简陋，设备原始，离城5千米，没有交通工具，买生活用品要步行1小时进城去背。为改善职工的生活，大家齐心协力，种菜、种粮，领导带头拉运饲料养猪，有的年份杀肥猪4～5头，受到江津地区气象局表扬，这种状况一直持续到20世纪70年代末。“文化大革命”期间，保证了气象资料完整无缺。

订阅各种报刊15种，有阅览室、体育活动场所，开展了3届职工运动会。历年来单位和职工帮扶贫困村、困难群众、抗震救灾等共计捐款达10万余元。

1986年被命名为合川县“文明单位”。1992年合川撤县设市，县文明单位升为合川市“文明单位”，2007年合川撤市设区，合川市文明单位为合川区“文明单位”。2008年被命名为合川区“文明单位标兵”。

⑶荣誉

集体荣誉 1978年获江津地区农林系统先进单位、2006年重大气象服务先进集体、2007年合川市抗洪抢险先进集体等16项集体荣誉。

个人荣誉 魏祯义1984年被授予重庆市劳动模范称号。1989年为蚕桑生产、柑橘采收销售服务，做出了较突出的贡献，被授予四川省农业劳动模范称号。

台站建设

1959年建站时，围墙是用竹子编成的，1966年改为土砖墙，建6间砖木结构平房。1964年修土墙瓦房，1974年、1977年修青瓦房7间，总面积约500平方米。1983年，在离观测场约200米的西南边修建职工宿舍楼708平方米。1987年改建办公楼397平方米。1998年重庆市气象局补助资金18万元，单位补助20余万元，职工自筹资金进城购职工住宅19套。

截至2008年底，合川区气象局占地3666平方米，有业务办公用房397平方米。

合川区气象局旧貌

合川区气象局新貌

合川区气象局观测场全景

永川区气象局

永川历史悠久，唐大历十一年（公元776年）置县，已有1200多年历史。位于四川盆地东南部，重庆市西部，东经105°37′31″～106°5′7″，北纬28°56′16″～29°34′30″。幅员面积1576平方千米，人口110万，属亚热带湿润气候，年平均气温17.7℃，降雨量1033.7毫米，日照时数1248.2小时。

机构历史沿革

历史沿革　永川区气象局始建于1957年1月1日，时称永川气候站，初建时位于永川县城西门外三岔河，东经105°54′，北纬29°22′，海拔高度317.9米。观测站经过3次搬迁。1963年1月1日，迁至永川县西北乡胜利村一队，与旧址直线距离1500米；2000年1月1日，迁至永川市北山路“顶坡”；2007年1月1日，迁至永川区官井路骑龙山“坡顶”，东经105°54′，北纬29°22′，海拔高度353米。

1958年12月更名为永川县气候站；1960年3月更名为永川县气候服务站；1962年4月合并到四川省江津专区气象台，作为其观测组行使职能。1979年2月重建永川县气象站；1981年7月江津地区气象局更名为永川地区气象局；1983年6月永川地区气象局并入重庆市气象局，永川县气象站迁至永川地区气象局旧址，永川地区气象局观测组合并到永川气象站；1990年5月永川气象站更名为永川县气象局；1992年5月更名为永川市气象局；2007年5月更名为永川区气象局。

管理体制　1957年1月—1962年3月属永川县人民委员会农业科管理，业务由四川省气象局领导；1962年4月并入四川省江津专区气象服务台，属江津专区农林水利局管理，业务由四川省气象局领导；1979年2月—1980年2月，由永川县政府领导，业务上由江津地区气象局领导；1980年3月实行气象部门和地方政府双重领导，以气象部门为主的管理体制；1983年6月永川地区气象局并入重庆市气象局，由重庆市气象局管理。

机构设置　1957年1月—1962年3月，站内机构只有业务组，1962年4月，并入四川省江津专区气象服务台为观测组。1979年2月，重建永川县气象站，设置预报组、农业气象组。1983年6月，增加气象观测和雷达业务，增设观测组、雷达组。2006年8月，气象业务体制改革，设置办公室（法制科）、业务科（气象服务中心）、科技服务科（防雷中心）。

1999年4月，成立永川市防雷委员会办公室，2003年7月，设立永川市气象防雷中心，现为重庆市永川区气象防雷中心。2004年11月，成立永川市人工影响天气指挥部办公室，现为重庆市永川区人工影响天气指挥部办公室。

人员状况 1957年建站时职工2人，到1961年有职工4人。1979年重建永川县气象站有职工12人，1984年有职工35人（永川地区气象局划入部分人员）。2006年8月定编为11人，后调整定编为14人。现有在职人员18人，退休人员15人。在职人员18人中，50～59岁10人，40～49岁3人，30～39岁4人，30岁以下1人；本科6人，大专4人，中专高中及以下8人；工程师11人，助理工程师6人，技术员1人。

单位名称及主要负责人变更情况

<table>
<tr><th>单位名称</th><th>负责人</th><th>任职时间</th></tr>
<tr><td>永川气候站</td><td rowspan="4">陶正堂</td><td>1957.01—1958.12</td></tr>
<tr><td>永川县气候站</td><td>1959.01—1960.03</td></tr>
<tr><td rowspan="2">永川县气候服务站</td><td>1960.03—1962.03</td></tr>
<tr><td>1962年4月合并到江津专区气象服务台，成为其地面气象观测组，直到1979年2月重建。</td></tr>
<tr><td>永川县气象站</td><td rowspan="2">张光远</td><td>1979.02—1981.06</td></tr>
<tr><td rowspan="2">永川地区气象局</td><td>1981.07—1989.11</td></tr>
<tr><td rowspan="3">邱元述</td><td>1989.11—1990.05</td></tr>
<tr><td>永川县气象局</td><td>1990.05—1992.05</td></tr>
<tr><td rowspan="2">永川市气象局</td><td>1992.05—2003.03</td></tr>
<tr><td rowspan="2">杨　智</td><td>2003.03—2007.09</td></tr>
<tr><td>永川区气象局</td><td>2007.09—</td></tr>
</table>

气象业务与服务

主要业务：地面气象观测（国家一般气象站）、航空天气报告、雨情报、农业气象观测（国家二级站）、天气预报、人工影响天气。

主要服务和科技服务：专业专项天气预报服务、气象资料、农业气象服务，防雷设施管理及安全检测，空飘气球广告，气象声像广告。

1. 气象业务

①地面观测

观测任务 永川气象局为国家一般气象站，从1957年1月1日开始进行每日4次定时地面气象观测记录，并按规定制作报送气象记录月报表（气表-1）、年报表（气表-21）。1961年改为3次观测。1980年1月1日开始每天08、14、20时3次定时人工观测，02时气象记录由自记记录代替。2001年10月安装Ⅱ型自动气象站仪器并进行试用，经2002—2003年2年并行观测，于2004年1月1日起，自动气象站正式投入业务运行。2004年10月1日起增加酸雨观测任务。

永川为航危报站，承担向成都、重庆军航和民航部门发报任务。经上级气象部门确定，每天按规定的时次（现为08—18时）、种类和有关电码，观测编发航空天气报告（简称“航空报”）、航空危险天气通报（简称“航危报”）、重要天气报告、雨量报及其它种类的气象报告。

观测项目 人工观测项目为：云，能见度、天气现象，小型蒸发，干球、湿球温度，最高、最低温度，水汽压，相对湿度，露点温度，风向风速，降水量，日照，地面0厘米温度，地面最高、最低温度，气压，积雪深度，酸雨等。

自动气象站观测项目为：气压、气温、湿度、风向风速、雨量、地温等，每天24小时连续观测，自动采集、记录，每小时自动向上级气象部门传输1次气象观测资料数据。

区域自动站建设 2004年10月在黄瓜山建立温度、雨量两要素自动气象站，至2008年，在永川全区共建立自动气象站32个（其中温度、雨量两要素站15个，温度、雨量、风向风速要素站17个），基本形成永川自动气象监测网。

地面测报成绩 永川地面气象观测工作，1978—2008年平均错情率为0.2‰。全局测报人员创气象测报“连续百班无错情”共计151个，先后受到四川省气象局和重庆市气象局表彰奖励。23人次被授予“质量优秀测报员”称号，受到中国气象局表彰。

②气象信息网络

1981年以前气象信息来源主要是收听成都中心气象台广播。1981年配备ZSQ-1A型天气图传真机；1990年开通甚高频电话；1997年实现与重庆市气象局微机联网，建成远程数据传输终端；1999年建成PC-VSAT卫星单收站；2002年建成帧中继接入重庆市气象局办公自动化系统；2004年建成永川气象信息网站；2005年建成可视会商系统，基本实现气象信息网络现代化。

③天气预报

主要预报任务 负责制作发布永川范围内的短时天气预报、短期天气预报、中期天气预报和短期气候预测（年、季、月长期天气预报）。

预报业务发展 永川气象站从1958年11月开始制作发布“单站补充天气预报”，以后改为发布气象站天气预报。当时靠收听成都中心气象台大范围天气形势和预报广播以及地区气象台预报加民间测天经验进行补充订正预报。1962年4月—1979年2月，永川站天气预报并入江津（后改永川）专区气象台，专区气象台负责制作发布永川县天气预报。20世纪60年代，专区气象台建立了与成都中心气象台环流分型相配套的中型模式，实现了专区气象台与省台上下结合用环流分型模式制作本地区的天气预报。20世纪70年代初，采用“统计学与天气图相结合的预报方法”。1979年2月，重新恢复永川站，制作发布永川县天气预报。永川站20世纪80年代用传真机接收数值预报产品、天气图，制作天气预报，应用数理统计方法和利用海温、旬月平均环流资料建立预报工具、方法，开展预报工作基本资料、基本图表、基本档案和基本方法建设。1999年建成PC-VSAT卫星接收站，直接接收气象信息资料，传真机停止使用。2002年引进MICAPS系统，建成天气预报业务服务平台，2005年天气预报可视会商系统投入使用。预报值班为每天1人轮班制，汛期（5—9月）实行24小时值班守班。

预报工作成绩 永川气象局1981—2008年，长期灾重天气预报平均准确率为75.3%，短期灾重天气预报平均准确率为50.2%，短期一般天气预报平均准确率为76.1%。

④农业气象

业务变动情况 永川气象站1958年进行农业作物生育状况和土壤湿度观测，1960年进行简易农业气象试验和农田小气候观测。1961年停止农业气象业务。1979年开展专项农业气候分析服务和农业气候区划工作。永川1980年确定为省属农业气象基本观测站，1990年确定为省属二级农业气象观测站，1998年重庆市直辖后，确定为重庆市属二级农业气象观测站。2004年7月，在永川设立三教、朱沱、黄瓜山、大安、气象局所在的官井等5个土壤湿度观测点，每年3—10月每旬逢3日、8日进行土壤墒情监测并向重庆市气象局发报。

农业气象任务 主要开展油菜、小麦、水稻、玉米等农作物生育状况观测，物候观测，土壤湿度测定，小型农业气象试验，农业气象预报，农业气象服务，农业气象灾害调查，拍发农业气象报告，报送资料报表，气象科普宣传服务等。

农业气象成绩 永川气象局1982—2008年农业气象测报平均错情率为0.4‰。农业气象测报人员2000—2008年共获得"农业气象连续百班无错情"13个，受到重庆市气象局表彰奖励，2人次被授予农业气象"质量优秀测报员"称号，受到中国气象局表彰。

2. 气象服务

①公众气象服务

永川区气象局坚持气象工作宗旨，积极开展公众气象服务、决策气象服务。短时天气预报根据服务需要，早期通过广播向公众发布，后来通过电话、传真、手机短信等向用户发布。现在短期一般天气预报，每天下午通过永川气象信息网、永川电视台、永川广播电台等媒体向社会公众发布。短期重要天气灾害性天气预报，定时或不定时通过媒体向社会公众发布，并通过电话、手机短信、电子显示屏、多媒体电话或书面材料报送党政领导机关和有关服务单位。专项天气预报通过书面材料、手机短信等方式向有关服务单位和社会公众发布。旬、月天气预报、关键农事季节天气预报，年度天气趋势预报及气象历书，书面印发，报送党政领导机关及相关服务单位，发送镇、街单位和城乡群众。

②决策气象服务

为领导指挥农业生产提供天气预报、情报，提出农事建议，供领导决策参考。为领导指挥防灾减灾提供气象服务的典型事例：

1985年春播期间，永川县遭遇到历史上罕见的严重低温天气，3月平均气温仅9.8℃，3月11—22日低于12℃的连续低温冷害天气长达12天，给水稻播种带来严重影响。永川县气象站从1984年12月开始先后发布了13次低温天气预报，比较准确预报出了低温天气时段，并与农业部门、农技人员共同研究，采取推迟育秧、地膜育秧等措施抗御低温灾害。由于预报准确及时，避害措施有力，全县避免、减少水稻烂种损失25.3万元，取得了明显经济效益和社会效益，分别受到四川省气象局和国家气象局表彰奖励。

2006年夏秋季，永川遭受百年以来最严重高温干旱天气，7月17日—9月7日，53天总降雨量51.1毫米，35℃以上高温日数52天，40℃以上高温日数13天，极端最高气温达42.1℃。永川市气象局在2006年气象历书、年度、汛期、盛夏天气预报中都先后作出伏旱天气预报，及时做好补充订正预报服务。提前准确预报出8月19日、9月4日转折性降雨天气过程，抓住有利时机出动高炮、火箭装备，大力实施人工增雨作业，增雨效果显著，有效缓解了严重旱情，群众赠送锦旗表达谢意，评为永川市2006年抗旱救灾先进集体三等功单位，受到永川市委、市政府表彰。

③专业与专项气象服务

人工影响天气服务 永川从1991年开展人工影响天气服务，现有"三七"高炮3门，人工增雨防雹火箭装备2套，建立黄瓜山、临江、三教3个固定炮站和11个火箭发射点及人工影响天气作业指挥系统，每年3—9月组织实施人工增雨防雹作业。

防雷安全服务 1990年开始，在永川县境内开展避雷安全检测服务和雷电灾害调查鉴定工作。2002年5月起，依法承担永川市行政区域内的防雷工程设计审核、施工监审、竣工验收、防雷装置安全检测和雷电灾害调查鉴定工作。常年开展防雷安全服务工作，敦促整改防雷隐患，努力避免减少了雷电灾害损失，保护了人民群众生命财产安全。

④气象科技服务

1985年开始，永川区气象局逐步开展气象有偿服务和气象科技服务。1986年开展专业气象服务，1990年开展防雷减灾安全服务，1994年开展空飘气球广告服务，1996年开展电视天气预报服务，2000年开展"12121"、"96121"气象电话服务，2003年开展防雷工程服务，2005年开展手机短信服务。气象科技服务收入按照规定由单位财务室统一管理，制定了科技服务管理办法，加强经营服务管理，认真落实安全工作责任制，努力降低成本，增加收入，气象科技服务取得较好效益。1995年以前，气象科技服务年收入只有数万元，1996—2006年气象科技服务年收入上升到数十万元，2007—2008年气象科技服务年收入达到100多万元，在一定程度上弥补了气象事业经费的不足，改善了单位工作、生活条件，促进了永川气象事业发展。

3. 科技成果

单位名称	科技成果名称	发奖单位	等级	授奖日期
永川县气象站	《永川县农业气候资源调查和区划报告》	永川县政府	科技成果二等奖	1984.06
永川县气象站	《再生稻栽培模式与应用》	重庆市政府	科技成果二等奖	1990.04
永川县气象局	《应用区划成果促进再生稻发展》	四川省气象局、省气象学会	四川省气象系统科技成果二等奖	1990.11
永川县气象局	再生稻气象服务	重庆市气象局	科技成果一等奖	1991.12
永川市气象局	《利用秋季气候资源开发再生稻技术》	国家气象局、中国气象学会	全国气象部门科技成果三等奖	1992.12

社会管理

2007年3月，重庆市永川区人民政府下发《关于加快气象事业发展的意见》(永川府发〔2007〕25号)。

探测环境保护 2003年6月，向永川市建委、规划局报送《关于做好观测场环境保护工作的函》及《各类气象探测环境保护的技术规定》；2007年7月，永川区政府致函重庆市气象局，表示将严格按照气象法律法规，加强永川国家气象观测站保护。2008年12月，永川区规划委员会召开永川城区 D、E、F 标准分区控制性详细规划审定会议，明确把气象探测环境保护纳入城市建设控制性详规。

防雷和施放气球管理 1999 年 4 月，永川市政府办公室下发文件通知，成立永川市防雷安全委员会，办公室设在气象局与防雷中心合署办公。2002 年 5 月，永川市政府下发《关于加强防雷减灾工作的通知》，明确气象局是永川市防雷减灾工作的主管部门，负责组织管理全市防雷减灾工作。2002 年 12 月，气象局 5 人办理行政执法证，成立气象行政执法队伍。2003 年 5 月，气象局列为永川市安全生产委员会成员单位，负责防雷安全、施放气球监管等工作。2003 年 6 月，永川市建设项目防雷工程设计审核、竣工验收和施放空飘气球项目进入市行政服务中心气象局窗口集中办理审批管理。

人工影响天气管理 永川人工影响天气工作实行政府统一领导、气象部门具体负责、有关部门协调配合。2004 年 11 月成立永川市人工影响天气指挥部办公室，挂靠气象局，负责人工影响天气日常管理工作。

党建与气象文化建设

①党建工作

党组织情况 1957 年建站到 1962 年，永川县气候站没有中共党员和党组织。1979 年有中共党员 3 人，1980 年 1 月，成立中共永川县气象站党支部，隶属中共永川县直机关党工委。1985 年 4 月，成立中共永川县气象站支部委员会，2007 年更名为中共永川区气象局支部委员会，先后有张光远、邱元述任党支部书记。2008 年底，区气象局党支部有中共党员 17 人，其中在职职工党员 12 人，退休职工党员 5 人，隶属中共重庆市永川区直机关党工委。2003 年 5 月，成立中共永川市气象局党组，2007 年更名为中共重庆市永川区气象局党组，杨智任党组书记。

1983 年至今，邱元述、魏福智、张光远、向平南等同志，分别被中共永川县委评为永川县优秀共产党员；邱元述 2004 年 6 月还被中共永川市委评为永川市优秀党务工作者。

党风廉政建设 认真落实党风廉政建设责任制，强化领导干部"一岗双责"意识，每年与各科室签订《党风廉政建设目标责任书》。采用多种方式，积极开展党风廉政建设宣传教育，大力推进廉政文化建设，营造"以廉为荣、以贪为耻"的良好氛围，筑牢反腐倡廉思想道德防线，增强党员干部拒腐防变能力。建立完善党风廉政建设制度，严格执行党员领导干部廉洁从政、廉洁自律各项规定，认真实行局务公开，加强民主监督民主决策，全局党员干部职工无违纪违法行为发生。

②精神文明建设

文明单位创建 认真学习贯彻《公民道德建设实施纲要》，积极开展精神文明建设和文明单位创建活动。1985 年 4 月，被命名为永川县文明单位。1998 年经复查考核，被确认命名为永川市文明单位。2005 年 2 月，被命名为永川市文明单位标兵。2008 年 2 月，被命名为重庆市文明单位。2008 年 9 月，中国气象局授予永川区气象局"全国气象部门文明台站标兵"称号。

文体活动情况 单位设有学习阅览室、活动室，建有小型运动场，购置有羽毛球、乒乓球、象棋、扑克等设备物品，每年因地制宜组织开展健康有益的文体娱乐活动，增强干部职工身体素质。

③荣誉

集体荣誉 1981—2008年共计获得集体荣誉30项，其中1986年4月，永川县气象站评为重庆市农业资源区划工作先进集体，1989年12月，评为重庆市农业系统基层服务站先进集体，受到重庆市政府表彰。2006年评为永川市抗旱救灾先进集体三等功单位，受到永川市政府表彰。2007—2008年连续2年评为目标考核特别优秀达标单位，2008年评为重庆市重大气象服务先进集体，受到重庆市气象局表彰。

个人荣誉 1981—2008年共计37人次获得先进个人表彰，其中省部级表彰的2人次表彰。

台站建设

1957年建站时修建房屋210平方米。1979年新建房屋600平方米。1983年因为永川地区气象局气象观测和雷达业务划入永川县气象站，使房屋总面积增加到2500平方米。2000年1月1日，观测站迁至永川市北山路"顶坡"，修建观测场625平方米，修建业务值班室120平方米。2006年在官井路178号新征用土地面积5495.45平方米，实施永川区气象局观测站整体搬迁工程，建成标准气象观场625平方米、观测值班室80平方米、气象预警中心业务办公楼1700平方米。

截至2008年底，永川区气象局占地面积5495.45平方米，现有业务办公用房1780平方米。

永川县气象站旧貌(1985年摄)

永川区气象局新颜(2008 年摄)

永川气象监测预报平台(2008 年摄)

南川区气象局

南川古为巴国地，自唐贞观十一年（公元637年）分巴县置隆化县，先天元年（公元712年）改名宾化县，宋嘉祐八年（公元1063年）复名隆化县，元二十二年（公元1285年）废南平军及治地隆化县改置南川县，迄今已有1371年的历史。南川地处四川盆地东南边缘的大娄山脉西北侧，长江以南，乌江以西，东经106°54′～107°27′，北纬28°46′～29°31′。总面积2601.92平方千米，人口65万，属亚热带湿润季风气候，年平均气温16.5℃，降水量1161毫米，日照时数1086小时。

机构历史沿革

历史沿革 南川区气象局始建于1957年11月1日，时称南川县南平气候站，初建时位于南川县南平乡龙塘村，东经107°10′，北纬29°05′，海拔高度400米。1961年4月1日迁至南川县隆化镇东方红二社“朱家顶”，东经107°05′，北纬29°09′，海拔高度559.5米，并更名为南川县气候服务站；1965年12月10日更名为四川省南川县气象站；1968年6月25日更名为四川省涪陵地区气象台革命委员会南川气象站；1971年8月15日更名为四川省南川县气象站；1987年4月29日更名为南川县气象局；1994年8月更名为南川市气象局；2007年5月更名为重庆市南川区气象局。

管理体制 1957年11月1日—1958年12月11日建制单位为南川县人民委员会，业务指导单位是四川省气象局；1958年12月12日业务指导单位变为涪陵专区气象台；1964年5月1日建制领导单位变为四川省气象局，业务指导单位仍为涪陵专区气象台；1968年6月25日业务指导单位变为四川省涪陵地区气象台革命委员会；1970年11月22日，建制领导关系变动为中国人民解放军南川县人民武装部、南川县革命委员会；1973年8月1日建制单位为南川县革命委员会；1980年3月17日建制领导单位为四川省气象局；1997年重庆直辖后建制领导单位与业务指导单位均为重庆市气象局。

机构设置 1957—1978年，南川站只有业务组，1979年始，设置观测组、预报组、农气组。1986年正式设立观测股、预报股、农气股。1994年设置科室，2006年气象业务体制改革，设置办公室（法制科）、气象业务科、科技服务科。

1992年成立南川县防雷安全委员会办公室。1994年成立南川市人工降雨指挥部办公室，由水电部门划归气象部门管理，后改为“重庆市南川区人工影响天气指挥部办公室”。

2003年成立南川区天云气象服务有限公司。

人员状况 现有职工24人，其中在岗职工15人，离退休职工9人。在岗人员中本科5人，专科3人，中专7人，汉族15人，副高1人，工程师10人，助理工程师4人。

单位名称及主要负责人变更情况

单位名称	负责人	任职时间
南川县南平气候站	季绍泉	1957.11—1961.04
南川县气候服务站	安中善	1961.04—1965.12
四川省南川县气象站		1965.12—1968.06
四川省涪陵地区气象台革命委员会南川气象站		1968.06—1971.08
四川省南川县气象站		1971.08—1971.10
	龚道禄	1971.10—1973.10
	安中善	1973.10—1983.10
	蔡天然	1983.10—1985.10
	卓正贤	1985.10—1987.03
	王富培	1987.03—1987.04
南川县气象局		1987.04—1994.08
南川市气象局	梁正会	1994.08—2006.03
	蒋雪松	2006.03—2007.05
重庆市南川区气象局		2007.05—

气象业务与服务

主要业务：地面气象观测（国家一般站）、农业气象观测（国家二级站）、天气预报、人工影响天气、雷电防护。

主要服务和科技服务：专业专项天气预报服务，气象资料、农业气象服务，防雷设施管理及安全检测，空飘气球广告，气象声像广告。

1. 气象业务

①地面观测

观测时次和项目 南川气象站从1961年4月1日起每天3次定时观测（北京时08、14、20时），夜间不守班。观测项目有：云、能见度、天气现象、气压、气温、湿度、风向风速、降水、日照、蒸发（小型）、地温（0厘米、5厘米、10厘米、15厘米、20厘米、40厘米、80厘米、160厘米、320厘米温度，地面最高温度、地面最低温度）等。

业务变化 1957—2006年为国家一般气象观测站。1957年11月1日起按照《地面观测规范》观测记录，每日地方平均太阳时01、07、13、19时4次定时观测，并制作上报气象记录月报表。1959年增加向四川省局和专台拍发危险天气报。1961年4月1日起改为北京时08、14、20时3次定时观测。2001年建成自动气象观测站，2002年起对比观测2年，

2003 年 12 月 31 日 20 时自动站正式单轨运行。2004 年增加酸雨观测业务，2005 年开始建立区域气象观测站，现已建成 24 个(其中两要素 11 个，四要素 13 个)。本站 2007 年改为国家气象观测站二级站。2008 年 12 月 31 日起改称国家一般气象站，保持原国家气象观测站二级站业务不变。

②气象信息网络

1985 年以前气象信息来源主要是收听成都中心气象台广播，1985 年配 ZSQ-1A 型天气图传真机。1991 年开始使用甚高频单边带无线电话。1997 年，配备第一台台式电脑，1999 年建成 PC-VSAT 气象信息卫星单收站。2002 年建成帧中继通信系统，2004 年接入南川政府党政网。2005 年开始建区域自动气象站，通讯方式采用 GPRS 无线传输。2008 年单独安装专用光纤，通信系统由帧中继升级为 SDH。

③天气预报

主要业务 短时天气预报、短期天气预报、中期天气预报、天气周报、长期天气预报和短期气候预测、短期气候预测。

预报内容 短期天气预报常规预报内容有：天空状况、有无降水、风向风速、最高温度、最低温度、灾重天气、森林火险和地质滑坡泥石流气象条件等级预报等。

中期预报 2006 年以前以旬预报为主，预报内容包括天气趋势、天气过程、旬平均气温、旬降雨量等。2006 年起取消旬报，改为周预报，预报内容不变。

短期气候预测的内容是月、季、年的气温、降水趋势，春季低温和初秋低温，春夏旱涝及春夏中的适播连晴等预报。

预报技术发展 南川站从 1959 年 10 月正式发布天气预报。当时是按照“八字措施”(听、看、谚、地、资、商、用、管)的业务流程，“分析大中形式＋统计应用资料＋套用单站模式＋作出本地补充预报”制作本地补充订正预报。20 世纪 60 年代，使用单站要素时间剖面图、点聚图，简易天气形势图(7405 图)，本站 14 时压、温、湿曲线卡片(7406 图)，简易天气形势小图(7408 图)，指标站实况天气预报模式等制作当地天气预报。20 世纪 70 年代初期，开始使用数理统计预报方法，20 世纪 70 年代后期到 80 年代初期进行天气预报基本资料、基本图表、基本方法、基本档案建设。1985 年增加传真机接收天气图、数值预报产品。1999 年建成 PC-VSAT 卫星接收站，直接接收气象信息资料，传真机停止使用。2002 年引进 MICAPS 系统，建成天气预报业务平台，2005 年天气预报可视会商系统投入使用。

预报发布方式 20 世纪 90 年代前，主要是广播和书面形式及电话方式。20 世纪 90 年代初采取电视天气预报，手机短信、传真、电话、电子显示屏等方式。2008 年开始使用电了显示屏，并建立义务气象信息员队伍。

④农业气象

现有观测项目 水稻、油菜等作物生育期观测，桃树、柑橘、梧桐等物候观测，土壤墒情监测。

业务变化 从 1958 年秋开始农业气象观测，1959 年 9 月 7 日开始油菜、小麦的物候观测。1980 年增加农业气象旬(月)报的拍发。1980—1983 年参加南川农业区划工作。1990 年起，开始对水稻和油菜进行生育期观测。2004 年在南川境内西城、南平、鸣玉、水江、大观等地布设了5个土壤墒情监测点，每年3—10月开展土壤墒情监测并向重庆市气象局发报。2007年调整为3—9月观测。1997年建立大有、大观气象哨。

2. 气象服务

①公众气象服务

20世纪90年代前，公众气象服务形式单一，从1959年10月正式发布公众天气预报。主要是广播形式，由气象站打电话告诉县广播站播出。1997年推出南川电视天气预报节目，气象局制作，交电视台播出。1998年开通“121”天气预报自动答询电话。1999年建设气象卫星接收站，2002年，重庆市气象局整合资源，全市统一开展“12121”、“96121”气象声讯服务，开通手机短信服务。2007年在《南川报》设立天气预报专栏。2008年建成气象预警信息手机短信发布平台。2008年开始建设气象信息电子显示屏。

②决策气象服务

发展历史 为领导指挥工农业生产的决策气象服务起步早，但服务内容少，产品、形式单一。从1959年10月正式发布天气预报以电话方式为县委县政府进行少量决策服务。1980年代初开始向县委县政府送纸质的人工手写天气预报等决策服务产品。从1990年代末开始用传真发送重要天气决策服务预报产品。2003年用电子邮件方式发送决策服务。2008年起用手机短信及电子显示屏形式发送决策服务产品。决策气象服务产品的内容从单一的天气预报发展到多种服务产品。

当前日常决策气象服务产品 重要天气快报，天气周报、专题气象服务、重大活动气象保障专报，灾害性天气预警信号、雨量实况报告、森林火险气象服务情报、泥石流滑坡危险度气象条件等级预报等10多种。

气象决策服务典型效益 2006年出现了百年一遇的伏旱高温天气，从7月10日开始，至9月7日结束，历时60天，极端最高气温为41.5℃，≥40.0℃高温日数6天；≥35.0℃高温日数41天。旱情造成了巨大损失，大春作物大幅度减产甚至绝收，人畜饮水困难，森林火警频发，工农业生产都遭受了严重损失，造成直接经济损失1.86亿元，其中农业损失1.6亿元。南川市气象局在年度长期趋势预测中就明确提出2006年较强的伏旱天气。从2006年7月6日就在向南川市委政府报送的材料中强调“伏旱即将开始，要注意蓄水抗旱”，为领导抗旱决策提供了非常重要的参考。整个伏旱期间共提供了40余期伏旱专题材料，自8月12日开始逐日旱情报告，使党政领导随时掌握旱情。同时，在8月12日，抓住“桑美”台风外围云系影响的机会，进行了人工增雨作业，降雨量达20.3毫米。重庆市人影办将此次增雨过程作为成功典范向重庆市委政府作了报告，汪洋书记、王鸿举市长专门作了批示，《重庆时报》等媒体作了报道，使全市人民更加关注人工影响天气。

2008年1月12日至2月2日，南川区出现大范围持续性低温雨雪冷冻天气，全区均受灾，涉及181个村(居委)、11.8万户、31.8万人。大雪和低温冷冻造成大面积路面结冰，交通中断或封闭。通讯、电力、广播电视线路损坏、供水管道爆裂、人畜饮水困难。房屋倒塌380间，损坏947间。全区直接经济损失在1亿元以上。冰冻雨雪天气出现后，南川区气象局及时启动应急预案，实行24小时值班，领导带班。密切关注天气变化趋势，加强天气分析会商，搞好监测及预警。及时向党委政府和有关部门、公众发布“道路结冰预警”预警信号、《重大气象信息专报》，预警信号在电视台循环播出，并编发报道了3期专题新闻，让广大群众及时了解了天气情况。执行天气实况日报制度，向当地区政府报告最新天气实况和天气趋势预测，为地方领导抗灾救灾提供了高效优质的气象服务。新建的区域自动站气象资料在这次冰冻雨雪天气气象服务中发挥了巨大的作用，得到区委区政府领导的高度评价。

③主要专业与专项气象服务

人工影响天气 1994年，南川人工增雨工作归口气象部门管理，从复退军人中挑选专业人员，逐步实现人工增雨工作固定化、专业化。1996年4月，投资120多万元建成四川省的第一个防雹增雨基地。2003年购置火箭发射架2部，牵引皮卡车1辆，卫星定位仪1部。2008年报废1门“三七”高炮后，现有3门高炮分布于大有、大观、铁村，2008年建成大观、铁村2个固定炮站。

防雷技术服务 1992年，开始开展避雷装置安全检测。1993年成立南川县避雷安全检测所。1998年成立南川市防雷检测中心，2007年成立南川区防雷中心。

业务变化 1996年开始对新建筑物进行防雷设计审核和竣工验收。

④科技成果

农气试验及成果 1985年“寒潮天气预报方法”获南川县人民政府科技成果三等奖；1989年“南农2159优质糯稻栽培技术推广”，获四川省气象局、涪陵地区气象局试验优质奖；“利用立体气候资源建立经济林果基地”项目被中国气象局、中国气象学会评为2002—2003年气象科技扶贫三等奖。

农业气候区划 1983年完成《南川县农业气候区划》，获四川省气象局优质区划三等奖；2003年完成《南川市气候带分布图》。

社会管理

2007年南川区人民政府下发了《关于加快气象事业发展的意见》。

雷电灾害防御和氢气球施放管理 1992年南川县人民政府成立防雷安全委员会，由南川市气象局归口管理本市区域内的防雷减灾工作。同年列入县安委会成员单位，负责全县防雷安全管理。2005年南川市气象局派专人进驻南川市行政服务中心，办理防雷行政审批、氢气球施放许可等相关事宜。

人工影响天气工作管理 南川人影工作历来实行政府统一领导、有关部门协调配合，1986—1993年归水电部门管理，1994年划归气象部门管理，负责人工影响天气日常工作。

依法保护观测场环境 2005年起，每年将观测场环境保护相关材料在规划局、城乡建设委员会、国土局进行备案，将观测场环境保护纳入城市建设规划。2007年列入区规委会成员单位。

党建与气象文化建设

党建工作 1980年以前因党员人数少，不具备设立支部条件，只设党小组，党员参加南川县农业局党支部过党内组织生活。1980年成立中国共产党南川县气象局支部委员会。先后有赵泽明、王富培、梁正会、蒋雪松担任党支部书记。现有中共党员14人。

精神文明建设 1988年，被命名为南川县文明单位。2000年被命名为南川市最佳文明单位。2002年被命名为重庆市文明单位、重庆市三峡文明长廊示范单位、重庆市爱国卫生单位及南川区绿化红旗单位、计划生育先进单位、社会治安综合治理先进单位和先进党组织等光荣称号。2002年还派员参与了中国气象局召开的全国气象部门气象文化建设论坛会议。

集体荣誉

获奖时间	获奖单位	奖励名称	授奖单位
1963	南川县气候服务站	县先进单位	南川县人委
1977	南川气象站观测组	先进集体	南川县委县革委
1982	南川县气象站	先进工作单位	南川县委县政府
1982	南川县气象站	社会主义现代化建设先进集体	南川县委
1983	南川县气象站	农业气候区划科技成果二等奖	南川县人民政府
1986	南川县气象局农气股	产量预报科技成果四等奖	南川县人民政府

台站建设

1957年始建时在南平征地1402.3平方米，建观测场625平方米，建房100平方米。1961年迁站后征地4亩，建观测场625平方米，建房200平方米。1987年建职工家属楼580平方米。1995年，征地4.5亩修建人影基地。1996年建房屋1900平方米，其中辅助用房1110平方米，招待所790平方米。1999年改建业务办公楼367平方米，对办公小区进行重新绿化。

截至2008年底，南川区气象局占地6000平方米，现有业务办公用房600平方米，辅助用房1990平方米。

南川区金佛山气象站

南川金佛山气象站始建于1937年，始称国民政府中美合作所金佛山气象台，主要为国民政府和美国在华机构提供气象情报资料，抗战胜利后于1948年撤销，气象资料不知所踪。新中国成立后于1953年8月1日恢复金佛山气象站，地点在金佛山凤凰寺，海拔高度2040米。1956年1月1日迁至铁瓦寺，海拔高度1905.9米。金佛山气象站观测资料序列至1994年12月31日结束，共计41年。

金佛山系大娄山脉尾部，金佛山气象站设在金佛山西南尾部山顶，属高山站，位于南川县境内。测站四周除北边为一小山堡外，其余均为陡坡、峭壁，四周视野开阔。所取气象资料代表高山气候，对大范围天气系统活动指示性较好，本站东南大风反映副热带高压活动指示性较好，代表性较好。

据金佛山气象站观测资料统计，金佛山累年平均温度8.3℃米；极端最高气温29.2℃；极端最低温度－14.4℃。平均相对湿度81%，最小相对湿度11%。平均降水量1382.1毫米。主导风向E(东)风，次多风向ESE(东东南)风，平均风速4.8米/秒，最大风速33米/秒；年平均日照时数1094.4小时。无霜期日数303天，雾日287天，平均积雪期122天，最早积雪出现在10月，最晚积雪结束于4月，最大积雪深度15厘米。

机构历史沿革

始建情况 南川金佛山气象站(以下简称金佛山站)建于1953年8月1日，原址四川省南川县金佛山凤凰寺，东经107°27′，北纬28°53′，海拔高度2040米。1956年1月1日迁建到南川县金佛山铁瓦寺山顶，位于东经107°09′，北纬28°57′，海拔高度1905.9米。2002年4月经中国气象局批准撤销。

名称变更情况

变动日期	变动后台站名称	变动依据	
		文号	颁发机关名称
1953.08.01	中国人民解放军四川军区金佛山气象台	1952.12.16四川军区队制字4号命令	四川省军区
1954.01.01	南川县人民政府气象站	府军联密(53)字1174号文	四川省人民政府、军区
1955.06.01	四川省南川金佛山气象站	(55)中气办秘发字69号文	中央气象局
1958.09.01	南川县金佛山气象站	专署(58)署农总字240号文	涪陵专员公署
1960.04.01	南川县金佛山气象服务站	专农业局农气(60)字25号文	涪陵专员公署农业局
1964.10.01	四川省南川县金佛山气象站	(64)涪气秘字100号文	涪陵专区气象台
1968.06.25	四川省涪陵地区气象台革命委员会金佛山站	(68)革字001号文	涪陵地区气象台革命委员会
1971.08.15	四川省南川县金佛山气象站	(71)司作字第28号文	涪陵军分区
1980.09	南川县金佛山气象站	国务院(80)130号 四川省政府(80)88号	涪陵地区气象局 四川省气象局
1987.04.29	四川省南川县金佛山气象局	涪气发(1987)办字第34号	涪陵地区气象局

管理体制 1953年8月1日—1953年10月31日建制为中国人民解放军四川军区。1953年11月1日—1955年4月19日为南川县人民政府管理。1955年4月20—1964年4月30日为南川县人民委员管理。1964年5月1日—1970年11月21日为四川省气象局管理。1970年11月22日—1973年7月31日为中国人民解放军南川县人民武装部、四川省南川县革命委员会双重管理。1973年8月1日—1980年8月31日为四川省南川县革命委员会管理。1980年9月—1994年12月31日为涪陵地区气象局管理。2002年撤销。

业务指导关系变动情况

<table>
<tr><th rowspan="2">变动日期</th><th rowspan="2">新业务指导单位名称</th><th colspan="2">变动依据</th></tr>
<tr><th>文号</th><th>颁发机关名称</th></tr>
<tr><td>1953.08.01</td><td>中国人民解放军四川军区气象科</td><td>1952.12.16 四川军区队制字 4 号命令</td><td>四川省军区</td></tr>
<tr><td>1953.11.01</td><td>四川省人民政府气象科</td><td>府军联密(53)字 1174 号文</td><td>四川省人民政府、军区</td></tr>
<tr><td>1954.11.24</td><td>四川省人民政府气象局</td><td>府办密(54)字 0583 号</td><td>四川省人民政府</td></tr>
<tr><td>1955.04.20</td><td>四川省气象局</td><td>省办密(55)字 0168 号</td><td></td></tr>
<tr><td>1958.12.12</td><td>涪陵专署气象台</td><td>专署(58)署农总字 240 号</td><td>四川省涪陵专员公署</td></tr>
<tr><td>1960.03.10</td><td>四川省涪陵专区气象服务台</td><td>农气(60)字 0025 号</td><td>专区农业局</td></tr>
<tr><td>1964.05.01</td><td>四川省气象局委托涪陵专区气象台负责</td><td>省人委(63)川农字 0894 号</td><td>四川省人民委员会</td></tr>
<tr><td>1968.06.25</td><td>四川省涪陵地区气象台革命委员会</td><td>(68)涪气革字 001 号</td><td>四川省涪陵地区气象台革命委员会</td></tr>
<tr><td>1971.08.15</td><td>四川省涪陵地区气象局</td><td>(71)司作字第 28 号</td><td>涪陵军分区</td></tr>
</table>

机构设置 金佛山气象站建站后内设机构有测报股和报务股，后设办公室，办公室负责人长期由金佛山气象局(台、站)负责人兼任。

人员状况 本站职工轮换频繁。工作年限多为 3～5 年，长的达到 10 年以上，最长的达 22 年。大部分人员来自四川省气象学校、知识青年安置、转业军人安置等。1953 年 6 月—1994 年 12 月有近 100 名同志先后在该站工作。

单位名称及主要负责人变更情况

<table>
<tr><th>单位名称</th><th>负责人</th><th>任职时间</th></tr>
<tr><td rowspan="2">中国人民解放军四川军区金佛山气象台</td><td>郭朝汉</td><td>1953.08—1953.11</td></tr>
<tr><td rowspan="4">刘秀卿</td><td>1953.11—1954.01</td></tr>
<tr><td>南川县人民政府气象站</td><td>1954.01—1955.06</td></tr>
<tr><td>四川省南川金佛山气象站</td><td>1955.06—1958.09</td></tr>
<tr><td rowspan="2">南川县金佛山气象站</td><td>1958.09—1958.12</td></tr>
<tr><td rowspan="2">安中善</td><td>1959.01—1960.04</td></tr>
<tr><td rowspan="2">南川县金佛山气象服务站</td><td>1960.04—1962.11</td></tr>
<tr><td rowspan="4">韦述旺</td><td>1962.11—1964.10</td></tr>
<tr><td>四川省南川县金佛山气象站</td><td>1964.10—1968.06</td></tr>
<tr><td>四川省涪陵地区气象台革命委员会金佛山站</td><td>1968.06—1971.08</td></tr>
<tr><td rowspan="2">四川省南川县金佛山气象站</td><td>1971.08—1972.10</td></tr>
<tr><td rowspan="2">余国金</td><td>1972.10—1980.09</td></tr>
<tr><td rowspan="2">南川县金佛山气象站</td><td>1980.09—1984.01</td></tr>
<tr><td>梁正会</td><td>1984.01—1987.04</td></tr>
</table>

续表

单位名称	负责人	任职时间
四川省南川县金佛山气象局	梁正会	1987.04—1988.11
	吕金权	1988.11—1989.08
	陈德贵	1989.08—1992.09
	吕金权	1992.09—1994.12
	梁正会	1994.12—2002

气象业务

地面气象观测 南川金佛山气象站长期担负地面气象天气图、补绘报资料收集，观测场位于县城南面的金佛山铁瓦寺山顶，海拔高度 1905.9 米，距城区中心 26000 米左右。南川金佛山气象站自 1953 年 8 月 1 日—1994 年 12 月，积累了 41 年的气象资料。

1953 年 8 月 1 日—1954 年 12 月 1 日开始向四川省气象局中心气象台拍发 02、08、14、20 时 4 次绘图报和 04、06、10、12、16、18 时 6 次补绘报。1954 年 12 月 1 日补绘报改为 05、11、17、23 时 4 次拍发。1961 年 8 月 20 停止拍发 23 时补绘报。担负航危报拍发任务。

地面观测项目变动情况

变动日期	项目名称
1953.08.01	开始对气压、干湿球温度、最高最低温度、最低草温、绝对湿度、相对湿度、露点温度、风向、风速、云状、云量、天空状况、重要云层、降水量、降水时数、雪深、地面状态、小型室外蒸发、能见度、各种天气现象等项目的观测
1953.08.31	停止最低草温观测
1954.01.01	增加饱和差、积雪性质、地面最低温度、日照观测；停止云高、天空状况、重要云层、露点温度观测
1954.04.01	停止地面最低温度的观测
1956.01.01	增加云向、云速观测
1957.11.30	停止积雪性质观测
1957 冬天	增加电线积冰观测
1959.01.01	停止云向、云速观测
1959.10	增加积雪密度观测
1961.01.01	取消地面状态观测
1967.02.01	停止小型蒸发观测
1980.01.01	增加小型蒸发观测和地面 0 厘米最高最低温度观测

通讯方式变动情况 1953 年 8 月—1975 年 1 月通讯方式为测报人员利用有线电话经邮政部门向四川省气象局中心气象台拍发气象电报。1975 年 2 月—1986 年 1 月成立报务股，利用击打式发报机（短波电台）直接向四川省气象局中心气象台拍发气象电报。1986 年 2 月—1994 年 12 月 31 日利用甚高频对讲机经重庆市气象台向四川省气象局中心气象台拍发气象电报，报务股撤销。1995 年 1 月自动气象站建成后利用移动通讯向四川省气象局中心气象台传输气象数据。

航危报任务变动情况

变动日期	变动内容	变动日期	变动内容
1958.08	增加向重庆台拍发预约航空报	1964.09.28	增发重庆预约航报
1962.01.05	停发重庆固定航报，并改为向北京拍发昼夜预约航报	1959.09.10	改为向重庆台拍发固定航空报，固定航报拍发时间为04—18时和04—16时2种
1964.11.10—1965.08.31	向地质部航空物探大队904队拍发预约航危报	1965.11.21	关于重新组织向7237部队拍发预约航危报的通知
1966	向7237部队拍发预约航危报的通知	1969.11.07	关于向重庆梁平机场拍发航危报、预约航危报的通知。
1970.01.01	向白市驿、彭山、大足、成都7237部队拍发航危报的通知。	1971.04.20—1980.01.01	关于向白市驿、彭山、大足、成都7237部队、北京及省内外部队和民航部门拍发航危报的通知。

党建与气象文化建设

党建工作 金佛山气象局党支部成立于1976年，由部队转业的王仲超任专职书记。王仲超1981年调走后，余国金代书记。1985年余国金调离后，县农工部又派人来重新改选，吕金权任书记，没有支部委员。1989—1992年陈德贵负责支部工作。1992—1994年后仍由吕金权负责支部工作。1994年12月31日，因金佛山气象站改为无人自动气象站，工作人员撤离，安排到南川、武隆、垫江等各县气象局，党支部因此撤销。1976年前党的组织生活是由南川县农工部和农业系统组织。

集体荣誉

获奖时间(年)	获奖单位	奖励名称	审批单位
1954	南川县金佛山气象站	集体三等功	西南军区气象处
1956	南川县金佛山气象站	省气象部门先进集体	四川省气象局
1959	南川县金佛山气象站	涪陵地区、南川县先进单位	涪陵地委、南川县委
1978	南川县金佛山气象站	全省气象部门“双学”先进集体	四川省气象局
1978	南川县金佛山气象站	先进集体	南川县委

个人荣誉 梁正会，1985年被评为全国边陲优秀儿女，获得铜奖。在北京受到了党和国家领导人的接见。

吕金权，1988年在四川省气象局开展的双文明建设活动评选中，评为全省劳动模范称号。被授予全国气象部门“双文明”建设先进个人荣誉称号。

台站建设

1953年始建时征地20亩，建观测场320平方米，建工作用房59.2平方米，建生活用房150平方米。1956年迁站后征地110亩，建观测场320平方米，工作用房59.2平方米，生活用房18间295.6平方米。

截至2008年底，房屋基本垮塌，单位占地面积110亩，地属南川区金山镇泥马村7社。

綦江县气象局

綦江于唐武德二年(公元619年)建县,置南州,并置隆阳县。元末,明玉珍据蜀称帝,正式命名綦江县。綦江位于四川盆地与云贵高原东南结合部,素有"重庆南大门"之称。介于东经106°23′～106°55′,北纬28°28′～29°11′。幅员面积2186平方千米,人口95万。属亚热带季风气候,年平均气温18.8℃,年降水1070毫米,年日照时数1062小时,无霜期347天。

机构历史沿革

历史沿革 綦江县气象局始建于1957年1月1日,时称綦江县东溪气候站,初建时位于东溪镇小湾村,东经106°44′,北纬28°46′,海拔高度394.8米。经过2次搬迁。1960年10月1日迁至綦江县城对岸菜坝,1963年1月1日迁至古南镇上升街23－16号(即现址),东经106°39′,北纬29°01′,海拔高度254.8米。

1960年10月11日与綦江大常水文站合并,更名为綦江县水文气象服务站;1964年10月1日更名为四川省綦江县气候站;1966年1月1日更名为四川省綦江县气象站;1968年5—7月测场受武斗威胁,观测员离站,中断气象记录;1969年4月23日更名为四川省重庆市气象台革命委员会綦江县气象站;1983年11月15日更名为綦江县气象站;1990年5月2日更名为綦江县气象局。

管理体制 1957年1月1日—1957年4月7日隶属四川省气象局;1957年4月8日起实行双重领导,业务属四川省气象局,行政归县人民委员会农业科领导;1960年10月11日与綦江大常水文站合并后,业务、行政均归重庆市气象台领导;1966年1月1日起不再担任水文业务,行政归綦江县农业局、业务归重庆市气象台领导;1970年11月22日实行军事管制,行政归綦江县武装部领导;1973年12月18日改为地方领导,业务由重庆市气象局管理,与县科(局)同级,行政上綦江县委委托县农业局代管。1980年7月30日,气象部门进行体制改革,行政、业务均由重庆市气象局领导。

机构设置 1974年设观测组、预报组。1979年增设农气组。1990年5月设办公室、观测股、预报股、农气股。1996年设办公室、业务科、科技服务科。2006年气象业务技术体制改革,设置办公室(法制科)、气象业务科、气象观测科、科技服务科。

1991年4月成立綦江县人工降雨指挥部,下设办公室在气象局。1998年10月成立綦江县防雷安全工作委员会，下设办公室，地点在县气象局，县气象局内设防雷中心。2001年4月设立綦江县气象防雷中心（属独立法人机构）。2000年3月全资设立綦江县风云广告服务部，主要经营空飘气球和电视天气预报广告。2006年6月更名为綦江县风云气象服务中心，主营业务转向气象服务。

人员状况 建站初期职工3人，1957年冬增至6人，20世纪60年代3～5人，20世纪70年代7～10人，20世纪80年代12～17人，20世纪90年代11～16人。2008年底定编15人，实有在编职工13人，平均年龄40岁，本科5人，大专3人，中专3人，高中2人；工程师7人，初级职称6人。

单位名称及主要负责人变更情况

单位名称	负责人	任职时间
綦江县东溪气候站	王方表	1957.01—1960.10
綦江县水文气象服务站	舒静生	1960.10—1962.06
	杨文政	1962.06—1964.06
	王维书	1964.06—1964.10
四川省綦江县气候站	杨文政	1964.11—1966.01
四川省綦江县气象站		1966.01—1969.04
四川省重庆市气象台革命委员会綦江县气象站	杨永勤	1970.01—1971.08
	陈家干	1971.08—1973.10
	罗廷贵	1973.10—1980.09
	尹继翁	1980.09—1982.03
	廖明伏	1982.03—1983.11
綦江县气象站		1983.11—1984.02
	程邦金	1984.02—1990.05
綦江县气象局		1990.05—1997.05
	杜祥均	1997.05—

注：1969年4月—1969年12月，受“文化大革命”影响，无法开展正常工作，故无负责人。

气象业务与服务

1. 气象业务

①地面观测

观测时次和项目 綦江气象站现为国家基本气象站，每日4次天气报（北京时02、08、14、20时）和4次补充天气报（北京时05、11、17、23时）观测、发报。承担航空危险天气报任务，对每天06—18时共13个固定时次和时限内出现的危险报进行观测、发报。地面气象观测项目有云、能见度、天气现象、气温、气压、风向、风速、降水、湿度、蒸发、日照、地温等。

业务变化 1957年至2006年为国家一般气象观测站。1957年1月1日起执行中央气象局《气象观测暂行规范》，观测时间采用地方平均太阳时，每日4次观测（即01、07、13、

19时），夜间不守班，并制作上报气象记录月报表。1960年8月1日起改为采用标准北京时，每日3次观测（即08、14、20时），02时以自记记录订正求得，每日以4次统计平均，夜间无特殊情况不守班。1980年1月1日起执行1979年编定的《地面气象观测规范》。2003年建成自动气象站，2003年12月31日北京时间20时起，开始为期2年的并行观测，2005年12月31日北京时间20时起自动气象站正式投入单轨业务运行。2004年1月1日起开始执行2003年版《地面气象观测规范》。2004年10月酸雨观测业务正式运行。2007年1月1日升级为国家气象观测站一级站，观测业务作相应调整。2009年1月1日改称国家基本气象站，业务不变。

1959年增加拍发航危报，每日固定时次：冬季06—18时，夏季04—18时，夜间接收预约任务，服务的单位有成都、重庆、贵阳等地。1979年1月1日起向成都部队、重庆部队、重庆民航发固定夏季04—18时，冬季06—18时，预约17—24时航危报。1980年1月1日预约变更为17—23时。1986年4月1日起航危报改为固定06—18时次。2001年1月1日起停发重庆民航、重庆部队，只发成都部队。

②气象信息网络

1981年以前气象信息来源主要是收听成都中心气象台广播。1982年配备气象传真接收设备，同年安装高频通信设备。1996年撤销高频通信设备。1997年开始与重庆市气象局联网，先后经历了X.25、X.28方式，2005年转换为帧中继，2008年12月转换为SDH。1999年建成PC-VSAT单收站，2005年后作为备份，基本停用。2001—2006年运行Lotus-Notes办公自动化系统，2006年8月启用重庆气象办公系统。

③天气预报

主要业务是短时、短期、中期天气预报和短期气候预测。

綦江站从1958年正式发布天气预报。当时靠收听成都中心气象台大范围天气形势和预报，以及重庆气象台预报加民间测天经验进行补充订正预报，逐步发展用点聚图表、气象要素曲线分析。20世纪70年代建立天气预报模式、指标等。20世纪80年代传真接收数值统计预报天气图。1999年建成PC-VSAT卫星接收站，直接接收气象信息资料，传真机停止使用。2002年引进MICAPS系统。2005年天气预报可视会商系统投入使用。

现行中短期天气预报主要依托MICAPS系统和重庆市气象信息共享平台，参考欧洲中心、T213、T639、MM5、德国、日本、GFS（全球预报系统）等多家数值预报产品，同时结合重庆市气象局分析、本地气候特点、本站各种预报模式。短时预报主要依据陈家坪多普勒雷达资料、重庆市气象局指导产品和本地观测资料。长期预报以本站数理统计工具为主。

④农业气象

綦江属省级农业气象基本站，主要业务范围：农气观测、拍发旬（月）报、农业气象技术推广、农气情报预报等。

1957年起，先后开展了小麦、玉米、油菜、甘薯等作物的农业气象观测和固定地段土壤墒情观测。1981起，开展了家燕、青蛙、大杜鹃、蝉、桑、泡桐、白梨、橙等动植物的自然物候观测。20世纪80年代后每年编发农业气象情报预报服务材料30余份，针对主要粮食经济作物播种期、关键生育期、收获期及病虫害防治等作关键性农业气候分析、预报，及时提供重要情报和对策建议，制作发布主要粮、经作物气象产量预报。

农村气象监测网络经历了从人工到自动的发展过程。1959年开始各区建立人工气象哨，但设备简陋、人员专业知识缺乏，资料零乱无完整保存。20世纪70年代开始，石壕、隆盛、扶欢、郭扶、永新等5个气象哨持续进行雨量、气温观测，20世纪90年代增加东溪、赶水2个雨量哨，2004年开始以上各哨陆续由人工观测哨改为区域自动气象观测站，并在各街镇所在地和主要河流流域增加布点，到2008年底已建成20个。2003年在石壕、扶欢、三江、北渡等地布设土壤墒情监测点，每年3—10月开展土壤墒情监测并向重庆市气象局发报。

2. 气象服务

①公众气象服务

1958年起发布单站补充天气预报，即通过广播站发布24小时天气预报，通过书面形式邮寄年、月、旬预报。1983—2001年，每年编印《气象历书》4万～5万册。20世纪80年代中期开始，发布电视字幕天气预报。1997年始由气象局独立制作具备声音和图像的电视天气预报节目，在綦江有线电视台播出，成为收视率较高的节目。

2000年开通“121”天气预报自动答询电话。2002年，重庆市气象局整合资源，全市统一开展“12121”、“96121”气象声讯服务。2005年始开展手机（小灵通）短信预报服务，当年长期用户约2万人，2008年底约3万人。2001—2007年开通綦江气象信息网（www.qjqx.net）。2007年起在“綦江新闻网”首页发布天气预报。2008年在县城公共场所建成6块气象电子显示屏。

②决策气象服务

20世纪50年代后期到90年代中期，决策气象服务主要是将重要天气过程以书面形式向县委、县政府和涉农部门报告。20世纪90年代后期开始，逐步改进决策气象服务的方式和手段，服务内容逐渐丰富，除将暴雨、风雹、大雪、强降温、连晴、连阴雨等灾害性、关键性和转折性天气向县委、人大、政府、政协及有关部门报告外，同时每年还提供年度、春播、汛期、盛夏、三秋、冬防等长期天气预报向党委政府、农业生产有关部门服务，供各级领导指挥工农业生产、防灾减灾决策时参考，服务方式已从单一的纸质材料向电话、传真、手机短信、纸质材料、网络信息并重转变。2005年建成气象预报预警短信发布平台，向县委、人大、政府、政协领导、县级有关部门、街镇负责人和森林防火、地质灾害监测人员共600余人发布气象灾害预警信息和实况通报。

曾受到四川省气象局、重庆市气象局、中共綦江县委员会、綦江县人民政府表彰，获得“农业学大寨先进集体”、“重庆市文明气象服务窗口单位”、“农业先进集体”等荣誉称号。2006年在百年一遇的特大干旱系列气象服务中，预报准确及时，服务积极主动，受到县委、县政府表彰，被评为“抗旱救灾工作先进集体”。

③专业与专项气象服务

1985年开始向有关用户提供有偿专业专项气象服务，当年用户30余户，最多时发展到100户左右，2008年底有40余户，主要涉及电力、建筑、水利、冶金、煤炭、运输、种植、养殖等行业。20世纪90年代前半段开展烟草、蚕桑专题气象服务。近年来在綦江城北大桥、三江丝厂大桥、城区排污管道、滨河景观工程等专项气象服务中，提供包括中长期天气预报、逐日滚动预报、短时临近预报等各类天气预报，收到了良好的社会效益。

④气象科技服务

防雷技术服务 自1990年开展防雷装置检测工作开始，先后开展了建筑物年检、易燃易爆场所年检、新建项目全程监督等服务。1999年起开展防雷工程设计审核、施工监审、竣工验收等技术服务。1999—2004年组织实施部分防雷工程施工。

人工影响天气服务 1977年綦江首次开展高炮人工增雨作业。20世纪90年代先后购置“三七”高炮3门，设古剑、柴坝、安稳3个炮点，1997年减少1门，撤销安稳炮点。2003年8月装备车载式和牵引式火箭发射架各1台，古剑、柴坝2门高炮仍保留，形成火箭与高炮并存、移动与固定结合的人工增雨消雹作业火力网。常年开展人工增雨作业，作业规模以2006年抗击百年大旱为甚，发射火箭弹69枚、炮弹150发。

氢气球施放及标语制作 1995年开始开展氢气球施放及标语制作业务，2005年停止。业务发展最盛时期，氢气球年施放量达300个。

3. 典型气象服务效益

2005年6月4日凌晨开始，綦江境内普降暴雨，南部、西南部降大暴雨。全县洪涝、泥石流、滑坡、塌方等灾情4起，各镇相继告急。至11时，石壕镇雨量高达130.6毫米。在强降水及山洪的肆虐下，367处山体滑坡，损毁公路9.2千米，桥涵25座，受灾群众达4万人，渝黔铁路、渝黔高速公路、国道210公路全部中断，松藻煤矿的3个矿井停产，4050亩农作物绝收。至18时，綦江主干河流水位超警戒水位3.0米，县城的北街、滨江公路、菜坝居民小区等纷纷被淹。全县直接经济损失高达3560万元，其中，农业直接经济损失2950万元。由于綦江局预报超前、时效准确，传送方式、灾害种类、减灾措施等都表现出高度的服务意识和强烈的工作责任感，也收到了预期的效果，减少直接经济损失500万元，创造无人员伤亡的奇迹。中央电视台、重庆电视台等媒体纷纷予以多次报道，《中国气象报》、《重庆日报》、《重庆时报》、《华西都市报》、中国气象局网站等，均对本次气象系列服务给予高度赞赏。同时，此次服务还获得市气象局2005年度重大气象服务三等奖。

2006年夏季全县遭受特大高温干旱。入夏后，降水量与历年同期比较明显偏少，其中，4月份雨量偏少23%，5月份雨量偏少56%，6月份雨量正常，7月上旬偏少25%。伏旱自7月11日开始，按气象学统计标准，至9月7日才得以缓解。全县大部地区干旱持续59天，平均气温32.4℃，比历年同期偏高3.7℃，其中，日平均气温大于30℃的有47天。日极端最高气温大于40℃有24天，大于37℃有42天，大于35℃有50天，8月15日和9月1日两天极端最高气温达44.5℃，创有气象历史以来最高记录。期间总降雨量57.2毫米，比历年同期偏少89%；蒸发量552毫米，比历年同期偏多44%，是降雨量的10倍；总日照417小时，比历年同期偏多10%。土壤墒情一直很差，土壤缺水最严重在8月底9月初，8月28日县内各测点0～5厘米土壤相对湿度普遍在20%～50%。干旱时间段内有6项气象要素突破历史记录，平均气温最高、极端最高气温最高、蒸发量最多、降水量最少、降水日最少、持续时间最长。綦江气象局在此次特大伏旱高温天气气象服务，中长期预报把握住趋势、中短期预报预警及时跟进、为綦江河取水的重大决策提供依据，不仅预报准确、服务及时，而且方法新颖、形式多样，提供了一系列优质服务。同时组织实施了綦江县有史以来最大规模的人工影响天气作业，多次促成降雨降温，为缓解旱情发挥了应有的作用。綦江气象局开展的抗旱救灾气象服务多次受到县委、县政府和市气象局领导的赞扬和肯定，并备受各级新闻媒体关注，还被县委县政府评为抗旱救灾先进集体，是綦江县获此殊荣的唯一单位。

社会管理

雷电灾害防御和氢气球施放管理 1998年成立綦江县防雷安全工作委员会，负责全县防雷安全管理工作的组织领导，由分管副县长任主任，下设办公室在县气象局，承担全县防雷工程设计审核、施工监审、竣工验收以及组织避雷设施的安全检测工作。綦江县气象局设立防雷中心，具体承办相关业务。2000年初，县建筑质量监督站将新(改、扩)建建设项目防雷工程监督职能全部移交綦江县气象局。2005年县建委、防雷委、气象局三家联合发文对应安装防雷装置的建筑工程范围予以明确界定。2006—2008年在县政府与各部门签订的安全生产目标责任书中把防雷安全列入考核内容。

2003年初，綦江县行政审批大厅成立伊始，綦江县气象局即进驻，办理防雷设计审核、竣工验收行政审批、氢气球施放许可。2005年，綦江县因处于飞行主航线划定为空飘气球禁放区氢气球施放许可停止办理。2003年，綦江县气象局被列为綦江县安全生产委员会和綦江县规划委员会成员单位。

人工影响天气工作管理 綦江人影工作历来是政府统一领导、气象部门具体负责、有关部门协调配合。20世纪70—80年代，县政府临时据工作需要成立人工降雨指挥部。1991年4月正式成立綦江县人工降雨指挥部，分管副县长任指挥长，下设办公室在綦江县气象局，负责人工影响天气日常工作。

依法保护观测场环境 2005年起，将观测场环境保护相关材料在县建设委员会、县国土局进行备案，将观测场环境保护纳入城市建设规划。

党建与气象文化建设

党建工作 1961年前无中共党员。1961—1978年党员不足3人，组织关系属县农业局党支部。1979年经中共綦江县委组织部批准成立中共綦江县气象站党支部，尹继翁任支部书记。1980年因调离1名党员，不足3人，撤销党支部，其余2名党员组织关系属县林业局党支部。1981年经批准恢复党支部，仍由尹继翁任支部书记。1985年11月—1997年5月程邦金任支部书记。1997年6月起杜祥均任支部书记。2008年12月，綦江县气象局中共党员14人。

1985年、1986年，尹继翁、周庆荣分别被中共綦江县委评为优秀共产党员。

精神文明及气象文化建设 1998年被命名为綦江县文明单位。2001年被命名为綦江县"最佳文明单位"。2003年被命名为重庆市文明单位。2004年被评为为重庆市诚信文明先进单位。1999年被评为重庆市气象部门首批文明服务示范单位。2002年县科协命名綦江县气象科普教育基地为綦江县青少年科普教育基地。

1988年前后成立工会，历任工会主席(组织员)为杨文政、佘中才、杨智、许伟。气象文化建设秉承"团结奉献、开拓创新、准确及时、争创一流"的重庆气象人精神，以"监测风云变幻、心系百业安危"为己任，通过在丰富多彩的活动加强职工的思想政治教育和职业道德、职业纪律、职业责任教育,树立正确的世界观、人生观、价值观,从而提升团队能力。

集体荣誉

获奖单位	时间	荣誉称号	荣誉授予单位
綦江县气象站	1960.01.25	1959 年度农业先进集体	中共綦江县委员会、綦江县人民委员会
綦江县气象站	1978	农业学大寨先进集体	四川省气象局
綦江县气象局	2000	重庆市文明气象服务窗口单位	重庆市气象局
綦江县气象局	2003.03	文明单位	中共重庆市委、重庆市人民政府
綦江县气象局	2005.10	创建全国科普示范县工作先进集体	中共綦江县委、綦江县人民政府
綦江县气象局	2006.10	綦江县抗旱救灾工作先进集体	中共綦江县委、綦江县人民政府
綦江县气象局	2007.06	先进基层党组织	中共綦江县委

个人荣誉

获奖者	时间	荣誉称号	荣誉授予单位
胡昌惠	1980	四川省职工劳动模范	四川省人民政府
杨　智	2002.01	全市气象系统先进工作者	重庆市人事局、重庆市气象局

台站建设

1957 年在东溪镇小湾村建站时,建房 85 平方米。1963 年迁至现址,1964 年占地 1484.2 平方米,房屋建筑面积 146.8 平方米,观测场 320 平方米。1972 年改办公室平房为一楼一底。1980 年新建职工宿舍 10 套。1983 年新建办公楼 270 平方米。1985 年统计占地 781 平方米,房屋建筑使用面积 909 平方米。上述房屋 1995 年全部拆除。

1990 年统计占地 3084.63 平方米。1993—1995 年建临时周转房 300 平方米。1997 年联合开发建综合楼 5160 平方米,其中气象局拥有产权面积 905 平方米,职工集资建职工住宅 1672 平方米,1997 年占地面积缩小为 2220 平方米。2007 年购买房屋建筑面积 912 平方米。2008 年自建大门门厅及配套用房 452 平方米。

截至 2008 年底,綦江县气象局占地 2220 平方米,现有业务办公用房 1364 平方米,其他房屋 1205 平方米。

綦江县气象局 20 世纪 80—90 年代的办公楼

綦江县气象局综合大楼(2000 年)

綦江县气象局2008年新建成的办公楼

潼南县气象局

潼南县位于重庆西北隅，涪江下游，是重庆西北门户。县域东邻合川，西连四川安岳，南接大足、铜梁，北靠四川蓬溪，西北与四川遂宁交界。东经 105°31′～106°01′，北纬 29°47′～30°26′。幅员面积 1582 平方千米，人口 95 万。属亚热带季风气候，年平均气温 17.5℃，年平均降水总量 969.2 毫米，年平均日照总时数 1184.0 小时。

机构历史沿革

历史沿革 潼南县气象局始建于 1958 年，时称潼南县气象站，初建时位于潼南县城东公社解放坝（今梓潼镇五经坝），东经 105°50′，北纬 30°11′，海拔高度 247.4 米。1995 年 1 月 1 日搬迁至梓潼镇石院街 87 号附 1 号；2006 年 12 月，观测站、办公楼搬迁至潼南县梓潼街道办事处石院街 87 号附 1 号“田家坡”，东经 105°48′，北纬 30°11′，海拔高度 297.7 米；1990 年 5 月更名为潼南县气象局。

管理体制 1959 年 1 月 1 日—1964 年 4 月 30 日由潼南县人民委员会农业科管理；1964 年 5 月 1 日—1970 年 11 月 21 日由四川省气象局主管；1970 年 11 月 22 日—1980 年 2 月 23 日由潼南县革命委员会管理；1980 年 2 月 24 日收归四川省气象局并由江津地区气象局代管；江津与重庆合并后由重庆市气象局代管；重庆市计划单列后由重庆市气象局主管。

机构设置 1959—1978 年，只有业务组；1979 年开始，设置观测组、预报组和农气组；1999 年事业单位机构改革，设置了办公室、业务科和科技服务科；2006 年业务技术体制改革后，设置了办公室、业务科、科技服务科和防雷中心。

1998 年 3 月成立了潼南县人工降雨指挥部，指挥部下设办公室，负责人工降雨日常事务工作。

1998 年 10 月成立了潼南县防雷工作委员会，1999 年 11 月成立潼南县防雷中心。

2003 年 7 月成立潼南县地震办公室，主要职责是负责本县行政区域内的地震监测预报，加强对地震前兆的信息传递，审查重大建设工程是否符合抗震设防要求。

人员状况 建站初期职工 1 人，1960 年增加到 3 人，20 世纪 70 年代稳定 5 人，20 世纪 80 年代增加到 12 人。2008 年定编 9 人，实有在编职工 9 人，外聘人员 2 人。平均年龄 37

岁，本科3人，大专5人，工人1人。工程师6人，初级职称2人，现有党员9人(其中退休党员3人)，在职党员6人。

单位名称及主要负责人变更情况

单位名称	负责人	任职时间
绵阳地区潼南县气象站	张　钰	1959.01—1970.12
	杜才秀	
	杜国屏	
	黄维龙	1971.06—1973.03
	陈彰安	1973.03—1976.07
	汪扬吉	1976.07—1978.12
四川省潼南县气象站	丁栋梁	1978.12—1982.11
潼南县气象站	曾友仁	1982.11—1983.12
	银岁琴	1983.12—1987.10
	卓　鳌	1987.10—1990.04
潼南县气象局		1990.05—1999.09
	杜贤富	1999.09—2001.12
	颜利桃	2001.12—2004.12
	邹　华	2004.12—

气象业务与服务

主要业务：地面气象观测(国家一般站)、天气预报、人工影响天气。

主要服务和科技服务：专业专项天气预报服务，气象资料、农业气象服务，防雷设施管理及安全检测，空飘气球广告，气象声像广告。

1. 气象业务

①地面观测

观测时次 潼南气象站是国家一般气象站，每天3次定时观测。

观测项目 云、能见度、天气现象、气压、气温、湿度、风向风速、降水、日照、蒸发(小型)、地温(0～20厘米)等。

业务变化 1959年起为国家一般气象站。1959年12月31日19时起按照《地面观测规范》观测记录，每日真太阳时07、13、19时3次定时观测，并制作上报气象记录月报表。1959年增加向四川省气象局拍发雨量报、危险天气报、小天气图报。1962年起改为北京时08、14、20时3次观测。先后增加成都、白市驿等地固定或预约航危报。1973年增加向白市驿拍发航危报，1997年停发航危报。2004年12月建成自动气象观测站，2004年12月31日20时起并行观测2年，2006年12月31日20时自动站正式单轨运行。2004年增加酸雨观测业务。2005年开始建立区域气象观测站，现已建成16个区域气象观测站。2007年调整为国家气象观测站二级站，2008年12月31日后改称国家一般气象站，保持原国家气象观测站二级站业务不变。

②气象信息网络

1981年以前气象信息来源主要是收听成都中心气象台广播，1981年配置ZSQ-1A型天气图传真机。1990年，开通甚高频电话。1997年，实现与重庆市气象局微机联网，建成远程数据传输终端，1999年建成9210工程PC-VSAT卫星单收站，2002年建成帧中继网接入重庆市气象局办公自动化系统和业务服务系统，实现网上调用气象预报资料和服务产品。2005年接入潼南县政府党政网。

③天气预报

从建站以来，先后开展了短期天气预报、中期天气预报和长期天气预报（短期气候预测）。预报值班短期主要采用轮班制，中期天气预报和长期天气预报（短期气候预测）采用专班制度。

天气预报的演变：1960年1月开始发布全县24小时的补充天气预报，其方法就是收听大台预报，结合农谚看天，制作一些点聚图、曲线图和剖面图，另外还制作一些"土"的测天仪，棉花晴雨仪、晴雨纸和观察一些生物活动，如蚯蚓、蚂蚁等。1959—1965年，县站的天气预报方法概为八字措施，即"听"（收听大台预报）、"看"（当地天物象要素变化）、"资"（从历史资料中寻找规律）、"谚"（流传民间的谚语）、"地"（地形地貌作用）、"商"（天气会商听取其他台站预报意见）、"管"（宣传气象知识）、"用"（资助用户使用预报）。

绵阳地区第一次预报改革是1964年开始，具体方法是建模式，找指标和周期韵律，内容是中雨以上降水过程和各农事季节的灾害性天气，1964—1973年，曾8次进行了预改，如1973年5月绵阳地区气象局在北川县气象站组织大会战，其方法内容无大变化。1976年潼南划归江津地区后，地区气象局又多次组织全区预报会战，其中学习了数理统计新方法，并用来建立中长期预报工具，在长期预报预改会战中不断总结在县站预报业务中提出了"四基建设"（即基本资料、基本工具、基本方法、基本档案）推动了县站预报业务工作，逐步形成了"大中小"、"图资群"、"长中短"三结合的预报方法。

短期天气预报　短期天气预报时效为48小时内的一般天气和天气消息，在北京时间20时前发出。它弥补了重庆市气象台预报中的其他不足，能及时为农业生产服务，使县气象站成为党政部门指挥生产的气象参谋。

中期天气预报　中期天气预报时效为3～10天，有旬报和不定期中期预报消息。

长期天气预报（短期气候预测）　短期气候预测时效为一个月以上，有月、季、年的预报，主要对未来一段较长时期内的温度、降雨的趋势预报，即多雨、少雨（旱涝）分布趋势和气温偏高、偏低的预报等。

2. 气象服务

①公众气象服务

20世纪90年代前，公众气象服务的内容是48小时（重要天气消息）、中期和长期的天气预报，主要采用是电话传真、广播和书面形式进行服务。1998年推出潼南县电视天气预报节目，由潼南县气象局独立制作电视天气预报节目，送县电视台播出。2002年开通了"121"（2006年升为"12121"），2005年建成潼南县防灾减灾短信预警发布平台。2005年在《潼南报》、潼南党政网站设立天气预报专栏，发布周报和48小时滚动天气预报和重要天气服务快报。2008 年建成 10 块气象电子显示屏。

②决策气象服务

决策气象服务内容:重要天气服务快报,专题气象服务、重大活动气象保障服务、灾害性天气预警信号、雨量实况报告、森林火险天气预报、地质灾害气象条件等级预报等 10 多种。

【气象服务事例】 1981 年 7 月 12—14 日,潼南县普降暴雨。双江雨量多达 203 毫米,再加上涪江上游连降暴雨,致使河水猛涨,城关镇三分之二的地区被淹。城内接龙桥水深 6.7 米,城边潼南大桥差一尺[①]水封洞。14 日 22 时洪峰高达 19.15 米,是 1782 年以来的最高洪水位。由于洪水来势凶猛,造成 29 人死亡 650 人重伤,国家和个人财产损失总计 4651.25 万元。在"7・13"过境洪涝和本地暴雨的气象服务过程中,潼南县气象局于 7 月 11 日发布了暴雨天气服务消息,并及时报告县委、县政府和相关部门,提请注意预防暴雨和过境洪涝带来的不利影响。这次服务受到了中国气象局和四川省气象局的表彰。

2003 年 7 月 17 日开始,潼南县进入了伏旱期,到 8 月 9 日,降水量仅为 27.5 毫米,大于 35℃的高温日数为 18 天,高温干旱给潼南县的工农业生产和人民的生活造成较大影响,造成直接和间接经济损失逾千万元。连晴酷暑、高温伏旱天气使潼南县农作物生长发育严重受损,造成人畜饮水困难,用水用电紧张,引发暑热等热病蔓延,诱发了森林和城市火灾。为了切实做好抗旱气象服务工作,减少干旱造成的损失,潼南县气象局积极做好人工增雨的工作,做到了每一次过程不放过。8 月 10 日晚成功开展了人工降雨作业,发射炮弹 100 余发,作业区域内普降暴雨,局部大暴雨,使全县的旱情得到了彻底解除。此次服务获得了潼南县人民政府表彰奖励,同时时任局长颜利桃同志获中国气象局重大气象服务先进个人。

2006 年,潼南县遭受百年大旱,7 月 1 日—9 月 3 日,64 天总降雨量 78.7 毫米,35℃以上高温日数 49 天,40℃以上高温日数 15 天,极端最高气温 42.1℃。潼南县气象局全体职工克服了野外作业的艰苦条件,忍受了高温酷暑、蚊叮虫咬的痛苦,坚持在野外守候达 60 多个日夜,并成功地开展了 7 月 23 日、8 月 20 日和 9 月 4 日等人工增雨作业。由于潼南县气象局预报准确、服务主动、汇报及时,为县委政府研究抗旱救灾工作提供了重要的决策依据,深受县领导和社会各界好评。8 月 22 日,县长宁光贤来潼南县气象局检查工作时指出:"气象部门对今年的伏旱预测早,把握得较准,是政府的'诸葛亮',是我们防灾的'眼睛',我代表全县人民对你们在高温酷暑的恶劣环境下,坚守岗位的辛勤劳动表示敬意和感谢!"同时潼南县人民政府公开为潼南县气象局全体干部职工发布了慰问信,卧佛镇党委政府送来了感谢信,梓潼镇胜利村和卧佛镇新都村分别也送来了锦旗,极大地鼓舞了全体干部职工工作的积极性。2006 年潼南县气象局被潼南县委、县政府授予抗旱救灾工作先进集体,邹华同志被潼南县委、县政府授予抗旱救灾先进个人,并记三等功一次。

③专业与专项气象服务

人工影响天气服务 1971 年潼南首次开展人工增雨作业。20 世纪 90 年代先后购置高炮 2 门,开展高炮消雹增雨作业。2005 年 4 月购置火箭 2 架,开展火箭与高炮结合的人工增雨消雹作业。2006 年抗击百年大旱期间,重庆市气象局赠送潼南县火箭炮 1 架、人雨弹 200 发、火箭弹 12 枚。2007 年、2008 年分别建成卧佛、古溪人影作业固定炮站。

---

① 1 尺=0.33 米,下同

防雷安全服务 1994年起，建立防雷安全定期检测制度。每年与安监、公安、消防、教委等相关单位联合发文，对潼南县内易燃易爆场所、高层建筑、人员密集场所等开展防雷装置安全性能监测。1999年此项工作由县建委质监站移交县气象局，开始开展防雷装置图纸审核、施工监督、竣工验收等技术服务。2003年潼南县气象局开发的"防雷业务应用系统"获得重庆市气象局科技创新奖。

④气象科技服务

1985年开始开展有偿专业气象服务。1998年开展天气预报广告业务。2001年开展空飘施放业务。2002年重庆市气象局整合资源，全市统一开展"96121"气象声讯服务，开通手机短信服务。2003年开始制作《气象历书》。

社会管理

2007年潼南县人民政府下发了《关于加快气象事业发展的决定》(潼南府发〔2007〕108号)。

雷电灾害防御和氢气球施放管理 1999年潼南县人民政府成立防雷安全委员会，由潼南县气象局归口管理本县区域内的防雷减灾工作。2004年5月，潼南县气象局派专人进驻县行政服务中心，办理防雷行政审批、氢气球施放许可等相关事宜。2003年起，潼南县气象局被列为潼南县安委会成员单位，负责全县防雷安全管理。

人工影响天气工作管理 潼南人影工作历来实行政府统一领导，气象部门具体负责，有关部门协调配合。20世纪70—80年代，潼南县政府成立县人工降雨指挥部。20世纪80年代后期，县人工降雨指挥部下设指挥部办公室，挂靠潼南县气象局，负责人工影响天气日常工作。

依法保护观测场环境 2005年起，每年将观测场环境保护相关材料在规划局、城乡建设委员会、国土局进行备案，将观测场环境保护纳入城市建设规划。2008年8月开始列席规委会。

党建与气象文化建设

①党建工作

1971年成立中国共产党四川省潼南县气象站党支部。2004年以前由于党员人数少，合并到中国共产党潼南县农村工作委员会支部。2004年1月成立中国共产党潼南县气象局支部，颜利桃同志任支部书记；2005年4月成立中国共产党潼南县气象局支部委员会，邹华任支部书记，到2008年底有中共党员9人。

②文明单位建设

2002年，被命名为潼南县文明单位。2004年被命名为潼南县最佳文明单位。2006年，被命名为重庆市文明单位。

③荣誉

集体荣誉 1981年在"7·13"特大暴雨气象服务中，受到了国家气象局和四川省气象局的表彰；2005年获全国气象部门局务公开先进单位；2005年获得全市气象系统创建学习型部门先进单位；2008 年获潼南县首届小品大赛组织工作奖；2008 年获重庆市气象局重大气象服务先进单位。

台站建设

1958 年县人委批准划拨地 4 亩，在潼南县城东公社解放坝（后更名为梓潼镇五金坝）建观测场 625 平方米，并修建办公用房 100.55 平方米。1972 年 10 月修建办公用房 250 平方米。1995 年 1 月迁站至梓潼镇石院街 87 号，县政府划拨 7 亩地，建观测场 625 平方米，建办公楼房 400 平方米，购 1 亩土地建职工住宅 880 平方米。2006 年办公楼搬迁至桂林街道办事处五湖路 438 号，县政府划拨 4.7 亩地，购土地 1.56 亩，建综合楼 3100 平方米，其中办公用房 700 平方米。

截至 2008 年底，潼南县气象局占地面积约 9044 平方米，现有办公业务用房 700 平方米。

潼南县气象局旧貌

潼南县气象局新貌

铜梁县气象局

铜梁地处重庆市西北部，介于东经105°46′22″～106°16′40″，北纬29°31′10″～30°5′55″之间，幅员面积1334平方千米，人口83万。唐武周长安四年（公元704年）始建县，境内有“小铜梁山”，故名铜梁县，已有1304年历史。铜梁属亚热带季风气候，年均降雨量1078毫米，年均气温17.8℃，年均日照总时数1275.4小时。

机构历史沿革

历史沿革 铜梁县气象局始建于1959年2月1日，时称铜梁县气候站，初建时位于铜梁县城关镇小东门外大观山（今铜梁县巴川街道办事处兴农街84号），东经106°03′，北纬29°51′，观测场海拔高度282.9米，1998年在原址进行台站综合改造。1960年4月更名为铜梁县气候服务站；1964年10月更名为四川省铜梁县气候站；1974年8月更名为铜梁县气象站；1990年5月更名为铜梁县气象局。

管理体制 1959年2月1日—1961年10月属铜梁县人民委员会建制，行政由铜梁县政府办公室农业科领导，业务由四川省江津专区农林水利局代管；1961年11月行政由四川省江津专区气象服务台代管；1964年5月归四川省气象局建制，业务委托四川省江津专区气象服务台负责；1970—1972年由铜梁县革命委员会和人民武装部双重领导，以人民武装部领导为主；1973年—1980年6月由铜梁县委领导；1985年5月隶属重庆市气象局与铜梁县人民政府共同领导，以气象部门领导为主。

机构设置 1959—1978年，铜梁站只有业务组。1974年分测报、预报两个组。1979年1月成立农业气象服务组简称农气组，设置观测组、预报组、农气组。2002年气象业务体制改革，设置办公室、业务科和科技服务科。

1999年成立铜梁县防雷工作领导小组办公室。2007年设立铜梁县防雷中心（属地方机构编制）。1998年3月成立铜梁县人工影响天气指挥部办公室，现为“铜梁县人工影响天气指挥部办公室”。

人员状况 建站初期职工1人，1959年7月增加到3人，20世纪60年代增加4人，20世纪70年代增加到16人。2008年定编9人，实有在编职工12人。平均年龄44岁，研究生学历1名，本科6人，大专1人，中专4人。工程师7人，初级职称3人。

单位名称及主要负责人变更情况

单位名称	负责人	任职时间
铜梁县气候站	罗德海	1959.02—1960.04
铜梁县气候服务站	罗德海	1960.04—1960.08
铜梁县气候服务站	周邦良	1960.09—1964.03
铜梁县气候服务站	王兴乃	1964.04—1964.10
四川省铜梁县气候站	王兴乃	1964.10—1973.09
四川省铜梁县气候站	刘荣华	1973.10—1974.08
铜梁县气象站	刘荣华	1974.08—1978.09
铜梁县气象站	彭达良	1978.10—1980.03
铜梁县气象站	陈朝首	1980.03—1990.05
铜梁县气象局	陈朝首	1990.05—1998.12
铜梁县气象局	蒋雪松	1999.01—2006.02
铜梁县气象局	马　君	2006.03—

气象业务与服务

主要业务:地面气象观测(国家一般站)、农业气象观测(国家级站)、天气预报、人工影响天气。

主要服务和科技服务:专业专项天气预报服务,气象资料、农业气象服务,防雷设施管理及安全检测,空飘气球广告,气象声像广告。

1. 气象业务

①气象观测

地面气象观测　1959 年 2 月 1 日建站起执行《气象观测暂行规范》,观测场为长 25 米,宽 25 米的正方形场地。

观测项目分器测和目测。器测项目有气压、气温、湿度、风向风速、降水量、蒸发量、日照、地温等要素。目测项目有云状、云量、云高、能见度、天气现象等要素。

观测时次(时制):1959 年 2 月 1 日—12 月 31 日,按地方时间每日 01、07、13、19 时(地方平均太阳时)4 次观测。1960 年 1 月 1 日起 4 次观测改为 07、13、19 时 3 次观测。1960 年 8 月 1 日起由原来的地方时 07、13、19 时观测改为北京时 08、14、20 时观测。

观测方式:1959 年 2 月—2003 年 12 月为人工观测,2004 年 1 月—2008 年 12 月为自动观测。其中 2004 年 1 月—2005 年 12 月为人工观测和自动观测并行观测期。2004 年 10 月 1 日增加酸雨观测。

区域气象观测站　2004 年开始建设,到 2008 年已建成 23 个(四要素站 18 个,两要素站 5 个)。

1959 年气象站开展工作以后,按照《地面观测规范》观测记录,并制作年、月报表上报,14 时向江津地区气象局发小天气图报(现已停发)。1964—1980 年 6 月 31 日负责大足、遂宁、白市驿、新津、梁平、凤凰山等机场发航危报。1968 年增加航危报任务。1964—1976 年每年5月至10月增加长江流域，武汉、重庆水情报任务。

②气象信息网络

1981年以前气象信息来源主要是收听成都中心气象台广播，1981年配备天气图传真机。1988年开通高频电话。1997年，实现与重庆市气象局微机联网，建成远程数据传输终端。1998年建成PC-VSAT卫星单收站，接收卫星云图、雷达资料等，天气图传真机停止使用。2002年建成帧中继网接入重庆市气象局办公自动化系统，同年接入铜梁政府党政网。

③天气预报

主要业务：短时天气预报、短期天气预报、中期天气预报和短期气候预测。

铜梁站从1960年1月正式发布天气预报。主要是收听成都中心气象台大范围天气形势和天气预报广播以及重庆气象台预报加民间测天经验进行补充订正预报。20世纪60年代，使用简易天气图、单站要素时间剖面图、点聚图、气象要素曲线图、天气预报模式等制作当地天气预报。20世纪70年代初期，开始使用数理统计预报方法，20世纪70年代后期到80年代初期进行天气预报基本资料、基本图表、基本方法、基本档案建设。20世纪80年代中期，使用传真机接收天气图、数值预报产品，制作天气预报。1998年建成PC-VSAT卫星接收站，直接接收气象信息资料，传真机停止使用。2002年引进MICAPS系统，建成天气预报业务服务平台，2005年天气预报可视会商系统投入使用。

④农业气象

铜梁属农业气象基本站，主要业务范围：农业气象技术推广、农气情报预报等。

现有观测项目　土壤墒情监测。

业务变化　铜梁站从1959—1979年开始农气观测业务，开展果树、农作物、蔬菜等物候观测。1959年10月，向专台发农气旬报。1961年2月—1962年2月向四川省局拍发农气5日报。2003年在铜梁县内巴川、太平、平滩、庆隆、土桥等地布设了5个土壤墒情监测点，每年3—10月开展土壤墒情监测并向重庆市气象局发报。

⑤气象哨

1959年上半年全县各公社均建有气象哨，每哨1人，每天坚持3次观测，“文化大革命”中因无人管理全部暂停。1972年又开始恢复发展气象哨，1972年发展的有蒲吕中学气象哨、先丰气象哨、侣俸中学气象哨，到1976年各中学均建有气象哨，全县共有16个气象哨。1979年根据上级指示，撤销气象哨，全县保留了古楼、东郭、永加、平滩、岚峰5个气象哨，县气象站负责各气象哨的管理和业务指导。2007年后撤销气象哨。

2. 气象服务

①公众气象服务

20世纪90年代前，主要是通过县广播站向公众播送天气预报。1994年推出铜梁电视天气预报节目（气象局提供天气预报，电视台制作节目），1999年起由铜梁气象局独立制作电视天气预报节目，送电视台播出。1995年开通“121”天气预报自动答询电话。2002年，重庆市局整合资源，全市统一开展“12121”、“96121”气象声讯服务，开通手机短信服务。2007年建成气象防灾减灾短信警报平台。2008年建成10块气象电子显示屏。

②决策气象服务

为领导指挥农业生产服务，为领导提供农气情报预报、天气预报，进行农业气象技术推广，开展气候资源调查，编写《铜梁县农业气候区划》。

为领导决策服务提供的气象服务产品有：重要气象快报、专题气象服务、重大活动气象保障服务、灾害性天气预警信号、天气实况报告、森林火险天气预报、地质灾害气象条件等级预报等10多种。

【典型事例】 2006年，铜梁县遭受百年大旱，7月1日—9月3日，64天总降雨量38毫米，35℃以上高温日数58天，极端最高气温44.1℃，创历史新高。铜梁气象局在2006年气象历书、年度、汛期、盛夏天气预报中都先后作出伏旱预报，并及时做好补充订正预报。并提前准确预报9月3日转折性天气过程，抓住战机开展人工增雨作业，缓解了旱情。铜梁气象局获重庆市气象局表彰，并被评为重大气象服务先进集体。

2007年，铜梁有气象历史资料最严重的一次洪涝，过程总降雨量达270毫米，旧县镇达300毫米以上，降雨量创历史最高记录。铜梁局提前两天（15日）就部署了这次降水过程的预报服务。分别于7月16日、17日先后2次向县委、政府、防汛指挥部报送了暴雨重要天气报告，建议做好强降水及衍生灾害的防御工作，同时通过各种途径向广大公众发出暴雨警报信息，并重点向国土局发布了地质灾害等级预报信息。在特大暴雨的来临之际，铜梁局紧急启动气象服务应急预案，通过会商系统和电话，加强天气会商和联防，执行"一时一报"制度，并动用了各种媒体，争取在第一时间通过将雨情、汛情、灾情等信息呈送到县委县政府有关领导手中，传送到广大公众面前，实现了气象信息全面覆盖。由于预报准确，服务及时主动，铜梁局受到了县委、县政府通令嘉奖，并授予"7·17抗洪抢险先进集体"，铜梁局局长马君获"7·17抗洪抢险记三等功先进个人"、业务科科长孙云获"7·17抗洪抢险先进个人"荣誉称号，是铜梁县此次获奖项最多的单位之一。

③主要专业与专项服务

防雷技术服务 1994年起，建立防雷安全定期检测制度，每年与安监、公安、消防、教育局等相关单位联合发文，对县内易燃易爆场所、高层建筑、人员密集场所等开展防雷装置安全性能监测。1999年开展防雷装置图纸审核、施工监督、竣工验收等技术服务。

人工影响天气服务 1966年铜梁首次开展人工增雨作业。20世纪90年代先后购置高炮5门，开展高炮消雹增雨作业。2003年8月购置火箭2架，开展火箭与高炮结合的人工增雨消雹作业。2006年、2007年、2008年共建成虎峰、平滩、旧县、围龙4个人影作业固定炮站。

④气象科技服务

1995年，铜梁县气象局开始开展气象影视节目制作、空飘气球广告服务。1999年开始负责全县区域内防雷装置的检测和防雷资质审查，防雷工程设计审核、施工监理、竣工验收等服务工作。2000年又增加了"12121"、"96121"气象信息电话服务，2007年开展气象历书等科技服务项目。

社会管理

2007年、2008年铜梁县人民政府先后出台了《铜梁县人民政府关于加快气象事业发展的意见》、《铜梁县人民政府办公室关于加强安全气象预警预报信息工作的通知》、《关于转发渝办发〔2006〕185号文件的通知》、《关于进一步加强气象灾害防御工作的通知》等支持气象事业发展的指导性文件。

雷电灾害防御和氢气球施放管理 1999年铜梁县人民政府成立防雷安全委员会，由铜梁县气象局归口管理本县区域内的防雷减灾工作。2002年，铜梁气象局派专人进驻铜梁县行政服务大厅，办理防雷行政审批、氢气球施放许可等相关事宜。2004年起，气象局列为铜梁县安委会成员单位，负责全县防雷安全管理。

人工影响天气工作管理 铜梁人影工作历来实行政府统一领导、气象部门具体负责、有关部门协调配合。20世纪70—80年代，县政府成立非常设人工降雨指挥部。20世纪80年代后期，人工降雨指挥部趋于常设，下设指挥部办公室，挂靠气象局，负责人工影响天气日常工作。

依法保护观测场环境 2007年起，每年将观测场环境保护相关材料在城乡建设委员会、国土局进行备案，将观测场环境保护纳入城市建设规划。

党建与气象文化建设

党建工作 1974年前，铜梁县气象站仅有1名中共党员，挂靠在铜梁县农林局支部。1971年新增2名党员后，于1974年9月成立铜梁县气象站支部，1991年为中共铜梁县气象局党支部。先后有刘荣华、彭达良、陈朝首、蒋雪松、马君担任党支部书记，现有中共党员10人。党支部成立后，抓职工政治思想工作，抓组织发展，发展新党员2名。定期过好民主生活会，充分发挥了党支部的战斗堡垒作用和党员的先锋模范作用。

党风廉政建设得到加强，落实了党风廉政建设目标责任制，开展了廉政教育，警示教育，努力创建文明单位。节假日坚持领导值班制度。遇有重要天气，领导带头把关守班，搞好服务。财务账目公开，接收上级业务部门审查，并将结果公示。

精神文明建设 1997年，被命名为铜梁县文明单位。2006年被命名为铜梁县文明示范单位。积极响应铜梁县委、政府号召，由单位筹资、职工捐献钱物开展支部联建、帮乡扶贫工作。2006—2008年负责对铜梁县庆隆乡同康村帮扶，先后购买办公桌椅、饮水机等办公设备，并为铜梁县庆隆乡政府捐款2万元用于灾后重建。同时为其贫困村民发展种养殖业，并开展适用技术培训和气象科技服务。2008年汶川遭受大地震，铜梁局先后捐款达1.5万元，并通过“爱心包裹”的方式资助贫困学生12名，并捐资2000元。

荣誉 1959—2008年，铜梁县气象局共获得集体荣誉9项。2006年、2007年获重庆市气象局“重大气象服务先进集体”；2003—2008年连续6年获铜梁县委“先进领导班子”称号；2007年获县委政府“7·17抗洪抢险先进集体”称号；2008年度获县直机关工委“先进基层党组织”荣誉称号。

台站建设

1959年2月，铜梁县气候服务站建成并开展工作，台站总占地面积873.4平方米，修建观测场625平方米，修建房屋179.1平方米。

1973年改建办公楼。1974年办公室、预报室、农气等业务室先后搬入新办公楼，1974

年2月修建职工宿舍楼560平方米。

1998年进行台站综合改造，拆除1973年建办公配套房，修建办公室300平方米，但根据县城统一规划，原观测场改为长20米、宽16米（观测场地址不变）。2002年，在原办公楼的基础上加层建办公综合楼300平方米。

截至2008年底，铜梁县气象局占地面积3333平方米，现有办公业务用房600平方米。

大足县气象局

大足县境域，秦以前属巴国，唐乾元元年（公元 758 年）建县，大足县名一直沿用至今。大足县位于川中丘陵与川东平行岭谷过渡地带，东经 105°28′～106°02′，北纬 29°23′～29°52′。幅员面积 1389.4 平方千米，总人口 94 万，属亚热带温暖湿润季风气候，年平均气温 17.0℃，降水 1009 毫米，日照 1112 小时。

机构历史沿革

历史沿革 大足县气象局始建于 1957 年，时称大足县气候站，初建时位于位于大足县龙岗镇（县城）南环西路 100 号，东经 105°42′，北纬 29°42′，海拔高度 394.7 米；1965 年 12 月更名为大足县气象站；1990 年 5 月更名为大足县气象局。

管理体制 1957—1964 年 4 月属江津专员公署建制，由大足县人民委员会代管，但实际是县人民委员会指令县农林水利科代管；1964 年 5 月收归四川省气象局，业务委托江津专区气象台负责；1970 年 11 月—1975 年 6 月属大足县革命委员会建制，实行县革命委员会和人民武装部双重领导，以人民武装部领导为主；1980 年 3 月，实行气象部门与地方政府双重领导，以气象部门为主的管理体制，改为江津地区气象局和大足县政府双重领导，以江津地区气象局管理为主；1981 年 7 月江津地区气象局更名为永川地区气象局，大足县气象站随之隶属永川地区气象局；1983 年重庆市计划单列，原永川地区气象局与原重庆市气象局合并，设置重庆市气象局，大足县气象站改属重庆市气象局管理。

机构设置 1957 年建站之初，编制 2 人，地面测报、天气预报、农业气象大轮班。1976 年设地面测报组、预报组。1990 年 5 月，设办公室、地面观测股、科技服务股。2006 年气象业务体制改革，设置办公室、业务科、观测科及科技服务科。

1998 年 8 月，设置大足县人工降雨防雹办公室和大足县农业气象中心，为全民所有制股级事业单位，同年设置大足县防雷中心（均属地方机构编制）。

人员状况 建站初期职工 2 人，1971 年以前职工人数未超过 4 人，1972 年以后人员逐渐增加，1980 年职工人数为 12 人。2008 年定编 15 人，现有在编职工 14 人。平均年龄 36 岁，本科 6 人，大专 4 人，中专 4 人。工程师 5 人，初级职称 9 人。

单位名称及主要负责人变更情况

单位名称	负责人	任职时间
大足气候站	曾维其	1957.10—1962.10
	谢家荣	1962.11—1963.01
	陈宗富	1963.02—1964.07
	李凤岐	1964.08—1965.11
大足县气象站		1965.12—1965.12
	贾夺元	1966.01—1975.07
	罗清荣	1975.08—1981.07
	邓先浩	1981.08—1987.09
	周邦良	1987.10—1990.04
大足县气象局		1990.05—1993.07
	郑全尚	1993.08—

气象业务与服务

主要业务:地面气象观测(国家一般站)、天气预报,人工影响天气。

主要服务和科技服务:专业专项天气预报服务,气象资料、农业气象服务,防雷设施管理及安全检测,空飘气球广告,气象声像广告。

1. 气象业务

①地面观测

观测时次和项目 大足县气象局从2007年1月1日起全天24小时值守班,每天8次定时观测。观测项目有:云、能见度、天气现象、气压、气温、湿度、风向风速、降水、日照、蒸发(小型)、地温(0厘米、5厘米、10厘米、15厘米、20厘米、40厘米、80厘米、160厘米、320厘米、地面最高、地面最低)等。

业务变化 1957—2006年为国家一般气象观测站。1957年建站时,以地方平均太阳时01、07、13、19时每天4次观测。1960年1月1日按四川省气象局通知,改为每天07、23、19时3次观测。1960年8月1日改为08、14、20时3次观测,夜间均不守班。所制作的气象记录月报表上报上级气象主管部门。1960—1977年水文报发长江流域规划办公室、汉口水文站、重庆水文总站等单位。固定或预约航危报(包括航空危险报)发送时间是1964年9月至1978年,发往单位为重庆民航台、904物探大队和3749、7237及成都等7个部队单位。2001年建成自动气象观测站,2001年12月31日20时(北京时)起开始为期2年的人工和自动站并行观测,2003年12月31日20时(北京时)自动站正式单轨运行。2004年1月1日起开始使用2003版《地面气象观测规范》。2004年10月1日增加酸雨观测业务。2007年改为国家气象观测站一级站,2003年开始建立区域自动站,现已建成22个。2009年1月1日起改称国家基本气象观测站,保持原国家气象观测站一级站业务不变。

②气象信息网络

1983年以前气象信息来源主要是收听成都中心气象台广播,1983年8月配备CZ80型天气图传真机。1990 年，开通甚高频电话。1997 年，实现与重庆市气象局微机联网，建成远程数据传输终端，1999 年建成 PC-VSAT 气象信息卫星单收站、2002 年建成帧中继网接入重庆市局办公自动化系统、同年接入大足县政府党政网。2005 年引进光纤专线网络，网速提升为 4 兆。

③天气预报

主要业务：短时、临近天气预报、短期天气预报、中期天气预报和短期气候预测。

大足县气象站从 1958 年 11 月正式发布天气预报，当时是按照"八字措施"（听、看、谚、地、资、商、用、管），收听成都中心气象台大范围天气形势和预报以及地区气象台预报加民间测天经验进行补充订正预报。20 世纪 60 年代，使用简易天气图、单站要素时间剖面图、点聚图、气象要素曲线图、天气预报模式等制作当地天气预报。20 世纪 70 年代初期，开始使用数理统计预报方法，20 世纪 70 年代后期到 80 年代初期进行天气预报基本资料、基本图表、基本方法、基本档案建设。1983 年后用传真机接收天气图，1999 年建成 PC-VSAT 卫星接收站，直接接收气象信息资料，传真机停止使用。2002 年引进 MICAPS 系统，建成天气预报业务服务平台，2003 年建成了大足县分镇乡的公众电视天气预报播放业务系统。2005 年天气预报可视会商系统投入使用。2006 年建成了大足县分镇乡的地质灾害等级滑坡预报业务系统。2007 年建成了大足县主汛期（6—8 月）暴雨预报系统。2008 年引进了 MICAPS3.0 系统，同年还建立了新一代多普勒雷达区县 PUP 终端，大大提高了对各种极端天气的监测预报能力，能为地方经济发展提供各种形式的决策服务产品。

④农业气象

大足属国家一般农业气象站，主要开展农气观测、拍发农气月报、开展农气情报服务。

业务变化：1959 年 5 月开始农气观测业务，主要是物候观测、小麦、玉米等农作物生长期观测。但农气观测是根据大足县实际情况或上级业务部门的要求开展，因此农气观测不连续，1995 年终止了所有观测。目前主要是开展气象信息和农业气象预报服务。2003 年在大足县内龙岗镇、万古镇、珠溪镇、铁山镇及高坪乡设了 5 个土壤墒情监测点，每年 3—10 月开展土壤墒情监测并向重庆市气象局发报。

2. 气象服务

①公众气象服务

20 世纪 90 年代前，主要是用县广播对社会公众发布短期天气预报，用信函方式向相关部门和用户寄送中、长期天气预报。1998 年 4 月与县广播局合作，开展了分镇乡的电视天气预报节目。2000 年开通了"121"天气预报自动答询电话。2002 年，重庆市气象局整合资源，全市统一开展"12121"、"96121"气象声讯服务，开通手机短信服务。2005 年建成防灾减灾短信警报台。2008 年建成 10 块气象电子显示屏。

②决策气象服务

大足县气象局除了用不同方式向社会公众提供气象服务外，重点是向当地各级领导提供关键农事季节、灾害性、重要天气的预报服务，为各级领导指挥农业生产和防灾减灾提供重要气象快报，一周天气预报，专题气象服务、重大活动气象保障服务，灾害性天气预警信号、雨量实况报告、森林火险等级预报、地质灾害气象条件等级预报等。

1992年7月12日准确预报了24小时大到暴雨天气，其中中敖降雨量达144毫米。此次暴雨结束后，经过对后期天气趋势分析，于7月13日下午发布重要天气消息，指出“未来20天左右，雨量偏少，有伏旱，希各地稻田关深水防旱”。县委、县府及时向各地发了传真通知，要求作好工程蓄水，稻田必须关深水。尽管伏旱如期而至，且持续时间长、气温高，但水稻扬花时，稻田未干。在大旱之年获得了丰收，水稻比上年增产12.8%。1998年，大足县气象局积极开展汛期气象服务工作。如6月28日至29日，预报有暴雨天气，局主要领导及时向县委、县政府领导作了汇报，并通过县有线广播电台、有线电视台发布了暴雨天气消息，并建议作好抗洪抢险准备。县领导和乡镇领导高度重视，做了相应防范措施。此次降雨天气过程，龙岗镇降雨量达167.9毫米，县内赖溪河、怀远河洪水暴涨，部分场镇进水。但由于预报准确及时，各级领导采取了相应的防范措施，降低了洪灾损失程度。当年被重庆市气象局表彰为防汛、抗旱先进集体。2006年，大足县遭受了百年一遇的特大干旱灾害。大足县气象局对干旱开始露头发现早，反应迅速。共向县领导报送《重要天气气候服务快报》、“重大气象情况报告”13期，利用手机短信预警平台发送天气预警信息及天气实况信息共52条，发布高温橙色预警信号32期，高温红色预警信号8期及火险等级预报56次。在县委、县政府抗旱救灾决策中发挥了重要作用。因此，大足县气象局当年被县委、县政府评为抗旱救灾先进单位，郑全尚同志荣立“三等功”1次。

③主要专业与专项服务

防雷技术服务　1998年起，每年与安监、公安、教委等相关单位联合发文，开展并建立防雷安全定期检测制度，对辖区内易燃易爆场所、高层建筑、人员密集场所等开展防雷装置安全性能监测。1999年开展防雷装置图纸审核、施工监审、竣工验收等技术服务。大足县气象局作为首批入驻单位，在县行政审批服务大厅设置了窗口。

人工影响天气服务　1966年大足首次开展火箭人工增雨作业。20世纪90年代先后购置高炮4门，2003年8月购置火箭2架，开展火箭与高炮结合的人工增雨消雹作业。2008年建成万古、三驱人影作业固定炮站。

社会管理

雷电灾害防御和氢气球施放管理　1998年8月大足县人民政府成立防雷安全委员会，由大足县气象局归口管理本辖区的防雷减灾工作。2002年，大足县气象局派专人入驻大足县行政审批服务大厅，办理防雷行政审批、氢气球施放许可等相关事宜。2004年，气象局列为大足县安委会成员单位。

人工影响天气工作管理　大足县人影工作一直实行政府统一领导、气象部门具体负责、有关部门协调配合。1998年8月20日，县编委以足机编〔1998〕27号通知，在气象局设置大足县人工降雨防雹办公室，负责人工影响天气的日常工作。

依法保护观测场环境　2007年起，每年将观测场环境保护相关材料在规划局、城乡建设委员会、国土局进行备案，将观测场环境保护纳入城市建设规划。

党建与气象文化建设

党建工作　1983年以前，由于人数少，党员先后属县农业局、林业局党支部。1983年

1月，成立中国共产党大足县气象站支部委员会。先后有邓先浩、韦荣藻、郑全尚担任党支部书记。现有中共党员10人。

精神文明建设 1987年，被命名为大足县文明单位。1995年创建成重庆市单列市文明单位。1997年重庆直辖后，于2002年再次被命名为“重庆市文明单位”。2003年被命名为“重庆市卫生单位”。

集体荣誉 2006年荣获重庆市气象局重大气象服务先进集体荣誉称号。2006年大足县委、县政府授予大足县气象局“抗旱救灾先进集体”荣誉称号。

台站建设

1957年始建时征地2640平方米，建观测场320平方米，建房200平方米。1975年新建值班室121平方米。1984年修围墙。1993年修炮库240平方米。1988年修建办公楼310平方米，1989年修职工住宅316平方米。1997年拆除原业务办公楼，修业务用房180平方米。1999年，拆除原清水墙危房，职工全额集资修职工住宅楼1180平方米。

截至2008年底，大足县气象局占地面积10962.5平方米，现有业务办公用房544平方米。

大足县气象局观测场一角

大足县气象局办公楼全景

荣昌县气象局

荣昌县历史悠久，唐乾元年（公元 758 年）建县为昌元县，距今已有 1250 年历史，元末明初改名昌宁县，明洪武 4 年（公元 1371 年）始改名荣昌县，现属重庆市，位于川渝交汇接壤处。东经 105°17′～105°44′，北纬 29°15′～29°41′。海拔最高 711.3 米，最低 292.5 米，幅员面积 1079.1 平方千米，总人口 83 万，属亚热带季风气候，年平均气温 17.4℃，降水量 1092.8 毫米，日照 1077.1 小时。

机构历史沿革

历史沿革 重庆市荣昌县气象局（站）始建于 1959 年 1 月，现位于荣昌县昌元城区海棠公园碉堡坡，东经 105°35′，北纬 29°25′，海拔高度 338 米。建站以来观测站搬迁 3 次，1959 年建站于昌元镇北门外跃进蔬菜社邓家坡，东经 105°36′，北纬 29°25′，海拔高度 382.5 米；1961 年迁移到城效县农科所附近的小山坡上，在原站址的西南方，直线距离 2300 米；1962 年又迁回建站时的原址；2008 年迁移至现址，与旧站址直线距离 170 米。

初建时名称为荣昌县气候站；1960 年 3 月更名为荣昌县气候服务站；1964 年 4 月更名为四川省荣昌县气候站；1965 年 12 月更名荣昌县气象站；1969 年 3 月改为荣昌县气象站革命领导小组；1970 年 11 月恢复为荣昌县气象站；1990 年 6 月更名荣昌县气象局。

管理体制 1959—1963 年荣昌县气候站属荣昌县人民委员会建制，行政归口农林水利局，业务由四川省气象局领导；1964—1969 年属四川省气象局建制，业务委托江津专区气象台管理；1970 年 11 月—1975 年 6 月属荣昌县革命委员会建制，由荣昌县人民武装部和荣昌县革命委员会双重领导，以人武部领导为主；1980 年气象部门进行管理体制改革，实行上级气象部门与地方政府双重领导，以气象部门为主的管理体制，由四川省气象局与荣昌县人民政府双重领导，以四川省气象局为主，四川省气象局委托永川地区气象局管理；1983 年 2 月，中央批准重庆市为全国第一个经济体制综合改革试点城市（行政为四川省省辖市建制），永川地区撤销并入重庆市，同年 6 月荣昌县气象局随永川地区气象局并入重庆市气象局，归重庆市气象局管理；1997 年重庆直辖后，荣昌县气象局属重庆市气象局直接管理。

机构设置演变情况 1959—1977 年，荣昌站只有业务组，1978 年成立地面观测组，预报组，恢复农业气象。1990 年 6 月设办公室、地面观测股、气象服务股。1995 年在结构调整中，增设科技服务股。20世纪80年代后期，成立荣昌县人工降雨指挥部办公室，现为“重庆市荣昌县人工影响天气指挥部办公室”。1999年成立荣昌县防雷安全委员会办公室，设立荣昌县防雷中心(属地方机构编制)。

人员状况 建站初期有职工3人，20世纪60年代3～6人，20世纪70年代6～14人，20世纪80年代13人，20世纪90年代后17人，2008年定编9人，实有在编职工11人(地方事业机构定编4人，实有在编4人)，平均年龄39岁，本科8人、大专3人、中专4人，其中副研级高工1人、工程师5人、初级职称5人、职员2人、技术员2人。

单位名称及主要负责人变更情况

<table>
<tr><th>单位名称</th><th>负责人</th><th>任职时间</th></tr>
<tr><td>荣昌县气候站</td><td rowspan="2">陈方舟</td><td>1959.01—1960.02</td></tr>
<tr><td rowspan="2">荣昌县气候服务站</td><td>1960.03—1962.12</td></tr>
<tr><td rowspan="5">范华长</td><td>1962.12—1964.04</td></tr>
<tr><td>四川省荣昌县气候站</td><td>1964.04—1965.12</td></tr>
<tr><td>荣昌县气象站</td><td>1965.12—1969.03</td></tr>
<tr><td>荣昌县气象站革命领导小组</td><td>1969.03—1970.11</td></tr>
<tr><td rowspan="5">荣昌县气象站</td><td>1970.11—1975.08</td></tr>
<tr><td>刘佐荣</td><td>1975.08—1977.08</td></tr>
<tr><td>范华长</td><td>1977.08—1983.11</td></tr>
<tr><td>彭著泽</td><td>1983.11—1988.08</td></tr>
<tr><td rowspan="2">李建辉</td><td>1988.08—1990.06</td></tr>
<tr><td rowspan="3">荣昌县气象局</td><td>1990.06—1996.12</td></tr>
<tr><td>钟昌明</td><td>1996.12—2007.01</td></tr>
<tr><td>李光武</td><td>2007.01—</td></tr>
</table>

气象业务与服务

1. 气象业务

①地面观测

观测时次和项目 荣昌县气象站从1959年1月1日开始每日4次定时观测，从20世纪60年代到70年代中期，在观测时次上先后变更了4次，1974年改4次观测为3次观测统计至今，观测项目有云、能见度、天气观象、气温、气压、湿度、风向风速、降水、积雪、蒸发(小型)、日照、地温等。2001年新建自动观测站，自动站观测项目有湿度、气压、温度、风向风速、降水、地温(0～20厘米)。

业务变化 1959—2006年为国家一般气象观测站。1959年1月1日起按照《地面观测规范》观测记录，每日真太阳时01、07、13、19时4次定时观测，并制作上报气象记录月报表。向四川省气象局和江津专区气象局拍发危险天气报、气候报、雨量报、小天气图报。1962年起改为北京时08、14、20时3次观测。先后增加成都、重庆、泸州、大足、白市驿、宜宾、7237、86223、地质部904物探大队等10多个部门的预约航危报。1970年改为4次观测

(增加02时),1974年恢复3次观测,1979年停发航危报。2001年建成自动气象观测站,2002年12月31日北京时20时起并行观测2年,2003年12月31日北京时20时起自动站正式单轨运行。2007年改为国家气象观测站二级站,原国家一般气象观测站业务不变,2008年12月31日更名为国家一般气象站。

②气象信息网络

1981年以前气象信息来源主要是收听成都中心气象台广播。1981年配备ZSQ-1A型天气图传真机。1987年开通甚高频电话。1997年实现与重庆市气象局微机联网,建成远程数据传输终端。1999年建成PC-VSAT气象卫星单收站。2002年建成帧中继网接入重庆市气象局办公自动化系统,同时接入荣昌政府党政网。2008年建成SDH光纤网络。

③天气预报

主要业务:短时天气预报、短期天气预报、中期天气预报和短期气候预测。

荣昌站从1959年正式发布天气预报。作为基层气候站,设备简陋,主要是收听成都中心气象台大范围天气形势和天气预报广播,以及重庆气象台预报和民间看天经验,从云的变化和观测场动、植物的前兆反映,作出当地补充订正预报,预报时间只是未来48小时以内的晴雨天气预报,同时试作中长期天气预报,值班实行大轮班制,即测报预报合一。1960年中央气象局提出预报土洋结合,以土为主的方针,本站也大搞土法上马。1961年按照中央气象局"八字措施"(听、看、谚、地、资、商、用、管)的业务流程:"分析大中形势—统计应用资料—套用单站模式—作出本地补充预报"制作本地补充订正预报。20世纪60年代,使用简易天气图、单站要素时间剖面图、点聚图、气象要素曲线图、天气预报模式等制作当地天气预报。20世纪70年代初期,开始使用数理统计预报方法,20世纪70年代后期到80年代初期进行天气预报基本资料、基本图表、基本方法、基本档案建设。1981年,使用传真机接收天气图。1999年建成PC-VSAT卫星接收站,直接接收气象信息资料,传真机停止使用。2002年引进MICAPS系统,建成天气预报业务平台。2005年天气预报可视会商系统投入使用。

1978年组建预报组,实行专班制,荣昌局制作的天气预报有短期(3天以内)、中期(3～10天)、长期(10天以上)。除每天发布24小时预报外,每旬初发旬预报,每月初发月预报,年末制作和发布下一年的年预报。还按农事季节,发布春播(3—4月)、初夏双抢(5—6月)、汛期(7—9月)、三秋(10—12月)的预报,并相应的提出农业措施参考意见。

④农业气象

荣昌属国家一般农业气象站,主要业务范围:农气观测、拍发月报、农气试验、农业气象技术推广、农气情报预报、灾情调查报告、气象哨管理等。

观测项目 水稻、小麦、油菜、红苕、高粱作物生育期观测记录。

业务变化 荣昌站从1960年开始农气观测业务,开展生猪生长发育观测,1961年开展水稻、小麦、油菜的物侯观测和测定土壤湿度,1966年开展了动、植物物候观测,后因"文化大革命"使农气工作停滞。1978年恢复农气工作,并延续至今。1984年开展制作杂交中稻生产与气候展望的全生育期专题分析的农业气象预报服务,随后开展了春、夏、秋、冬四季气候分析服务、节气与气象的农业气象预报服务、大小春作物气候评价,深入农村灾情调查报告,农作物跟踪系列化观测预报的农业气象服务,并对气象哨业务工作进行检查指导和业务培训。截至2008年底已建成乡镇自动观测站(两要素站8个,四要素站9个,土壤监测点5个)。

2. 气象服务

①公众气象服务

20世纪90年代前,主要是广播和书面形式。1985年以来,坚持开展气象科技下乡赶场,进行农业气象资讯服务;坚持开展系统的气候分析服务供各级领导和有关部门了解气候变化,以便安排调整农户生产种植计划;坚持为农业生产的减灾服务,发生灾害性天气之后,组织专人深入区乡农村现场进行灾情调查,并写出受灾分析报告,及时上报县、市领导机关,为荣昌县救灾工作提供了不同灾害造成损失的科学依据。1990年5月开展气象预警天气预报。1994年推出荣昌电视天气预报节目(气象局提供天气预报,电视台制作节目),1997年开始由荣昌气象局独立制作电视天气预报节目,送电视台播出。1995年开通"121"天气预报自动答询电话。2000年设立荣昌兴农网气象专栏。2002年重庆市局整合资源,全市统一开展"12121"、"96121"气象声讯服务,开通手机短信服务。2005年建成防灾减灾预警信息发布平台。2008年在县城各广场、部分学校等人口集中场所联合建成10块气象电子显示屏。

②决策气象服务

日常决策服务产品:重要气象快报、专题气象服务、重大活动气象保障服务、灾害性天气预警信号、雨量实况报告、森林火险天气预报、地质灾害气象条件等级预报等10多种。

③主要专业与专项服务

防雷技术服务 1990年开始了防雷检测。1999年荣昌县人民政府以〔1999〕2号、3号文下发了《关于加强防雷安全工作的意见》和《成立防雷安全委员会的通知》,县编委下文成立了荣昌防雷中心(挂靠气象局),对县内易燃易爆场所、高层建筑、人员密集场所等开展防雷装置安全性能监测,并开展了防雷装置图纸审核、施工监督、竣工验收等技术服务。

氢气球施放管理 1999年县政府以荣昌府办〔1999〕138号转发了县气象局、县公安局、工商局联合签发的《关于进一步加强荣昌县民用氢气球灌气施放安全技术管理的通知》,成立管理办公室,设在气象局,由气象局局长任办公室主任。

人工影响天气服务 1966年荣昌县首次开展人工降雨作业,20世纪90年代先后购买了高炮4门,开展高炮消雹增雨作业。2003年8月购置火箭2架,开展火箭与高炮相结合的人工增雨消雹作业,2006年抗击百年大旱期间共出动高炮2门21架次,共发射高炮弹430余发,火箭发射车3台28架次,共发射火箭弹74枚。2008年建成凉平人影作业固定炮站。

3. 气象服务效益及科研成果

①气象服务效益

1984年以来,开展杂交水稻连接再生稻为主体的大小春作物"产前、产中、产后"系列化气象服务,为县领导安排生产起到了参谋作用,全县粮食生产逐年持续稳定增长,取得了显著的经济效益。

1981年7月2—3日,全县普降暴雨,仅昌元镇在31小时内降雨量就多达402.5毫米,造成百年不遇的特大洪涝灾害,由于天气预报准确,传递及时,服务主动,措施得力,各项工作成绩显著，受到中国气象局通令嘉奖。

1986年5月20日夜，全县受大风、暴雨、冰雹袭击。本站瞬间最大风速超过40米/秒，总雨量达143.6毫米，全县普降暴雨，全县9个区镇，49个乡镇都遭受了不同程度的暴风雨的袭击，特重灾区古昌、保安两乡还遭到冰雹袭击，由于及时主动的气象预报服务为荣昌抗灾救灾工作提供了科学、准确的决策依据，被县委、县政府评为"5·20"抢险救灾工作成绩显著奖。

2006年荣昌遭受百年一遇盛夏伏旱高温天气，7—8月总降雨量87.8毫米，其中，7月19日至9月4日连续48天总降雨量7.8毫米，35℃以上高温日数38天，40℃以上高温日数13天，极端最高气温42.0℃，创历史新高。荣昌局在2006年度、汛期、盛夏天气预报中都先后作出伏旱预报，及时做好补充订正预报。并提前准确预报8月20日、9月4日的转折性天气过程，抓住时机开展人工增雨作业，缓解了旱情，取得了显著的经济和社会效益。荣昌局被县委、县政府评为抗旱救灾先进集体，局长钟昌明同志被市委、市政府评为抗旱救灾先进个人，并记一等功。

2004年秋季，荣昌县要举办中国畜牧科技论坛暨畜牧城第三届贸洽会。气象局根据县政府要求在4月底通过反复分析，多次会商为政府确定开幕式的时间提供了准确的决策依据。结果表明预报与实况完全一致，被县委、县政府评为"中国畜牧科技论坛暨畜牧城第三届贸洽会先进集体"。

②科技成果

农气试验及成果 1984年参加荣昌县农业区划办公室课题"白鹅肝填肥生产可行性试验，"完成了试验课题中"环卫"指标测定任务。1987年在"低海拔地区室内外人工栽培天麻"获得成功，被推荐为四川省气象科技扶贫和振兴地方经济服务交流会材料，并出席了经验交流大会。1989年3月中旬进行了水稻无泥水面栽培小型试验初步获得成功，随后被长寿县、巴县、江津市气象局选用试种成功，被推荐为1996年全国农业气象减灾学术讨论会论文，1993年4月向重庆市气象局科教处申请气象科技(短平快)课题——气候资料服务"三高"农业发展的运用开发。该课题1994年11月通过验收，被推荐列为1994年"全国农业气象学术与应用研究讨论会论文"。1990年在县良种繁殖场进行"再生稻发苗"研究，研究成果《关于再生稻发苗问题的初探》一文，被推荐列为1991年"全国农业气象减灾与气候变化对策学术讨论会"论文。

农业气候区划 1983年完成了《荣昌县农业气候区划》，荣获荣昌县政府"农业气候区划"成果集体二等奖，1993年完成了《荣昌县气候志》，2006年完成了《荣昌县气候志·续编》，为"荣昌县志"编纂提供了气候部分。

社会管理

2007年荣昌县人民政府下发了《荣昌县人民政府关于加快气象事业发展的决定》(荣昌府发〔2007〕61号)。

雷电灾害防御和氢气球施放管理 1999年荣昌县人民政府成立了防雷安全委员会，由荣昌县气象局归口管理本县区域内的防雷减灾工作。2002年4月，荣昌县气象局专人进驻荣昌县行政服务中心，办理行政审批、氢气球施放许可等相关事宜。2004年起，气象局列为荣昌县安委会成员单位，负责全县防雷安全管理。

人工影响天气工作管理 荣昌人影工作历来实行政府统一领导，气象部门具体负责，有关部门协调配合。1992 年秋季正式设立人工降雨指挥部，下设指挥部办公室，挂靠气象局，负责人工影响天气日常管理工作。

依法保护观测场环境 2006 年起，县气象局每年将观测场环境保护相关材料在规划局、城乡建设委员会、国土局进行备案，将观测环境保护纳入城乡建设规划。

政务公开 对气象行政审批办事程序，气象服务内容，服务承诺，行政业务人员分工，气象行政执法依据，服务收费依据及标准等，采取了通过户外公示栏，向社会公开。目标考核、基础设施建设、工程招标等内容则采取召开职工大会的方式向职工公开。2005 年荣获中国气象局“气象部门局务公开先进单位”奖。

党建与气象文化建设

①党建工作

1959 年建立气候站时，只有 1 名党员，在中共荣昌县农林政治部参加党组织活动，随后人员变动，又调入 3 名党员，经中共荣昌县委组织部批准于 1979 年 4 月，组建中国共产党荣昌县气象站党支部，先后由范华长、褚计山、钟昌明、李光武担任党支部书记。1986—2009 年党支部先后发展新党员 7 名，被县直机关党工委评为年度党建工作一、二等奖 10 次，优秀共产党员 16 人次。现有中共党员 11 名。

②精神文明建设

1988 年荣昌局荣获重庆单列市气象局“社会主义精神文明和物质文明单位”称号。1989 年荣获荣昌县政府“两个文明建设”奖。2001 年被命名为荣昌县文明单位。2002 年被命名为荣昌县“最佳文明单位”。2003 年被命名为重庆市文明单位。2004 年被县委、县政府授予“2004 年度优秀行政服务中心窗口单位”。2005 年被中国气象局授予局务公开先进单位。2007 年被命名为重庆市“文明单位标兵”。

③气象文化建设

始终坚持以人为本，弘扬自力更生，艰苦创业精神，深入持久地开展文明创造和文体建设活动，建立了荣誉室、阅览室，投入 1.3 万多元，购置了思想教育、业务、科技、生活常识等书籍 350 余本，人均拥有图书 30 余册。选送职工多人到成都气象学院（后更名为成都信息工程学院）、四川省气象培训中心和荣昌县党校学习深造，职工队伍文化素质不断提高。建设了室内外文体活动场所，购置了象棋、围棋、乒乓球、呼啦圈、跳绳等文体活动器材。2006 年 6 月 1 名职工参加市气象局第二届气象人精神演讲活动，同年秋季组织反映气象人抗旱精神的文艺节目《抗旱歌》参加全市气象部门文艺汇演。2008 年组织职工 6 人，参加荣昌县组织的迎奥运，环城接力赛，并获得三等奖。同时多次组织职工参加“三八妇女节”、“五一劳动节”兴趣比赛和廉政文化作品征集等文化体育活动。离退休干部职工全部参加了荣昌县老年体协，并在局内设老干部活动室。开展法律普及教育，荣获重庆市普法领导小组办公室“在公民普法及法律常识教育合格”奖。还连续十多年被荣昌县昌元镇政府评为“社会治安综合治理先进集体”奖。

④荣誉

集体荣誉 改革开放以来，坚持政治时事、法律法规学习，贯彻执行党的方针政策，加强两个文明建设，廉政勤政建设，建立健全各项规章制度，实行目标管理，各项工作取得了显著成绩，受到了上级表彰和奖励。如下表：

授奖单位	中国气象局	四川省气象局	中共重庆市委、市政府	重庆市气象局	中共荣昌县委、县政府
奖励项次	2	8	2	27	26

个人荣誉 1981—2008 年，荣昌局(站)个人获得综合性奖项达 56 人(次)。

人物简介 钟昌明(1953 年 11 月—2007 年 1 月 1 日)，男，重庆市荣昌县人，出生于贫农家庭。先后在荣昌县气象局工作三十余年。1992 年 8 月加入中国共产党。1990 年 5 月任荣昌县气象局副局长，1996 年 11 月任荣昌县气象局局长、党支部书记。

在任职期间，他热爱本职工作，以党的利益为重，严格要求自己，处处以身作则。在工作中，他一直以为荣昌经济和社会发展提供一流的气象服务为工作的出发点和核心。在他的带领下，荣昌县气象局准确的预报服务和人工增雨、消雹工作每年为荣昌县减少数百万的自然灾害损失，获得了上级部门和县委、县政府的充分肯定和奖励。在 2005 年被诊断为肝癌晚期后，他依然带病坚持工作。尤其是在 2006 年夏天，荣昌县遭受百年不遇的高温干旱期间，他在西南医院做完第五次手术 19 天后，便坚持出了院，第二天就全身心的投入到抗旱中，为荣昌县的抗旱救灾工作奉献出了自己最后的光和热。

钟昌明同志先后于 2003 年度和 2005 年度被重庆市气象局评为全市气象部门先进个人，被荣昌县委、县政府评为“八五”期间科技工作先进个人，中国畜牧科技论坛暨中国重庆畜牧科技城第三届投资贸易洽谈会活动先进个人，荣昌县科普工作先进个人，并在 2006 年被重庆市委、市政府评为抗旱救灾先进个人，记一等功。2006 年 9 月 12 日《重庆晚报》、《重庆日报》等 7 家媒体集中报道钟昌明同志先进事迹。同年 9 月有 27 日，重庆市气象局在全市气象部门开展向钟昌明同志学习的活动。

2007 年 1 月 1 日，钟昌明同志因肝癌医治无效逝世，享年 53 岁。

台站建设

1958 年秋季始建时征地 2.76 亩，其中房屋占地 584.5 平方米，观测场占地 320 平方米。1979 年 4 月征地 1.7 亩，用于修建职工宿舍。1986 年受 5 月 20 日风雹灾害，修复观测场、职工宿舍 170 平方米。1987 年拆除旧办公室，新修办公楼 315 平方米。1997—1999 年征地 4 亩，新建职工住宅 2000 平方米。2007 年因城市规划需要迁移气象观测站至昌元镇北门外公园坡上，政府划拨土地 7 亩，建观测值班室 360 平方米及办公楼 1467 平方米。

截至 2008 年底，荣昌县气象局占地 4666 平方米，现有业务办公用房 1467 平方米，观测值班室 360 平方米。

荣昌县气象局旧貌

焕然一新的荣昌县气象局

璧山县气象局

璧山县位于重庆市西侧，东经106°02′～106°20′，北纬29°17′～29°53′。东邻沙坪坝区，南界江津区，西连永川区、铜梁县，北与合川区、北碚区接壤。总面积913平方千米，总人口62万，属亚热带季风气候，年平均气温18.0℃，年总降水1059.5毫米，年日照时数1170.9小时。

机构历史沿革

历史沿革 璧山县气象站始建于1959年，位于璧山县城城东乡文风村(1986年8月1日更名为璧城镇文风路5幢，1999年12月更名为璧城街道莲花街196号)。2007年1月1日，观测场迁至璧城街道皂角坡55号，东经106°13′，北纬29°35′，海拔高度331.5米。

初建时名称为璧山县气候站；1960年4月更名为璧山县气候服务站；1964年5月更名为四川省璧山县气候站；1966年1月更名为四川省璧山县气象站；1970年4月更名为璧山县气象站；1971年12月更名为四川省璧山县气象站；1983年10月更名为璧山县气象站；1990年5月更名为璧山县气象局。

管理体制 1959—1963年璧山县气候站由璧山县人民委员会领导，业务由四川省气象局管理；1964—1969年由四川省气象局领导；1970年4月，气象部门实施军管，归璧山县革命委员会人民武装部领导，业务由四川省气象局管理；1980年气象部门进行管理体制改革，实行上级气象部门与地方政府双重领导，以气象部门为主的管理体制，由四川省气象局与璧山县人民政府双重领导，以四川省气象局为主；1983年2月，中央批准重庆市为全国第一个经济体制综合改革试点城市(行政为四川省省辖市建制)，永川地区撤销并入重庆市，璧山县气象局随永川地区气象局并入重庆市气象局，归重庆市气象局管理；1997年重庆直辖，璧山县气象局属重庆市气象局直接管理。

机构设置 1959年1月业务大轮班，未分设机构。1975年设立预报组、观测组。1982年设立办公室、预报组、观测组、农气组。1998年5月设办公室、业务科(观测、预报)、气象服务科。1999年设立璧山县人工降雨防雹办公室，重庆市璧山县防雷中心和璧山县民用氢气球安全管理办公室地方气象事业机构。2001年设立办公室(兼法制办)、业务科、气象科技服务科。2007年8月县政府在气象局设立璧山县抗震救灾指挥部办公室。

人员状况 1959—1971年有4～6人，1972—1998年有8～16人，1998—2008年有12人。2006年定编10人。全局职工平均年龄43岁，在职人员中：工程师5人、助理工程师4人、技术员2人、技术工1人。本科3人、大专6人、中专2人、初中1人。

1958年12月江津专区农水局派气象员刘文古前来璧山县建立气象站。

1959年6月徐克贤调来气象站工作，1961年12月被任命为第一任副站长。

单位名称及主要负责人变更情况

单位名称	负责人	任职时间
璧山县气候站	徐克贤	1959.06—1960.04
璧山县气候服务站	徐克贤	1960.04—1962.12
璧山县气候服务站	汪寿康	1962.12—1964.05
四川省璧山县气候站	汪寿康	1964.05—1966.01
四川省璧山县气象站	汪寿康	1966.01—1970.04
璧山县气象站	汪寿康	1970.04—1971.12
四川省璧山县气象站	汪寿康	1971.12—1975.09
四川省璧山县气象站	马守志	1975.09—1976.03
四川省璧山县气象站	彭　琪	1976.03—1976.06
四川省璧山县气象站	陈仁义	1976.07—1983.10
璧山县气象站	陈仁义	1983.10—1990.05
璧山县气象局	陈仁义	1990.05—1998.03
璧山县气象局	梁小骥	1998.03—

气象业务与服务

主要业务：地面气象观测（国家一般站）、天气预报，人工影响天气、酸雨和土壤墒情监测。

主要服务和科技服务：专业专项天气预报服务；气象资料、农业气象服务；气象灾害预警（手机短信警报台）；防雷安全管理和技术服务及安全检测；空飘气球管理和空飘气球广告服务；“121”天气预报自动答询服务；气象声像[电视台《天气预报栏目》（含内插广告）服务、《气象历书》（含气象科普宣传）]服务。

1. 气象业务

①地面观测

观测时次和项目 璧山气象局现为3次定时观测（北京时08、14、20时）。观测项目有云、能见度、天气现象、气压、气温、湿度、风向风速、降水、日照、蒸发（小型）、地温等。

业务变化 璧山县气象局为国家一般气象站。自1958年12月31日19时起按《地面气象观测规范》观测记录，每日真太阳时01、07、13、19时4次定时观测，并制作上报气象记录月报表。50年代观测项目有气温、降水、风向风速、日照等。1961年4月改4次定时观测为3次定时观测（北京时08、14、20时）。1962年1月增加水银气压表观测。1966年1月增加气压、相对湿度自记观测，同年4月开始空气温度自记观测。1967年7月增加虹吸雨量计观测。1969 年 1 月改维尔达风压器为 EL 型电接风向风速观测。1966 年停止小型蒸发器观测，1980 年恢复小型蒸发器观测。1978 年 7 月增加云天观测。1981 年 7 月增加遥测雨量计。1984 年 7 月增加 EL 型风向风速自记观测，1988 年 12 月 31 日停止 EL 型风向风速自记观测。1959—1979 年承担拍发航危报任务，1959—1985 年向长江水文总站拍发雨情报。2004 年 10 月增加土壤墒情观测业务。2003 年建立各乡镇建立雨量哨。2004 年 1 月 1 日起开始使用 2003 版《地面气象观测规范》。2004 年开始在各乡镇建立区域气象观测站，现已建成 13 个。2004 年 10 月 1 日增加酸雨观测业务。2006 年建成自动气象观测站，2006 年 12 月 31 日 20 时(北京时)起开始为期 2 年的人工和自动站并行观测，2008 年 12 月 31 日 20 时(北京时)自动站正式单轨运行。

②气象信息网络

1981 年以前气象信息来源主要是收听成都中心气象台广播，1981 年配备 ZSQ-1A 型天气图传真机。1990 年，开通甚高频电话。1997 年实现与重庆市气象局微机联网，建成远程数据传输终端，1999 年建成 PC-VSAT 气象卫星单收站，2002 年建成帧中继网接入重庆市局办公自动化系统。

③天气预报

主要业务 短时天气预报、短期天气预报、中期天气预报和短期气候预测。

预报内容 短期天气预报常规预报内容有：天空状况、有无降水、风向风速、最高温度、最低温度等。

中期预报以旬预报为主，预报内容包括天气趋势、天气过程、旬平均气温、旬降雨量等。

短期气候预测的内容是月、季、年的气温、降水趋势，春秋季低温，春夏旱涝及春夏中的适播连晴等预报。

璧山气象局从 1959 年 3 月正式发布天气预报。当时靠收听成都中心气象台大范围天气形势和预报以及上级气象台预报加民间测天经验进行补充订正预报；1960 年起采用八字卡片方法。即“听、看、资、地、谚、商、用、管”八个字结合，制作补充天气预报。1963 年 7 月起天气预报服务除向县领导机关报告外，遇重大天气用电话直接通知区乡。并在县广播站发布重要天气预报。1975 年成立预报组，预报服务技术力量加强，建立和补充各类预报指数和模式，20 世纪 80 年代传真接收数值统计预报天气图，1999 年建成 PC-VSAT 卫星接收站，直接接收气象信息资料，传真机停止使用。2002 年引进 MICAPS 系统，建成天气预报业务服务平台，2005 年天气预报可视会商系统投入使用。

④农业气象

璧山气象局属国家农业气象一般站。

现有服务项目 农业气象技术推广、农气情报预报、土壤墒情监测等。

业务变化 1959 年开始农气观测，主要是为农业生产服务。1959—1965 年开展对水稻、小麦、油菜 3 个作物生育期 12 次观测。1963—1964 年进行水稻、小麦、油菜的播种期预报。1977—1979 年对杂交水稻进行试验。1981—1982 年开展用净效积温法预测制种期。1984 年 3 月开始物候观测。

在农气情报服务网点上，1976 年全县建立了 15 个气象哨，1981 年 3 月调整为 5 个，

2000年前后撤销全部气象哨。2003年在璧山县内的璧城、丁家、健龙、八塘、大路布设了5个土壤墒情监测点，每年3—9月开展土壤墒情监测并向重庆市气象局发报。

2. 气象服务

①公众气象服务

20世纪90年代前，主要是广播、电话和书面形式。1998年开始制作农村《气象历书》，免费发给全县农户；1999年在电视台开播《天气预报》栏目，同年开通"121"天气预报自动答询电话；2002年，重庆市气象局整合资源，全市统一开展"12121"、"96121"气象声讯服务，开通手机短信服务；2003年建立防灾减灾短信警报台，现用户已覆盖全县所有行政负责人(包括村主任、村支书)；2008年在全县建立气象电子显示屏服务系统(安装在县委、县府、县各街道办和镇乡政府、璧中和大路及来凤3所重点中学、县气象防灾减灾重点单位等21个单位)。

②决策气象服务

为领导指挥农业生产提供天气预报、农事建议，为领导指挥农业生产提供参考。1981年8月编写《璧山县农业气候资料及区划》，1984年以后开展"宽沟窄埂免耕半旱稻田双收栽培气候生态的研究"、"宽沟垅作稻鱼双收栽培生态研究"，为农业增收添措施。

为领导指挥防灾减灾提供多种气象服务产品：重要气象快报，专题气象服务、重大活动气象保障服务，灾害性天气预警信号、雨量实况报告、森林火险天气预报、地质灾害气象条件等级预报等。

【防灾减灾气象服务的典型事例】 1996年7月21日凌晨，县内出现特大暴雨，日雨量179.6毫米。造成全县35万人受灾，14个场镇被淹，4人失踪，5人死亡，工农业受灾严重，经济损失2.96亿元。璧山局提前二天发书面材料告知县政府。在21日中午文峰桥已封洞，水溢进街道1～2米，武警官兵已将炸药放到桥上准备进行炸桥泄洪，县委书记带电视台同志到气象局咨询天气，并要气象局立即拿出决策预报，气象局经过会商果断得出结论：午后雨将减弱，过程雨量小—中雨。县委书记当机立断，决定放弃炸桥，全力进行抢险，准确的预报有效地减少了更大的损失。璧山局当年获县委、政府的"7·21"抗洪救灾先进集体。

2002年6月13日晚璧山县遭受了183.4毫米的大暴雨引发洪灾，直接经济损失13460万元。27个乡镇受灾，涉及22万人，死亡6人。工农业生产受灾严重。"6·13"暴雨气象局提前48小时以电话、书面材料等报告县委、政府，同时在特大洪灾过程中，领导坚守岗位，通宵达旦的工作，密切监视此次过程的变化，及时提供服务，将灾害损失降到最低。当年获中国气象局"重大气象服务先进集体"和县委、政府"'6·13'抗洪救灾先进集体"。

2006年全市遭受了罕见的的特大高温干旱，也是璧山县有气象资料以来干旱强度最大的一次，直接危害到群众的生产生活，使全县大部分地区的农经作物旱死，人畜饮水困难，多次发生森林火灾，直接经济损失超1.5亿元。特大高温干旱，造成全县13个镇乡、41万人口受灾，21万头牲畜饮水困难，农作物受旱面积37万亩，绝收3.7万亩。璧山局在2006年在年度、汛期、盛夏天气预报中都先后作出伏旱预报，并及时做好补充订正预报。高温伏旱期间向县委、政府提供专题气象服务材料16期。中央电视台《东方时空》栏目和《重庆晨报》主动到璧山局进行采访并报道。璧山局分别获重庆市政府和县政府"抗旱救灾先进集体"奖。

③主要专业与专项服务

防雷技术服务 20世纪80年代末开始建立防雷安全定期检测制度。1999年起每年与安监、公安、消防、教委等相关单位联合发文，对区内易燃易爆场所、高层建筑、人员密集场所等开展防雷装置安全性能监测，同年开展防雷装置图纸审核、施工监督、竣工验收等技术服务。

人工影响天气服务 1977年7月县内首次开展人工降雨工作。1992年、1993年先后共购置高炮3门，开展高炮防雹增雨作业。2000年5月购置WR-IB车载式人工增雨防雹火箭作业系统1套，2003年璧山在重庆市首家引进TWR01小型测雨雷达，2007年又购置了1套WR-FKO新型火箭增雨防雹作业装置，开展火箭与高炮联合的人工增雨消雹作业。2003年建成丁家、大路人影作业固定炮站，2007年建成璧城来龙炮站。

④科技成果

农气试验及成果 1984年7月“宽沟窄埂免耕半旱稻田双收栽培气候生态的研究”课题通过专家鉴定。1988年11月“宽沟垅作稻鱼双收栽培生态研究”课题，获县科技二等奖，1989年2月获国家气象局科技扶贫三等奖。

农业气候区划 1981年8月编写《璧山县农业气候资料及区划》，收入《璧山县农业资源及区划》一书。

社会管理

2007年璧山县人民政府下发了《璧山县人民政府关于加快气象事业发展的意见》(璧山府发〔2007〕79号)。

雷电灾害防御和氢气球施放管理 1999年县政府成立防雷安全委员会，由璧山局归口管理本县区域内的防雷减灾工作。2003年璧山局派专人进驻璧山县行政大厅，办理防雷行政审批、氢气球施放许可等相关事宜。2005年起，气象局列为璧山县安全委员会成员单位，负责全县防雷安全管理。

人工影响天气工作管理 璧山人影工作历来实行政府统一领导、气象部门具体负责、有关部门协调配合。20世纪70—90年代，县政府成立非常设人工降雨指挥部。1999年《璧山县机构编制委员会关于同意设立“璧山县人工降雨防雹办公室”的批复》(璧编发〔1999〕14号)，成立璧山县人工降雨防雹办公室，与气象局实行两块牌子，一套班子。2001年县政府办公室《关于成立县人工增雨防雹指挥部的通知》(璧府办发〔2001〕26号)，成立由政府分管农业的县领导当指挥长，气象局领导担任副指挥长，指挥部下设办公室在气象局内，负责人工影响天气日常工作。

依法保护观测场环境 2005年起，每年将观测场环境保护相关材料在规划、建会、国土等部门进行备案，将观测场环境保护纳入城市规划与建设。

党建与气象文化建设

1. 党建工作

1973年03月气象站支部建立，李树清为首任支部书记，其后有马守志、彭琪、陈仁义、梁小骥和徐燕等先后任书记。气象局支部现有党员13人(其中在职9人,占在职数的75%)。2007年9月组建中共璧山县气象局党组(璧山委〔2007〕194号),梁小骥任党组书记,徐燕、王吉东为党组成员(璧山委〔2007〕195号)。

2. 精神文明建设

1998年12月被命名为“县级文明单位”。2002年被重庆市文明委授予“长江三峡文明长廊建设示范点”称号。2003年被命名为“重庆市文明单位”,2005年获中国气象局“气象部门局务公开先进单位”。

3. 荣誉

集体荣誉 1989年12月获重庆市人民政府农业系统基层服务站先进集体;2002年获中国气象局“重大气象服务先进集体”;2006年获重庆市政府“抗旱救灾先进集体”称号;2008年度获重庆市气象局目标考核“特别优秀达标单位”。

个人荣誉 1986年张代槐被重庆市人民政府授予重庆市劳动模范称号,璧山县政府给其记三等功一次;1988年张代槐获四川省和重庆市气象部门十年先进工作者;2001年梁小骥被重庆市人事局和重庆市气象局评为“1999—2001年重庆市气象系统先进个人”。

参政议政 1986年10月—1998年2月,张代槐连任璧山县第十、十一、十二届人大代表及璧山县第十、十一、十二届人大常务委员会委员,曾分别被评为重庆市、璧山县先进人民代表。

台站建设

1959年始建时,气象站地处城郊农村,有土墙房屋约100余平方米。1963年7月修建办公室,围成四合院,房屋总面积约200平方米。1973年8月修职工宿舍41平方米。1976年8月修建一砖石办公楼240平方米。1978年3月修建业务办公楼约200平方米。1981年6月修建职工宿舍513平方米。1992年修建宿舍楼约350平方米。

1996年因旧城改造,局原有的宿舍、办公室均被拆除,重新修建综合楼2000平方米,其中办公用房1000平方米,炮库80平方米,职工宿舍920平方米。

2002年修建业务楼800余平方米。

2006年,实施测站搬迁,新测站占地2667平方米,新建业务办公用房、库房等1173平方米,现有绿化面积1325平方米。

截至2008年底,璧山县气象局占地3667平方米,业务办公用房1173平方米,其他房屋1880平方米。

璧山县气象局旧貌(1990 年)

璧山县气象局老大门(1990 年)

璧山县气象局旧办公楼(1990 年)

璧山县气象局旧观测场(1998 年)

璧山县气象局新貌(2008 年)

梁平县气象局

梁平县位于重庆市中东部，战国时属巴国、巴郡。东汉初属益州巴郡（巴东郡）。西魏元钦二年（公元553年）置县。宋代设梁山军，元朝设梁山州，1952年经中央政务院批准，取“高梁山下有一平坝”之意更名为梁平县。梁平是重庆市主城区连接三峡库区的陆地要塞，东邻万州，南接忠县、垫江，西连四川大竹，北倚四川达州、开江。幅员面积1892平方千米，总人口90万，属亚热带季风性湿润气候，年平均气温16.6℃，降水1291.7毫米，日照1272.6小时。

机构历史沿革

历史沿革 早在民国二十七年，梁平县曾建立过测候班，由国民党空军总站建立，原名梁山空军总站测候班。也曾3次更名，最后更名为梁山508气象台，直至1949年解放前夕撤销。梁平县气象局（以下简称梁平站）始建于1951年11月，原名中国人民解放军西南军区气象处梁山气象站，位于城郊西关庙。1953年11月，梁平站搬迁至梁平飞机场东南角，东经107°48′，北纬30°41′，海拔高度454.6米。1954年8月，梁平空军气象站交四川省气象局管理，11月更名为梁平县气象站。1990年9月，梁平县气象站更名为梁平县气象局。1995年8月，梁平站迁至梁山镇北环路42号，距旧址直线距离160米，经纬度无变化，海拔高度为454.5米。2008年，梁平县气象局行政办公楼迁至梁山镇石马路，观测场保留原址未变。

管理体制 1938年梁山空军总站测候班建立时，隶属于国民党航空委员会测候班。以后总站测候班更名2次，但其隶属关系未变。1947年第三次更名为梁平508气象台，隶属于国民党空军320供应分队，业务领导是国民党空军第五路司令部第五气象大队。直到1949年梁山县解放前夕才撤销。1951年11月，梁山县（今梁平县）建立了梁山气象站，隶属中国人民解放军西南军区气象处，业务由白市驿机场白川部队领导。1955年4月，隶属于梁平县人民委员会建制，业务由四川省气象局领导；1964年5月，受四川省气象局委托，业务由万县专区气象台负责；1968年10月属四川省万县专区气象台革命委员会建制，业务由万县专区气象台领导；1971年8月属梁平县革命委员会建制，县革委会和人武部双重领导；1973年7月属梁平县革命委员会领导；1980年3月属四川省气象局、梁平县人民政府双重领导；1981 年 1 月起，实行气象部门与地方政府双重领导体制，以万县地区气象局领导为主；1997 年 7 月，重庆市直辖，梁平县气象局改由重庆市气象局直接领导。

机构设置 建站初期，梁平站只有业务组，随着业务发展和人员增多，1980 年，内设机构有人秘股、预报股、观测股、农气股；2008 年底，设有办公室（法规科）、气象业务科、大气探测科、科技服务科（防雷中心）以及人工影响天气办公室、防雷安全委员会办公室、民用氢气球安全管理办公室等 3 个地方气象事业机构。

人员状况 1951 年梁平站建站仅有职工 2 人，1956 年增加到 7 人，1969 年增加到 11 人，1980 年增加到 15 人。2008 年年底，梁平县气象局核定编制 15 人，实有在编职工 15 人，退休职工 12 人。本科学历以上 7 人，大专学历 4 人。工程师 5 人，助理工程师 9 人。

单位名称及主要负责人变更情况

单位名称	负责人	任职时间
中国人民解放军西南军区气象处梁山气象站	李兴邦	1951.11—不详
梁平县气象站	曾掌勋	1954.12—1957.12
	康乐丰	1957.12—1978.12
	王世丰	1978.12—1981.01
	蒋锡刚	1981.01—1990.09
梁平县气象局		1990.09—1992.02
	蒋声喜	1992.02—2001.12
	王文芳	2001.12—

注：建站初期 1951—1954 年无行政负责人

气象业务与服务

主要业务：地面气象观测（国家基本站）、农业气象观测（国家二级站）、天气预报、人工影响天气、雨情报。

主要服务和科技服务：专业专项天气预报服务，气象资料、农业气象服务，防雷设施管理及安全检测，空飘气球广告。

1. 气象业务

①地面观测

观测时次和项目 梁平气象站现为国家地面气象观测基本站，全天 24 小时值守班，每天 8 次定时观测采用北京时（02、05、08、11、14、17、20、23 时）。观测项目有：云、能见度、天气现象、气压、气温、湿度、风向风速、降水、日照、蒸发（大型）、地温（0 厘米、5 厘米、10 厘米、15 厘米、20 厘米、40 厘米、80 厘米、160 厘米、320 厘米、地面最高、地面最低）等。

业务变化 1951 年 11 月 1 日—1953 年 12 月 21 日，采用东经 105°标准时，8 次定时观测（03、06、09、12、15、18、21、24 时），以 24 时为日界，观测项目有气压、气温、湿度、风向风速、雨量、地面状态及天气现象；1953 年 12 月 22 日—1960 年 7 月 31 日，采用地方平均太阳时，以 19 时为日界，4 次定时观测即 01、07、13、19 时 4 次定时观测，1954 年站址由西关庙迁至飞机场，观测场面积由128平方米扩大到625平方米，观测场仪器安置符合地面气象观测规范，增加了日照和地温观测项目，1956年6月临时增加地球物理年观测和报表，1958年5月增加了农气观测，同年7月增加高空测风业务；1959年测风业务迁万县太白岩专区气象台；1960年8月1日起采用北京时，即东经120°标准时，以20时为日界，每日4次定时观测(02、08、14、20时)，2001年建成自动气象观测站，2001年12月31日20时(北京时)起对比观测2年，2003年12月31日20时(北京时)自动站正式单轨运行。2004年增加酸雨观测和土壤墒情业务。2007年改为国家气象观测站一级站，2008年12月31日后改称国家基本气象观测站，保持原国家气象观测站一级站业务不变。

气象哨和区域气象站 1958年起，为落实全国桂林气象会议提出的“大办气象”精神，先后在城关、城南、云龙、仁贤、袁驿、礼让、柏家、福禄、虎城等9区建气象哨和20个看天小组，逐步普及到全县各区和部分生产大队，1960年后因生产生活困难停办。同年，为实现全省“气象化”，梁平站派潘风翔同志到巫山县、刘培华同志到忠县分别建立了巫山县气候站和忠县气候站。1965年在新盛、福禄、袁驿区中学建立3个气象哨，1966年在礼让区建立气象哨，1980年在光明、荫平、袁驿、新盛、福禄等5个公社重建了气象哨。2004年起，梁平局开始逐年分批镇乡区域气象观测站建设工作，截至2008年底，全县已建成26个镇乡区域气象观测站，撤销了原有的象哨。

②气象信息网络

1981年以前气象信息来源主要是收听成都中心气象台广播，1981年配备ZSQ-1A型天气图传真机。1990年，开通高频电话。1997年，实现与重庆市气象局微机联网，建成远程数据传输终端(采用X.25通信方式)，2000年建成PC-VSAT气象信息卫星单收站、2002年建成帧中继网接入重庆市气象局办公自动化系统、2003年接入梁平县政府党政网。

③天气预报

主要预报业务：短时天气预报、短期天气预报、中期天气预报和短期气候预测。预报内容有晴雨、气温、灾害性天气(雷电与大风、暴雨、高温、冰雹、强降温、大雪等)预报服务及预警。

梁平站从1958年11月正式发布天气预报。当时靠收听成都中心气象台大范围天气形势和预报以及万县气象台预报加民间测天经验进行补充订正预报，逐步发展用点聚图表、日历卡片、气象要素曲线分析，建立天气预报模式、指标等。20世纪70年代，开展天气预报“四项基本建设”。引进数理统计预报方法，其中“马尔柯夫链”在气象要素极端状态预报中的应用较好。20世纪80年代传真接收数值统计预报天气图。1998年引进MICAPS系统，建成天气预报业务服务平台。2000年建成PC-VSAT卫星接收站，直接接收气象信息资料，传真机停止使用。2005年天气预报可视会商系统投入使用。

④农业气象

梁平站属省级二级农业气象基本站，主要业务范围：农气观测、拍发旬(月)报、农气试验、农业气象技术推广、农气情报预报等。

现有观测项目 水稻、小麦作物生育期观测，梨树、桑树、柚树、油桐、蚱蝉等物候观测，土壤墒情监测。

业务变化 梁平站从1958年开展农气观测业务，至1964年断断续续开展过农气物侯观测，后因“文化大革命”中断，1980年秋天开始恢复农业气象，定为省级农业气象基本站，对作物生育期、生长状况、自然物候、土壤湿度做详细的观测，向四川省气象局拍发农业气象旬月报，上报农气报表，为当地开展农气情报预报服务。1997年重庆直辖后，业务归重庆市气象局管理。2004年在县城、城北、聚奎、礼让、合兴等地布设了5个土壤墒情监测点，每年3—10月开展土壤墒情监测并向重庆市气象局发报。

2. 气象服务

①公众气象服务

公众气象服务服务产品主要是短时、短期天气预报和重大灾害性天气预报。

服务方式：20世纪90年代前，主要是广播和书面形式。1994年推出梁平电视天气预报节目（气象局提供天气预报，电视台制作节目），1999年起由梁平气象局独立制作电视天气预报节目，交电视台播出。1995年开通“121”天气预报自动答询电话。2002年，重庆市气象局整合资源，全市统一开展“12121”、“96121”气象声讯服务，开通手机短信服务。制作气象历书农信通、手机短信预警发布平台、2008年建成5块气象电子显示屏。

②决策气象服务

为党政领导指挥农业生产提供气象服务。多年坚持把“以农业服务为重点”放在决策服务的首位。20世纪70年代，配合地方政府开展农业气候区划工作。

为当地领导防灾减灾提供气象服务。1989年7月10日，梁平遭受有气象资料记录以来最严重洪涝灾害，全县普降大暴雨，县城日雨量达234.1毫米，及时提供预报和雨情。

2006年夏，梁平遭受百年一遇的特大干旱。梁平县气象局较为准确地预报出了伏旱的趋势；为各级领导及社会各界提供丰富多样的气象服务产品；抓住各次有利时机，及时有效开展人工增雨作业；下乡实地调查评估上报灾情。为此梁平县气象局荣获梁平县抗旱救灾工作先进集体，2名一线气象职工获得先进个人称号。局长王文芳还被重庆市委、市政府表彰为先进个人，荣记二等功。

2008年3月28日，梁平县福禄镇大印村7组发生森林火灾，此次火灾持续20小时左右。梁平县气象局立即启动“人影”应急预案，29日凌晨3时，天上出现降雨云层，作业人员果断发射了3枚火箭弹实施人工降雨，作业后作业点附近乡镇均出现小到中雨，使蔓延火势得到了减弱，为山火被全部扑灭起了一定作用。梁平县气象局被梁平县委、政府表彰为全县“扑救3·28森林火灾先进单位”。

2008年5月12日，四川汶川发生8.0级特大地震。受地震的波及，梁平县成为重庆市的重灾区。梁平县气象局为梁平县抗震救灾提供了准确、及时、优质的气象保障服务，为县委、政府领导指挥防灾减灾提供了科学依据，受到了梁平县委、县政府的高度评价。副局长陈昌胜被县委、政府表彰为“抗震救灾先进个人”。

③主要专业与专项服务

防雷技术服务 1998年起，建立防雷安全定期检测制度，每年与安监、公安、消防、教委等相关单位联合发文，对县内易燃易爆场所、高层建筑、人员密集场所等开展防雷装置安全性能监测。1999年开展防雷装置图纸审核、施工监督、竣工验收等技术服务。

人工影响天气服务 1994年人工影响天气工作由县农工委移交到梁平县气象局，当时有“三七”高炮4门，1998年将高炮卖到巫溪气象局，梁平县气象局暂停人工影响天气业务。2003年8月，由重庆市气象局和县政府匹配资金，梁平县气象局购置了内蒙556厂的RYI-6300型和江西9394厂的BL-1型火箭发射装置2台和1辆长城皮卡火箭牵引车，为恢复开展人工影响天气业务提供了有力的保障。

空飘气球广告服务 1999年起，成立了梁平县氢气球灌充施放科技服务部，在本辖区内开展空飘气球广告有偿服务，在为重大节日、盛典活动的举行起到了积极效应。

社会管理

2007年梁平县人民政府印发了《梁平县人民政府关于加快气象事业发展的意见》(梁平府发〔2007〕74号)。

雷电灾害防御工作管理 1998年梁平县人民政府成立防雷安全委员会，负责本区域内的防雷减灾工作。2004年1月，梁平县气象局派专人进驻梁平县行政审批服务中心，办理防雷行政审批、氢气球施放许可等相关事宜。2000年开始，气象局列为梁平县安委会成员单位。

人工影响天气工作管理 1994年县人工增雨防雹指挥部办公室挂靠梁平县气象局，实行政府统一领导、气象部门具体负责、有关部门协调配合。

民用氢气球灌充施放安全管理 1999年起，成立了梁平县民用氢气球灌充施放安全技术管理办公室，承担着本辖区内氢气球安全灌装施放。

依法保护观测场环境 2007年起，每年将观测场环境保护相关材料在县政府法制办、县建设委员会、县国土局进行备案，将观测场环境保护纳入城市建设规划。

党建与气象文化建设

党建工作 1978年以前，由于党员人数少，在农业局党支部过组织生活，1978年后在农工部过组织生活。1994年成立了梁平气象局支部委员会，蒋锡刚同志、王文芳同志先后担任支部书记。截至2008年底在职党员5名，退休职工党员3名，其中退休职工组织关系在所住社区。

精神文明建设 2000年被命名为梁平县“最佳文明单位”，2004年被命名为梁平县“红旗文明单位”。2004年4月，被命名为重庆市“文明单位”。2005年度被县委、县政府授予“文明楼院”。

集体荣誉 梁平县气象局1998年被重庆市气象局表彰为“防汛抗洪先进集体”。2004年、2005年、2007年3年被重庆市气象局评为“特别优秀目标管理单位”。2006年被梁平县委、县政府表彰为“梁平县抗旱救灾工作先进集体”。2008年梁平县气象局又被县委、县政府表彰为全县“扑救森林火灾先进单位”、“2008年防汛抗旱先进集体”；同年被重庆市气象局评为“重大气象服务先进单位”。

台站建设

1951年始建时，位于城郊西关庙，当时观测场面积为128平方米。1953年梁平县气象站迁至飞机场东南角，观测场面积扩大到625平方米。1982年修职工住宅1200平方米。

1995 年，因梁平县城市规划，将梁平县气象局观测场平移 160 米，新建办公用房 996.3 平方米，观测场面积 625 平方米。2006 年因原有办公用房已不能满足业务需求，梁平县人民政府在梁山镇石马路南端划拨土地 3.08 亩，新建梁平县气象局办公用房 1856 平方米。

截至 2008 年底，梁平县气象局占地 3931.4 平方米，现有办公业务用房 1856 平方米，其他辅助用房 996.3 平方米。

梁平县气象局现貌

城口县气象局

“城口”得名，缘于境内有城口山、城口河(即今仁河)。唐时已有“城口”之称。古属梁州之域。汉为宕渠辖地。隋唐属通川郡东关县。宋元属通川郡通明县。明属达州太平县。清道光二年(公元 1822 年)始设城口厅，属绥定府。民国二年改厅为县，仍属绥定。民国二十四年(公元 1935 年)改属万县专区。新中国成立后仍由万县专区管属。1997 年重庆直辖后由重庆市直管。境域在东经 108°15′～109°16′，北纬 31°37′～32°12′之间。幅员面积 3282 平方千米。总人口 23 万。属亚热带山地气候，年平均气温 13.9℃，年总降水量 1245.5 毫米，日照 1356.8 小时，无霜期 234 天。

机构历史沿革

历史沿革 城口县气象站(以下简称城口站)始建于 1958 年 1 月 1 日，自建立至今，名称多次变更，但站址一直没有改变，位于城口县葛城镇文化路 7 号，东经 108°40′，北纬 31°57′，观测场海拔高度 800 米。初建时名称为四川省城口县气候站；1960 年 2 月改称城口县气候服务站；1964 年 1 月 10 日改称四川省城口县气候站；1966 年 1 月 1 日改称城口县气象站；1968 年 10 月 10 日改称四川省万县地区气象台革命委员会城口站；1971 年 1 月 1 日恢复城口县气象站名称；1990 年 9 月 1 日更名为城口县气象局。1992 年 4 月 29 日被定为五类艰苦台站。

管理体制 1958 年 1 月建站起隶属城口县人民委员会建制，委托县农林局管理，业务由四川省气象局直接领导；1960 年业务领导由万县专区气象台负责；1964 年 1 月隶属四川省气象局建制，人事、财务、业务由四川省气象局授权万县专区气象台负责管理；1966 年 1 月隶属四川省气象局建制；1971 年 1 月隶属城口县人民武装部和城口县革命委员会建制(以城口县人民武装部领导为主)，业务领导属万县地区气象局领导；1973 年 9 月隶属城口县革命委员会建制；1981 年 1 月隶属四川省气象局建制，实行上级气象主管机构与本级人民政府双重领导，以上级气象主管机构领导为主的管理体制；1990 年 9 月隶属四川省气象局建制，委托万县地区气象局管理；1997 年重庆直辖后，隶属重庆市气象局管理。

机构设置 1978 年内设预报组和测报组。1995 年 12 月改为预报股、测报股。2001 年 6 月，设业务科、科技产业服务科、办公室。2007 年升为国家气象观测一级站，设置办公室、业务科、观测科、科技服务科。

人员状况　1958 年建站初期有职工 3 人，1978 年底增加到 9 人，人员最多的 1983 年，达到 12 人。2008 年底有 10 人，平均年龄 36 岁；本科 4 人，大专 3 人，中专 3 人；工程师 4 人，初级职称 6 人。

单位名称及主要负责人变更情况

<table>
<tr><th>单位名称</th><th>负责人</th><th>任职时间</th></tr>
<tr><td rowspan="2">四川省城口县气候站</td><td>及明业</td><td>1958.01—1959.08</td></tr>
<tr><td rowspan="3">秦儒滨</td><td>1959.08—1960.02</td></tr>
<tr><td>城口县气候服务站</td><td>1960.02—1964.01</td></tr>
<tr><td rowspan="2">四川省城口县气候站</td><td>1964.01—1965.07</td></tr>
<tr><td rowspan="2">蒙建国</td><td>1965.07—1966.01</td></tr>
<tr><td rowspan="2">城口县气象站</td><td>1966.01—1966.07</td></tr>
<tr><td rowspan="3">及明业</td><td>1966.07—1968.10</td></tr>
<tr><td>四川省万县地区气象台革命委员会城口站</td><td>1968.10—1971.01</td></tr>
<tr><td rowspan="5">城口县气象站</td><td>1971.01—1971.09</td></tr>
<tr><td>田建华</td><td>1971.09—1973.06</td></tr>
<tr><td>刘章兴</td><td>1973.06—1982.01</td></tr>
<tr><td>罗有权</td><td>1982.01—1983.12</td></tr>
<tr><td rowspan="2">雷炳隆</td><td>1983.12—1990.09</td></tr>
<tr><td rowspan="3">城口县气象局</td><td>1990.09—1990.11</td></tr>
<tr><td>翁文谈</td><td>1990.11—1995.09</td></tr>
<tr><td>李正贵</td><td>1995.09—</td></tr>
</table>

气象业务与服务

主要业务：地面气象观测（国家一般站）、天气预报、酸雨观测。

主要服务和科技服务：专业专项天气预报服务，气象资料、农业气象服务，防雷设施管理及安全检测，空飘气球广告。

1. 气象业务

①地面观测

观测时次和项目　城口气象站从 2009 年 1 月 1 日起夜间不守班，白天守班，每天 3 次定时观测（北京时 08、14、20 时）。观测项目有：云、能见度、天气现象、气压、气温、湿度、风向风速、降水、日照、小型蒸发、地温（0 厘米、5 厘米、10 厘米、15 厘米、20 厘米、40 厘米、80 厘米、160 厘米、320 厘米、地面最高、地面最低）等。

业务变化　1958—2006 年为国家一般气象站。1958 年 1 月 1 日起观测项目有：云、能见度、天气现象、气压、气温（干球、湿球）、湿度、风向风速、降水、日照、小型蒸发、地温（地面温度，地面最高温度，地面最低温度，5 厘米、10 厘米、15 厘米、20 厘米曲管地温），每日真太阳时 01、07、13、19 时 4 次定时观测，并制作上报气象记录月报表。1958 年 6 月 21 日增加拍发农气旬报。1959 年 7 月 1 日发 08、14、20 时 3 次气候报。1959 年 8 月 15 日开始发省内危险报。1960 年定时气候观测由地方平均太阳时 01、07、13、19 时改为北京时 02、08、14、20 时。1962 年 4 月 11 日停发 20 时气候报。1966 年 4 月 20 日停发 08 时气候报。1966 年 6 月 1 日,停止观测地面最高、最低及 10 厘米、15 厘米、20 厘米曲管地温,停发农气旬报。1967 年 1 月 1 日,停止观测小型蒸发、地面 0 厘米、5 厘米地温。1980 年恢复小型蒸发、地面 0 厘米、地面最高、最低温度的观测和统计,增加自记风向、风速的观测和统计,取消饱和差的观测和统计,增加"三性云"(即指示性云、系统性云、地方性云)观测。2003 年建成自动气象观测站,2004 年 1 月 1 日起开始为期 2 年的人工和自动站平行观测,2005 年 12 月 31 日 20 时(北京时)自动站正式单轨运行。2004 年增加土壤墒情观测和酸雨观测业务。2006 年 12 月 31 日 20 时起改为国家气象观测站一级站,实行 24 小时值班,8 次定时观测(北京时 02、05、08、11、14、17、20、23 时)。2008 年 12 月 31 日 20 时起又改为国家一般气象站,夜间不守班,实行 3 次定时观测(北京时 08、14、20 时)。2003 年开始建立区域气象观测站,现已建成 22 个区域自动站。2007 年安装闪电定位仪,自动收集闪电资料。

观测场变化 建站至 1973 年 4 月,观测场规格为 25 米×25 米。1973 年 4 月改为 16 米×20 米。

②气象信息网络

1981 年以前气象信息来源主要是收听成都中心气象台广播,1981 年配备 ZSQ-1A 型天气图传真机。1990 年,开通高频电话。1998 年,实现与重庆市气象局微机联网,建成远程数据传输终端,2000 年建成PC-VSAT气象信息卫星单收站、2002 年建成帧中继网接入重庆市局办公自动化系统,同年接入城口县政府党政网。

③天气预报

主要预报业务:短期气候预测,中期、短期天气预报,短时及灾害性天气警报,农业气象预报与情报,火险等级预报等气象预报的制作及发布;为县级领导部门的气象信息综合决策服务;县级气象业务现代化建设及技术研究开发;全县重大灾害性天气预测、预报服务的实时组织指挥,及对重大天气过程进行技术总结和交流,并负责灾情调查、上报工作。

短期气候预测(长期预报)的内容主要有:年度预报、春播预报、汛期预报(含双抢)、盛夏预报、三秋预报、冬防预报。

中期天气预报的内容主要有:48 小时以后开始的持续至中期的低温阴雨、连晴、适播、连阴雨、连晴高温、冻害以及 72 小时以后开始出现的持续至中期的寒潮、暴雨、大雪天气。

短期天气预报的主要内容有:晴雨预报、最高最低气温、风向风速。

预报方法及工具演变情况:城口站从 1962 年开始利用本地气象资料绘制图表,参考本地物象、成都、陕西气象台的天气预报,独立制作本地天气预报,为县农场服务。1968 年制作逐日 24 小时天气天气预报,由城口县广播站播送。20 世纪 80 年代,研究制作了暴雨、寒潮、大雪预报模式及指标。1982 年开始用传真接收数值统计预报天气图,2000 年建成PC-VSAT气象信息卫星接收站,直接接收气象信息资料,传真机停止使用。2002 年引进MICAPS 系统,建成天气预报业务服务平台,2005 年天气预报可视会商系统投入使用。

1990 年开始开展森林火险气象服务。2003 年开始发布泥石流、地质滑坡气象条件等级预报。2006 年开始开展矿区安全气象服务。2007 年开始开展道路交通安全气象服务和雷电安全气象服务。

2. 气象服务

①公众气象服务

服务方式 20世纪90年代前，主要是广播、电话和书面形式。2001年开始使用传真服务。2002年开展“12121”、“96121”气象声讯服务，开通手机短信服务，同时开始通过党政网发布服务材料。2008年开始通过手机短信平台向有手机的用户提供服务，年底建成2块气象电子显示屏。

服务项目 短时天气预报警报、短期天气预报警报、中期天气趋势预报、专题天气预报、专业天气预报、实时气象资料服务、防雷避雷服务。

②决策气象服务

决策服务的主要内容：短时天气预报、短期天气预报，重大灾害性、转折性天气报告(或警报)，灾情报告，以及重要的专题分析报告；定期报送气象旬报、月报，以及短期气候预测等材料；根据需求，提供其它气象服务。主要服务方式：当面汇报、文字材料、电话、传真、手机短信及因特网等；防汛、抗旱、救灾等关键时期进行现场服务、跟踪服务。

建站开始，主要是为领导指挥农业生产提供天气实况、天气预报、农事建议等气象服务材料。

为领导指挥防灾减灾当好参谋。2003年，城口出现“7·3”连续大暴雨天气。城口气象局在全市率先发出了连续性暴雨天气消息和泥石流滑坡危险度气象条件等级预报。并采用了书面预报、向县领导直接汇报、电话通报，在有线电视台(以字幕形式)、“121”自动答询以及兴农网向公众发布，直接向羊耳坝水库、电力公司、以及重点工程发送预报和雨情。

2004年，受“9·5”特大暴雨影响，四川省宣汉县前河流域丁家坝乡发生了特大山体滑坡，滑坡长达2千米，体积一亿多立方米，造成河流堵塞。宣汉县委、政府决定于9月24日开始实施爆破疏浚工程。从9月23日起直到疏浚工程完成，城口局每天下午都向宣汉气象局发布短期天气预报和每日3次雨情通报，10月14日下午，宣汉县人民政府、宣汉县气象局分别向城口局发来感谢信。

2008年1月12日至2月1日，城口县连续19天出现了持续性低温降雪天气，是城口局自1958年建站有气象记录以来之最。此次天气过程致使城口县24个乡镇遭受了不同程度的灾害，受灾人口约20万，共造成直接经济损失约3038万元，间接损失达3000万元以上。在这次低温雨雪冰冻灾害气象服务过程中，城口气象局开展了一系列跟踪气象服务，制作了各种服务产品达27份，并通过党政网、电话、传真、手机短信等形式向县领导、各部门及社会各界发布，为县领导及各部门科学决策提供了可靠的气象保障，确保了全县“不冻死一人，不饿死一人，不发生一起重大安全事故”。

近十年来，为当地进行的一系列重大社会经济活动开展了优质气象服务。1998—2002年为本县羊耳坝水库建设提供气象服务；2003年4—10月为县城道路油化提供气象服务；2004年，城口县投资达4亿余元的重点水利工程巴山水库正式开始动工修建，城口站在该水库动工前就开始制作专题气象服务专报；2005年为纪念红军挥师城口70周年重大活动庆典活动提供了气象服务。

③主要专业与专项服务

防雷技术服务 2000年起，对县内易燃易爆场所、高层建筑、人员密集场所等开展防雷装置安全性能监测，开展防雷装置图纸审核、施工监审、竣工验收等技术服务。

专项气象服务 2006年起与蓬源发电有限公司、农业、林业、水利等单位签约服务，发布每周天气预报和提供气象信息资料。

气候资料服务 从1995年开始为县农业局、林业局、水利农机局提供序列气候资料，为农业、林业生产，病虫害防治，森林防火，防汛抗旱开展服务。

④科研成果

1989年协作完成《万县地区丘陵山地气候变化规律开发利用研究》获万县地区行署颁发的二等奖。1993年李正贵同志《盛夏大到暴雨综合预报方法研究》获县科技进步三等奖。

社会管理

2008年1月，城口县人民政府下发了《关于加快城口气象事业发展的意见》。

雷电灾害防御 2000年开始开展防雷安全管理工作。2006年气象局成为城口县安委会成员单位，负责全县防雷安全管理。

依法保护观测场环境 2006年起，每年将观测场环境保护相关材料在规划局、城乡建设委员会、国土局进行备案，将观测场环境保护纳入城市建设规划。

党建与气象文化建设

党建 1974年1月，组建中国共产党城口县气象站党支部。隶属于中共城口县直属机关党委。刘章兴、雷炳龙、翁文谈、李正贵先后担任党支部书记。现有中共党员6人。

2004年城口县气象站党支部被中共城口县委评为先进党支部。

2005—2007年被中国气象局评为局务公开先进单位。

2006年城口气象站党支部评中共城口县委评为先进基层党组织。

李正贵 2007年5月被重庆市委评为重庆市优秀共产党员。

在2005年党员先进性教育中，李正贵同志被推荐为学习的先进典型由城口县委组织拍摄了专题片《誓言》。2008年县上拍摄专题片《创业之歌》，李正贵同志作为第一人选拍摄。

集体荣誉 1998年、1999年被命名为“县级文明单位”。2000年至今被命名和保持为“县级最佳文明单位”。

台站建设

1958年始建时征地7.02亩，建观测场625平方米，建房140平方米。1964年建平房120平方米。1972年，建平房124平方米。1978年修建楼房397平方米。1988年修建职工宿舍500平方米。2006年新征地2.98亩，建综合楼3515平方米，其中业务办公用房1275平方米。

截至2008年底，城口县气象局占地6667平方米，现有业务办公用房1472平方米，生活用房 200 平方米。

城口县气象局全景(2003 年)

城口县气象局办公楼一角(2003 年)

城口县气象局旧貌

城口县气象局新落成的综合楼

丰都县气象局

丰都县位于重庆市版图中心，地形地貌为系列褶皱山系构成，以山地为主，约占总面积70%，丘陵次之，平坝面积甚小，海拔高度从150米到2000米。长江横贯县境47千米。幅员面积2915.3平方千米，人口82万。属亚热带季风湿润气候。丰都是著名的旅游名城，周属巴国，曾建“巴子别都”，东汉和帝永元二年（公元90年）建县，以“鬼城”扬名海内外，被誉为东方“神曲之乡”。

机构历史沿革

历史沿革 丰都县气象局（站）始建于1959年1月1日，位为重庆市丰都县名山镇新城村2组，东经107°41′，北纬29°53′，海拔高度218米。2001年1月1日，因三峡工程建设搬迁到重庆市丰都县三合镇名山大道245号，观测场位于黄金坡顶，东经107°44′，北纬29°51′，海拔高度290.5米。

初建时名称为四川省丰都县气候站；1960年3月更名为四川省丰都县气候服务站；1964年8月更名为四川省丰都县气候站；1965年12月更名为四川省丰都县气象站；1968年6更名为四川省涪陵地区气象台革命委员会丰都站；1971年8月更名为四川省丰都县气象站；1983年11月更名为丰都县气象站。1987年6月成立丰都县气象局，实行两块牌子一套班子。

管理体制 历来管理体制变化较大，但上级气象部门一直为业务主管部门。1964年以前为丰都县人民委员会建制，属县农业局管理，1964—1969年为四川省气象局建制，1970—1973年为丰都县武装部、县革命委员会建制，1974—1979年为丰都县革命委员会建制，1980—1997年为四川省气象局建制，1997年12月26日，归属重庆市气象局建制。

人员状况 建站时仅有2人，文化程度为初中。从1961年开始分配来中专生，1999年开始分来本科生。现有职工22人（含退休职工6人），其中：在职人员有中共党员7人。30岁以下4人，30～40岁5人，40～50岁5人，50岁以上2人。研究生1人，本科生5人，大专生5人，中专生4人，初中生1人。工程师7人，助理工程师7人，技术员1人，中级工1人。

单位名称及主要负责人变更情况

<table>
<tr><th>单位名称</th><th>负责人</th><th>任职时间</th></tr>
<tr><td>四川省丰都县气候站</td><td>周昌栗</td><td>1959.01—1960.03</td></tr>
<tr><td>四川省丰都县气候服务站</td><td rowspan="2">陈启福</td><td>1960.03—1964.08</td></tr>
<tr><td>四川省丰都县气候站</td><td>1964.08—1965.12</td></tr>
<tr><td>四川省丰都县气象站</td><td rowspan="2">韩最林</td><td>1965.12—1968.06</td></tr>
<tr><td>四川省涪陵地区气象台
革命委员会丰都站</td><td>1968.06—1971.08</td></tr>
<tr><td rowspan="4">四川省丰都县气象站</td><td>陈学义</td><td>1971.08—1975.01</td></tr>
<tr><td>毛克明</td><td>1975.01—1980.01</td></tr>
<tr><td>陈永发</td><td>1980.02—1982.06</td></tr>
<tr><td>陈心中</td><td>1982.07—1983.10</td></tr>
<tr><td rowspan="2">丰都县气象站</td><td>耿忠东</td><td>1983.11—1986.01</td></tr>
<tr><td rowspan="2">钟世宗</td><td>1986.02—1987.06</td></tr>
<tr><td rowspan="4">丰都县气象局</td><td>1987.06—1992.12</td></tr>
<tr><td>幸元华</td><td>1993.01—1997.01</td></tr>
<tr><td>胡红菊</td><td>1997.02—2006.12</td></tr>
<tr><td>张　一</td><td>2007.01—</td></tr>
</table>

气象业务和气象服务

主要业务:地面气象观测(国家一般站)、农业气象观测(国家一级站)、天气预报、人工影响天气。

主要服务和科技服务:公益决策气象服务、专业专项气象服务、气象资料、农业气象服务,防雷设施管理及安全检测、防雷工程,空飘气球广告,气象声像广告。

1. 气象业务

①地面气象综合观测

观测机构 丰都气象站成立时仅有地面测报业务。1970 年成立地面气象测报组,人员为 2～3 人。1987 年 6 月更名为地面气象测报股,人员为 3～5 人。1999 年 1 月更名气象业务科,人员 5～7 人,2007 年更名为地面气象观测科,人员 5～7 人。

观测时次和项目 1959 年 1 月 1 日至 2006 年 12 月 31 日,每天有北京时 08、14、20 时 3 次定时观测,夜间不守班。2007 年 1 月 1 日至今,每天有北京时 02、05、08、11、14、17、20、23 时 8 次定时观测,夜间守班。观测项目有云、能见度、天气现象、气压、气温、湿度、风向风速、降水、雪深、日照、蒸发、地温等。

电码编报 1959 年 8 月 15 日至 1960 年 1 月 1 日,增加向成都拍发 08 时 14 时气候报,1960 年 1 月 1 日至 1962 年 5 月 1 日,改向专台拍发 08 时 14 时 20 时气候报。1964 年 11 月 10 日到 1979 年 7 月 22 日,分别向成都民航和省人降办拍发预约航危报。1979 年 4 月 24 日到 1979 年 7 月 22 日向 39572 部队和 86223 部队拍发预约航危报。1976 年 5 月 1

日到1979年12月31日，向重总、长办拍发雨情。1998年1月开始，每天08、14、20时定时向重庆编发天气加密报，2007年1月1日开始，每天8次向重庆拍发天气报。

发报内容 天气报的内容有云、能见度、天气现象、气压、气温、风向风速、降水、雪深、地温等；航空报的内容只有云、能见度、天气现象、风向风速等。重要天气报的内容有暴雨、大风、雨凇、积雪、冰雹、龙卷风、尘卷风、雾、雷暴、沙尘暴等。

报表制作 编制的报表有3份气表-1；3份气表-21。向省（市）局、地（市）局各报送1份，本站留底本1份。2002年起停止报送纸质报表。

酸雨观测 2004年9月开始酸雨观测试运行，2004年10月正式开始酸雨观测，测定项目为PH值。每月向重庆市气象局报送酸雨报表。

现代化观测系统 1985年，购置PC-1500袖珍计算机，用于测报电码编发。2001年10月安装调试DYYZⅡ型自动气象站，2001年12月31日20时（北京时）正式投入业务单轨运行。自动气象站观测项目有气压、气温、湿度、风向风速、降水、地温等，采用仪器自动采集、记录。保留云、能见度、天气现象、蒸发量、日照时数等人工观测项目。2003年7月14日，三峡库区长江航道气象观测启动实施。

2004年10月，在龙河、兴义、南天湖、许明寺等5个乡镇建成区域气象观测气象站。2005至2007年，完成全县30个乡镇区域气象观测站的建设并投入运行。

②气象信息网络

20世纪70年代中期，开始抄收四川气象广播，1984年1月开始使用天气图传真机。1989年9月，开通甚高频无线对讲通讯电话，实现县局与涪陵地区气象台直接业务会商。1997年10月，上级气象部门配备2台386电脑，建立了县级预报业务系统，并于1997年12月正式开通使用，预报所需资料全部通过县级业务系统在网上接收。1998年9月停收传真图。2000年4月，建成PC-VSAT单收站并投入业务运行。2001年1月，各类气象电报正式网上传报，同时停止电信报房发报。2001年7月，建成办公自动化系统和财务软件系统。2003年4月，开通了丰都兴农网。2003年7月开通FTP远程资料传输系统。2004年7月，安装了自动站无线局域网。2004年9月安装了天气预报可视会商系统，实现了县局与重庆市局可视会商。

③天气预报

短期天气预报 1959年1月，县站开始作补充天气预报。1960年12月。县站根据中央气象局总结出的"三个三结合"和"八字措施"的技术方法，同时结合本地谚语、饲养动物、走访老农等土办法，制作天气预报。20世纪60年代，建立适用于当地的简易天气图、点聚图、剖面图、天气预报模式等工具的一套分析、预报方法。1965年补充天气预报改为县站天气预报。1979年以来，县气象站根据预报需要抄录整理68项资料、同时对建站以来的各种灾害性天气个例进行归类建档，完善业务技术档案。

中期天气预报 1984年开始，通过传真机接收中央台、省气象台的旬、月天气预报，再结合分析本地气象资料，短期天气形势，天气过程的周期变化等制作旬、月天气过程预报。2002年开始对外发布一周天气预报。

长期天气预报（短期气候预测） 主要运用数理统计方法和常规气象资料图表分析及阴阳叠加等方法，然后作出本县的补充订正预报。丰都县长期天气预报始于20世纪70年代后期。20世纪80年代为适应预报工作发展的需要，组织力量会战，建立一整套长期预报的指标、方法、工具，这套预报方法一直沿用至今。

长期预报主要有：旬、月预报、春播预报、双抢预报，汛期预报、三秋预报、年度预报。

④农业气象

基本业务 该站农业气象业务第一阶段从1959年4月至1962年5月，开展了冬小麦、红薯、马铃薯、玉米、中稻等作物生育状况观测和畜牧气象观测。第二阶段1978年6月成立农业气象组，属省农气基本站，恢复冬小麦生育状况观测。1980年5月晋升为国家基本站，增加观测春玉米和中稻，同时开始测定土壤湿度(即作物生育状况地段)。1983年开始物候观测，观测物种有泡桐、柑橘、槐树、苦楝、蒲公英、燕、青蛙等。1988年开始柑橘生育状况观测。1990年1月开始固定地段土壤湿度测定。1992年完成中子水分仪的标定工作，但由于土质等原因未投入业务运行。1980年3月开始向四川省局拍发农业气象旬(月)报。1980年开始向涪陵、四川、国家三级报送农气表-1，1983年开始报送农气表-3，1990年开始报送农气表-2，重庆直辖后，报表改报重庆和国家两级。目前，农气观测任务有冬小麦、春玉米、中稻、土壤湿度测定。

农业气象服务 1979年开始不定期发布农业气象情报，1980年开始发布作物(小麦、玉米、水稻)播种期和收获期预报，1983年开始制作大小春作物农业气候评价。1987年开始执行周年农业气象服务方案。1988年开始发布小麦、玉米、水稻产量预报，1993年开始发布大小春作物产量预报，1994年开始发布作物病虫害趋势预报。2004年7月开始土壤墒情监测，观测点有三合、兴义、树人、包鸾、湛普等5个乡镇。

农气科研试验 1980年至1981年，参加全国杂交水稻气象科研协作试验。1982年至1983年3月，编制《丰都县农业气候区划》。1984年至1985年参加四川省水稻产量预报联合试验。1986年至1987年参加四川省水稻引种气候生态诊断试验。1988年与烟草公司合作，在竹子乡开展烤烟气候观测。1991年与丝绸公司合作，在社坛镇开展蚕桑气象信息监测试验。

科研成果 1983年，因参加全国杂交水稻试验，荣获国家气象局科技成果二等奖。1984—1985年参加四川省水稻产量预报联合试验，该课题获得国家气象局科技进步二等奖(协作单位)。1986—1987年参加四川省水稻引种气候诊断试验，该课题获得四川省人民政府科技进步二等奖(协作单位)。

2. 气象服务

①公众气象服务

1998年以前，天气预报通过县广播电台播放。1998年5月，建成北斗星多媒体电视天气预报制作系统，将自制节目录相带送县电视台播放。1998年10月，气象局同电信局合作开通"121"天气预报自动答询电话。2005年1月，"121"电话升位为"12121"。2002年开始，通过移动通信网络开通了气象短信平台，以手机短信方式向县、部门、乡(镇)领导100多人发送气象灾害预警信息。2002年3月投入2万多元，对电视天气预报制作系统升级换代。2002年开始对外发布森林火险等级预报和地质滑坡等级预报。2008年，在全县公共场所安装了电子显示屏10块。

②决策气象服务

丰都县气象局把为领导指挥农业生产、防灾减灾、重大社会经济活动作为决策服务的重点，最大限度地减轻气象灾害对经济社会发展和人民生活造成的影响。据不完全统计：仅重大灾害气象服务就减少经济损失0.8亿元以上，为农业、林业、水电、烟草、蚕桑、鬼城庙会、工程建设、移民搬迁等服务产生经济效益超过1亿元。1999年人工影响天气归口到气象局管理后，组织人工增雨防雹作业达90多次，增加塘库蓄水量1.2亿立方米以上。特别是2006年该县遭遇百年一遇的特大高温伏旱，丰都县气象局开展有效人工增雨作业27次，发射火箭弹76枚，作业范围覆盖大部分乡镇，增雨效果十分显著，有效地缓解了旱情，受到干部群众的欢迎和好评，因此获得“重庆市2006年抗旱救灾工作先进集体”称号。1989年、1991年、1993年、1996年、1998年、2000年，丰都县气象局由于气象服务成绩突出，分别获得四川省气象局和重庆市气象局的表彰奖励。

③专业与专项气象服务

专业气象服务 1985年开始逐步推行气象有偿专业服务和专项专题服务。1986年9月，县气象站向丰都县人民政府提交了《关于开展气象有偿专业服务工作的报告》，获得县政府批准。1988年四川省物价局出台了关于气象有偿专业服务的对象、范围、收费原则和标准的文件。气象有偿专业服务主要是为全县各乡镇或相关企事业单位，服务内容有短、中、长期天气预报、《气象历书》、气象资料、保险理赔证明等。1993年，对外开展氢气球庆典施放服务。

人工影响天气 1999年之前，县人工降雨办公室设在水电局。1999年4月县政府以丰都府办〔1999〕13号文件，明确县人工降雨防雹指挥部办公室设在气象局，气象局长任副指挥长。1999年有2门“三七”式单管高炮，2003年8月又购置1辆长城皮卡车，2门火箭炮(1门牵引式、1门车载式)。2004年4月对已经过期报废的2门“三七”高炮进行了销毁处理。

防雷技术服务 1992年5月开始避雷装置检测，1993年开始避雷装置安装技术服务，1998年规范新房防雷装置验收工作，1999年开始防雷设计图纸审核和防雷施工监审服务，2007年开始防雷装置风险评价服务。防雷技术服务不断发展和壮大，成为气象局的主要收入之一。

3. 气象科普宣传和科技档案

1976年10月，成立丰都气象学会小组，1982年更名为气象学会。1986年开始，由气象学会负责编印《丰都气象历书》，对外宣传气象科普知识。每年都利用“3·23”世界气象日、科普宣传日、科技宣传周、防灾减灾日、科技下乡活动契机，组织开展气象知识和气象法律法规的咨询服务，印发宣传资料，制作图册和光盘，用于科普宣传。还邀请各级领导、学校师生来局参观，开展气象知识、防雷安全、人工影响天气知识讲座培训。

1971年第一次实施科技档案分类归档。1987年4—8月，第二次清理归类，完成了气象科技档案的分类编目工作。2004年9月，将2000年以前的永久、长期保存的科技档案移交到市气象局资料室。

社会管理

防雷安全管理 1992年成立丰都县避雷装置安全检测所，2003年更名为丰都县防雷中心。1999 年成立丰都县防雷安全工作委员会，下设办公室在气象局。1999 年 3 月，丰都县人民政府下发了《关于加强防雷安全工作的通知》(丰都府办发〔1999〕15 号)。2003 年，丰都县防雷安全工作委员会办公室下发了《关于加快移民防雷工程验收进度的通知》。2007 年，县教委和气象局联合下发了《关于进一步加强学校防雷安全工作的通知》。

空飘气球施放安全管理 从 2000 年起，丰都县气象局着手规范空飘气球施放市场。2001 年 3 月，县政府办公室下发了《关于印发丰都县民用空飘气球灌充施放安全管理规定的通知》。2002 年，与工商、市政、公安消防等部门召开空飘气球安全管理联席会，并与县市政管理联合执法大队签订了《空飘气球行政执法委托书》，委托市政联合执法大队开展空飘气球行政执法。

气象政务公开 2001 年，丰都局开展了优化发展环境活动，对外实施政务公开。对气象行政执法依据、气象行政审批办事程序、气象服务内容、服务承诺、服务收费依据及标准、投诉电话等，采取了通过户外公示栏、发放宣传资料等方式向社会公开。2003 年，实行局务公开制度。干部任用、财务收支、目标考核、工程建设招投标等内容则采取职工大会或公示栏张榜等方式向职工公开。财务每半年公示一次。年底对目标考核情况、全年收支情况、科技产业情况、职工奖金福利等向职工作详细说明。

党的建设和气象文化建设

党建工作 1970 年前没有党员。1971 年由县武装部主管，招收 2 名党员。1974 年增加 1 名党员，但前后又调走 2 名党员，一直没有党支部，党员组织生活一直在县农工党支部。1980 年安排了 1 名军队专业干部任副站长，方有党员 3 名。7 月经县直机关党委以丰革机(80)字第 007 号文批准，建立丰都气象站党支部，陈永发任支部书记。1984 年以后有耿中东、钟世宗、幸元华、谭奎、徐世华、胡红菊、张一先后任党支部书记。现有党员 9 名。

丰都县气象局先后制定了《党风廉政建设实施意见》、《党风廉政建设责任制》、《党风廉政建设制度》、《党风廉政建设第一责任人职责》、《党风廉政建设班子成员职责》等制度。积极开展廉政教育和廉政文化建设活动。开展了以“情系民生，勤政廉政”、“以成克杰、胡长青腐败典型的警示教育”等为主题的廉政教育。全面完成了重庆市气象部门党风廉政建设目标，做到无重大责任性事故和违纪违法案件发生。

精神文明建设 在职工中开展创建“文明科室”、“文明职工”、“文明家庭”等活动，在领导班子中开展创“四好班子”，在党员中开展“三带”活动。对本局好人好事大力进行宣传学习，激励干部职工以先进为榜样，爱岗敬业。积极参加本部门和县组织的文艺汇演、体育比赛、书法摄影比赛、歌咏比赛等活动。每年都开展全局在职和退休职工文体娱乐活动，并组织职工外出考察学习，增长知识、开阔视野。

2001 年，随着台站搬迁，台站面貌焕然一新。气象局加强了精神文明硬件设施的建设，开展了文明创建规范化建设，投入万余元资金添置了 29 英寸彩电，卡拉 OK 音响 1 套，购置了书橱、麻将、乒乓球、羽毛球等文体器材。2006 年以后，又陆续购置了跑步机等健身器械，院内也安装了 4 套活动健身器材，功能设施更加完善，为职工提供了很好的锻炼和娱乐场所。目前，已建成“两室一场”(健身活动室、阅览室、运动场)，拥有图书 2000 余册。2007 年投入 20 万元，打造了现代化的业务服务平台。2008 年统一更新了政务公开栏、局务公开栏、学习园地、法制宣传栏和文明创建标语等宣传用语牌。

集体荣誉 1984—2008 年，丰都县气象局共获集体表彰奖励 54 项。其中：1984 年被命名为丰都县文明单位，连续 18 年保持县级“文明单位”称号，2002 年，被命名为重庆市文明单位，2006 年被重庆市人民政府授予的“抗旱救灾工作先进集体”称号，2007 年，被命名为重庆市“文明单位标兵”。

个人荣誉 1980—2008 年，丰都县气象局个人获奖共 43 人(次)。

台站建设

1959 年刚建站时，有 10 平方米的木房，20 世纪 70 年代修砖木结构瓦房 185 平方米用于办公。到 2001 年搬迁时旧站有房屋 4 栋，总面积 1070 平方米。由于长江三峡水利枢纽工程建设，气象局实施了整体移民随迁，由中国气象局投资 182.3 万元，丰都县人民政府划拨土地 8.5 亩，丰都气象局旧站变卖 60 万元，1997 年修建了观测值班室 42.7 平方米；1998 年修建了锚桩面板挡墙 152 平方米，修建 24 套职工住宅楼，建筑面积 2240 平方米，2000 年修建办公楼 1450 平方米，2000 年 9 月，硬化近 1000 平方米路面。2001 年 5 月 9 日，丰都县气象局由旧站搬迁至新县城站址。

截至 2008 年底，丰都县气象局占地 5666 平方米，现有业务办公用房 1450 平方米，观测值班室 42.7 平方米。

丰都县气象局旧站全貌(2000 年)

丰都县气象局新站全貌(2001 年)

垫江县气象局

垫江历史悠久，在夏隶属梁州域，西魏置邻州、容山郡、垫江县。位于重庆市中部，东经107°13′～107°40′、北纬29°38′～30°31′之间。东邻丰都、忠县，南连长寿、涪陵，西靠四川大竹、邻水，北壤梁平。幅员面积1518平方千米，总人口93万。属亚热带气候，年平均气温17.0℃，常年降水量1190.0毫米，光照时数在1230.9小时。

机构历史沿革

历史沿革 垫江县于民国二十六年(公元1937年)在县城南门外文昌宫(现桂溪镇西欧花园)建立四等测候所，1949年12月27日撤销。垫江县气象局始建于1956年12月31日，站址为垫江县城郊城西乡松林村七组(罗家坡)，观测场位于东经107°21′，北纬30°20′，海拔高度417.2米。2002年1月1日搬迁平移到重庆市垫江县桂溪镇桂溪村五组弯弯坡，观测场位于东经107°20′，北纬30°20′，海拔高度433.8米，属国家一般气象站。

初建时名称为四川省垫江县气候站；1960年3月1日改称垫江县气候服务站；1964年10月1日改称四川省垫江县气候站；1965年12月10日改称四川省垫江县气象站；1968年6月25日改称四川省涪陵地区气象台革命委员会垫江站；1971年8月15日恢复四川省垫江县气象站；1980年3月17日改称四川省垫江县气象局；1997年12月27日改称重庆市垫江县气象局。

管理体制 1956年初建时隶属垫江县人民委员会建制，业务由四川省气象局领导；1960年3月隶属四川省气象局建制；1965年12月由中国人民解放军垫江县人民武装部和垫江县革命委员会领导；1971年8月由垫江县革命委员会领导；1980年气象部门进行管理体制改革，实行上级部门与地方政府双重领导，以气象部门为主的管理体制，垫江县气象局由四川省气象局与垫江县人民政府双重领导，以四川省气象局管理为主；1997年重庆直辖后，以重庆市气象局管理为主。

机构设置 1976年5月，设观测组、预报组、办公室。1985年3月设观测股、预报股、办公室。1995年5月，成立垫江县避雷检测所。2000年设观测科、预报科、科技服务科。2001年设业务科、科技服务科、办公室(法制科)。2003年8月8日，成立下属公司垫江县金采科技开发有限公司。2006年气象业务体制改革，设置办公室(法制科)、业务科、科技服务科。

1992年，恢复了垫江县人工增雨防雹办公室。1998年，成立了垫江县防雷工作委员会及其办公室，2000年成立了垫江县民用空飘气球安全技术管理办公室。

人员状况 垫江县气象局建站初期，由上级指定临时负责人主持全面工作。人员编制不固定。1956年建站时只有2～3人。1978年为11人。2008年在编职工16人。大学本科3人，大专10人。党员7人。中级专业技术人员7名。

单位名称及主要负责人变更情况

单位名称	负责人	任职时间
四川省垫江县气候站	叶和坤	1957.01—1960.03
垫江县气候服务站	叶和坤	1960.03—1964.10
四川省垫江县气候站	叶和坤	1964.10—1965.12
四川省垫江县气象站	杨德禄	1966.01—1968.06
四川省涪陵地区气象台革命委员会垫江站	“文化大革命”期间负责人间断	
四川省垫江县气象站	李友才	1971.08—1979.09
四川省垫江县气象站	王龙升、付达国	1979.09—1980.03
四川省垫江县气象局	付达国	1980.03—1980.09
四川省垫江县气象局	蒋馀森	1980.09—1983.11
四川省垫江县气象局	张道成	1983.11—1995.01
四川省垫江县气象局	黄道学	1995.01—1997.02
四川省垫江县气象局	冯明华	1997.02—1997.12
重庆市垫江县气象局	冯明华	1997.12—1998.04
重庆市垫江县气象局	谷　骏	1998.04—2003.04
重庆市垫江县气象局	饶德华	2003.04—

气象业务与服务

主要业务：地面气象观测（国家一般站），农业气象观测（国家二级站）、航空天气报、雨情报、天气预报，人工影响天气。

主要服务和科技服务：专业专项天气预报服务，气象资料、农业气象服务，防雷设施管理及安全检测，空飘气球广告。

1. 气象业务

①气象观测

观测时次 1957年1月1日—1960年7月31日用地方平均太阳时（01、07、13、19时）观测。1960年8月1日到今，用北京时（02、08、14、20时）作观测统计记录，定时观测3次，夜间不守班。

观测项目 云、能见度、天气现象、气压、气温、湿度、风向风速、降水、雪深、日照、蒸发、浅层地温等。

气象站编制的报表有4份气表-1；4份气表-21。向中国气象局、市气象局各报送1份，本站留底本1份。2000年11月通过162分组网向重庆气象局转输原始资料，停止报送纸质报表。

气象观测规范的执行 1962年1月1日前，执行军委气象局《气技101——气象测报简要》和中央气象局《气技104——气象观测暂行规范》。1980年1月1日执行1979版《地面气象观测规范》。2004年开始执行2003版《地面气象观测规范》至今。

1980—1990年期间为了更好地为地方经济建设服务，为气象预报服务提高参考因子，开展了“三性云”（即指示性云、系统性云、地方性云）和天象观测。

1964年开始先后为9家（地质部航空物探大队九〇四队、39527部队、39753部队、86207部队、86223部队、86239部队、703航测队、民航达县机场、民航白市驿机场、OBSAV成都）以上民航、军航机场拍发固定航（危）报和预约航（危）报服务，为飞播、航测、航摄、卫星回收提供航空报服务，至今保持一家军航服务单位。为国防建设和科学研究做出了积极贡献。

气象观测仪器 1978年前用长春、上海国产和少部分苏联产的仪器，1978年后均用国产仪器。20世纪90年代启动自动数子仪器。

现代化观测系统 2001年建成自动气象站，2001年12月31日20时（北京时）起开始为期2年的人工和自动站并行观测，2003年12月31日20时（北京时）自动站正式单轨运行。2004年1月1日起开始使用2003版《地面气象观测规范》。2004年10月1日增加酸雨观测业务。2007年根据气发〔2001〕333号、渝气发〔2001〕248号文件规定，改为国家气象观测站一级站，2007年1月1日完成业务切换。1979—1983年，全县设4个气象哨。2005年开始在坪山、高安两镇首先建成ZQZ-A型温度、雨量两要素区域气象观测站，现已建成各类区域气象观测站18个。自动气象站观测项目有气温、湿度、风向风速、降水、地温等，实现仪器自动采集、记录的观测项目，替代了人工观测。

②气象信息网络

1981年以前气象信息来源主要是收听成都中心气象台广播，1981年配备ZSQ-1A型天气图传真机。1990年，开通甚高频电话。1997年，实现与重庆市气象局微机联网，建成远程数据传输终端，1999年建成PC-VSAT气象信息卫星单收站、2002年建成帧中继网接入重庆市气象局办公自动化系统、2003年建立了重庆兴农网垫江分中心、2006年接入垫江政府党政网。

③天气预报

气象预报分短期、中长期天气预报。1958—2008年，为了短期预报发布的连续性，实行7天周一轮班制。

服务方式有书面、电话、广播、影视、网络、手机短信等。

短期天气预报 1958年，县站开始作补充天气预报，收听成都中心气象台天气形势和预报广播以及涪陵台指导预报为依据，结合“天气谚语”、“老农会商”做出本站预报，对外发布。20世纪60年代，使用简易天气图、单站要素时间剖面图、点聚图、气象要素曲线图、天气预报模式等制作当地天气预报。20世纪70年代初期，开始使用数理统计预报方法，1975年按照中央气象局规定的72项基本气候资料，整编了地面基本气候资料《历年簿》、《累年簿》。同时进行军事气候资料整理55项，主送涪陵军分区。逐步发展用点聚图表、气象要素曲线分析。在20世纪80年代初期，上级业务部门非常重视基层的业务基本建设，要求每个台站的基本资料、基本图表、基本档案和基本方法(即四基本)必须达标。共绘制简易天气图等9种基本图表。在基本档案方面,主要对建站后有气象资料以来的各种灾害性天气个例进行建档,对气候分析材料、预报服务调查与灾害性天气调查材料、预报方法使用效果检验、预报质量月报表、预报技术材料、中央、省地各类预报业务会议材料等建立业务技术档案。20世纪80年代采用传真接收数值预报产品、天气图,1999年建成PC-VSAT卫星接收站,直接接收气象信息资料,传真机停止使用。2002年引进MICAPS系统,建成天气预报业务服务平台,2005年天气预报可视会商系统投入使用。

中期天气预报 20世纪80年代初,通过传真机接收中央气象台,四川省气象台的旬、月天气预报,再结合分析本地气象资料,短期天气形势,天气过程的周期变化等制作一旬天气过程趋势预报。后将此种预报作为专业专项服务内容。上级业务部门对县站制作中期预报不予考核。

长期预报主要有:春播、初夏、盛夏、三秋、冬防预报、汛期(5—9月)预报、年度预报。预报制作,主要运用数理统计方法和常规气象资料图表及天气谚语、阴阳历叠加、平均环流、极涡指数、韵律关系等方法,分别作出具有本地特点的补充订正预报。

④农业气象

垫江属农业气象一般观测站,主要业务范围:农气观测、拍发旬(月)报、农业气象技术推广、农气情报预报等。

观测项目 水稻、小麦、油菜、蚕桑、牡丹花等作物生育期观测,土壤墒情监测。

业务变化 1958年11月24日开始小麦观测,1966年此项工作停止。1980年开始对水稻、小麦、观测。现在布设了5个土壤墒情监测点,每年3—10月开展土壤墒情监测并向重庆市气象局发报。

农气试验及成果 1989年《垫江县再生稻的农业气象条件探讨》,获农业区划成果应用二等奖。1992年《垫江县蚕气象条件的认识》,获垫江县科协二等奖、涪陵地区科协三等奖。2006年开始《垫江县牡丹与气象的研究》。

农业气候区划 1983年4月完成《垫江县农业气候资源及区划》,获涪陵地区区划办,农业气候资源调查和区划科研工作一等奖。

2. 气象服务

①公众气象服务

20世纪60年代前,通过农村有线广播站传播48小时以内的天气预报。20世纪70—80年代,垫江县广播站通过调频台对全县广播,同时书面给地方各级领导提供中、长期趋势预报,20世纪90年代,垫江县电视天气预报开播。

1997年,开通电话自动答询和网络自动查询天气预报服务,即“121”台。后改为“12121”和“96121”。1998年收费0.7元/次。

2008年建立了手机短信预警发布平台,县级领导、有关部门、乡镇负责人共100余人纳入手机短信发布对象。

②决策气象服务

早期主要是为领导指挥农业生产提供预报、情报和农事建议。从1986年开始,逐步改进决策气象服务的方式和手段，20 世纪 90 年代初开始每年都编制了《垫江县农业气象年景展望及对策建议》和《垫江县农业气象周年服务方案》，每年春播、汛期及年度均召开全市天气预报会商，供各级领导指挥工农业生产，防灾减灾决策时参考。建立了"五长"（即政府分管农业的秘书长，农业、林业、水电、气象局长）会议制度。

1983 年 6 月 25 日的洪涝预报服务，提前在 24 日早晨和下午 2 次向全县人民和县委、县人民政府等领导发布未来有大暴雨天气过程，雨量可达 150 毫米以上，沿河和地势低洼地方有洪涝发生。由于预报准确，提前为领导指挥防灾减灾提供了决策依据，此次过程无人员死亡，不完全统计，此次过程减少损失达 30 万元，受到了县委、县人民政府嘉奖和人民的好评。

③专业与专项气象服务

专业气象服务 1984 年春开始专业气象服务，与垫江县饮食公司冰糕厂签订夏季高温、伏旱预报服务。1985—1992 年，由于国家经济建设迅速发展，服务面有所扩大，已涉及到工业、交通、水利、电力、化工、农业等各方面。服务单位 40 余家，年收入 2 万余元。1997 年开通"121"、"96121"天气自动答询系统，方便广大民众随时了解天气情况。年收入 3 万余元。从 1998 年 10 月，影视天气预报服务，负责发布全县大部份镇（乡）、及东印茶、森林防火预报。年收入 4 万余元。到 2008 年还继续保持与长寿狮子滩发电厂提供气象资料和专业天气预报服务。

人工影响天气服务 1976—1980 年，由垫江县人武部、农业局、水电局、林业局、农机局、粮食局、气象站组成垫江县人工降雨办公室。在全县设立 10 个固定炮点，进行人工消雹和增雨。1992 年在原有 1 门双"三七"高炮的基础上，1998 年新增单"三七"高炮 2 门，并于 2003 年新增火箭 2 门装置（共 7 个发射架），目前共有"三七"高炮 3 门（4 管），火箭 2 门（发射架 7 道），县财政每年专项拨款 5 万余元。

防雷检测与评价服务 1994 年开始筹建县防雷安全检测机构，1995 年成立垫江县避雷安全检测所，并开展工作。对全县的各类建筑物和专业设备进行图纸审核，施工监理、设备安装、年度安全检测，使之逐步走向规范化、标准划、法制化方向。年度服务达 200 余个单位，年收入 25 万余元。并把此项工作纳入县行政服务中心管理。1994 年前收费按照四川省物价局、四川省劳动人事厅，川劳人护（1989）22 号文件收费。之后分别在各时期，按照渝价〔1999〕173 号，渝价〔2001〕194 号、渝价〔2004〕737 号、渝价〔2001〕402 号文件收费。

④气象科技服务

1984 年开始开展专业气象有偿服务，到 2008 年底，基本形成了影视天气预报、防雷减灾、专业气象服务、空飘气球广告和"121"电话、手机短信等气象科技服务的格局。空飘气球、防雷工程（国家认定合格的防雷产品）、实行公司运作，成本核算，科技服务管理。

⑤气象科普宣传

1979 年 12 月 29 日涪陵地区气象学会成立，设立垫江县气象学会小组，会员 2 名。1983 年涪陵地区气象学会垫江分会成立。学会在每年的 3 月 23 日，都要围绕公布的主题，组织开展世界气象日纪念活动，宣传气象科普知识。积极参加县科委、科协和安监局组织的多部门联合科技宣传月、周活动。在科技下乡活动中，结合农事季节（如播种期）到各乡镇开展气象科技宣传,为农民解答气象与农事、气象灾害防御、种植结构调整中要遵循的气候规律、气候资源利用等相关气象问题,发放中长期天气预报、气象日历、雷电灾害防御等气象科普宣传材料,以及根据天气预测提出的农业生产技术措施、建议和气象法规资料等。

1999 年 2 月,《垫江农业气象灾害特点及防御对策研究》获得重庆市科协优秀论文奖。

社会管理

2007 年 1 月,垫江县人民政府下发了《关于加快气象事业发展的意见》。

雷电灾害防御管理 1998 年 9 月,垫江县人民政府成立防雷安全委员会,由垫江县气象局归口管理本市区域内的防雷减灾工作。2000 年 1 月,垫江县气象局派专人进驻垫江县行政服务中心,办理防雷行政审批、氢气球施放许可等相关事宜。2006 年起,气象局列为垫江县安委会成员单位,负责全市防雷安全管理。

人工影响天气工作管理 垫江人影工作历来实行政府统一领导、气象部门具体负责、有关部门协调配合。20 世纪 70—80 年代,县政府成立非常设人工降雨指挥部。20 世纪 80 年代后期,人工降雨指挥部趋于常设,下设指挥部办公室,挂靠县农委,1992 年 5 月 30 日,垫府函〔1992〕42 号文;增补气象局当时负责人第一次为垫江县人民政府救灾办公室副主任,垫府函〔1992〕40 号恢复垫江县人工降雨防雹办公室。办公室设在气象局,负责人工影响天气日常工作。

氢气球施放工作管理 2002 年成立垫江县氢气安全管理办公室,由垫江县气象局归口管理本市区域内的升空气球安全管理工作。

依法保护观测场环境 2002 年起,每年将观测场环境保护相关材料在规划局、城乡建设委员会、国土局进行备案,将观测场环境保护纳入城市建设规划。2007 年列为县规划委成员单位。

政务公开 2003 年制定和完善了气象局各科室和门卫职责,职工出勤、请假,车辆管理,氢气储存使用安全等制度。且政务制度上墙。

党建与气象文化建设

1. 党建工作

支部组织建设 建站初期,未设党的组织。1965 年 12 月开始有中共党员 1 名,编入垫江县农业局党支部过组织生活。1973 年 12 月 10 日垫江县委组织部以(73)413 号批准建立气象站党支部,时有党员 3 名。至今在职党员 7 名,离退休党员 3 名。李友才、王龙升、付达国、张道成、冯明华、谷骏、饶德华为历任支部书记。

党风廉政建设 2003 年建立了《垫江县气象局党风廉政责任制度》、《垫江县气象局关于党风廉政建设的规定》。积极开展廉政教育和廉政文化建设活动,努力建设文明机关、和谐机关和廉洁机关。开展了以"情系民生,勤政廉政"为主题的廉政教育。局财务账目每年接受上级财务部门年度审计,并每季度向职工公布。

2. 气象文化建设

精神文明建设 1986年8月，垫江县气象站被命名为垫江县"文明单位"，1999年被重庆市气象局授予"气象服务示范单位"，2000年被重庆市气象局命名为测报四星级单位，2000年、2001年被垫江县委、县人民政府授予"双文明标兵单位"，1998—2008年连续被重庆市气象局评为目标管理优秀单位，2004年4月，被命名为重庆市"文明单位"。1998年垫江县爱国卫生运动委员会授予"县级爱国卫生先进单位"，2005年12月，重庆市爱国卫生运动委员会授予市级"重庆市卫生单位"。

文明单位创建 文明单位建设基础牢固，1986年县级文明单位创建后，筹备了创建市级文明单位的规划，2003年成立了创市级文明单位领导小组，印发了《文明单位创建规划及实施意见》、《安全文明小区实施方案和管理规定》，根据创市级文明单位的规划，提出了"振奋精神团结协作努力争创市级文明单位"。为文明单位创建，提供了必要条件。

文体活动 2003年新的整体搬迁完成后，气象文化、文体建设逐年增加。当年增设了体育健身器、2008年增设了乒乓球室，老年娱乐室。

台站建设

1956年筹建气候站时，在四川省垫江县城西郊外罗家坡，观测场正北方建砖木房53.3平方米，建观测场320平方米。1964年10月，新建砖木房53.4平方米。1974年1月，新建砖木房248.9平方米。1977年12月，征地0.25亩，新建砖木房200.0平方米。1985年8月，新建职工宿舍砖混房320.0平方米。1992年，在城西乡红光三社征地1.2亩，新建职工宿舍砖混房8套560.0平方米，炮库50.0平方米，1992年，在城西乡树林七社（观测场）处，拆除1956年和1974年建的砖木房，新建业务综合楼230.0平方米。2002年11月，对气象局土地、房屋进行整体拍卖，整体搬迁至垫江县桂溪镇桂溪村五组，征地6857.3平方米，建观测场320平方米，业务办公用房751.5平方米，职工住房24套，面积3692平方米。2008年9月，临桂溪镇新华街新建人工影响天气基地用房898.0平方米。

垫江县气象局旧貌

截至2008年底，垫江县气象局占地6857.3平方米，业务办公用房751.5平方米，人工影响天气基地用房898.0平方米。

垫江县气象局旧站大门

垫江县气象局旧办公楼

垫江县气象局新办公楼大门

垫江县气象局新办公楼

垫江县气象局新貌

武隆县气象局

武隆唐代建县，地处重庆市东南边缘，乌江下游，武陵山与大娄山结合部，位于东经107°13′～108°05′，北纬29°02′～29°40′之间，幅员面积2901.3平方千米，总人口40.84万。属亚热带季风气候，年平均气温17.2℃，降水1065.2毫米，日照1068.5小时。

机构历史沿革

历史沿革 武隆县气象站(以下简称武隆站)始建于1957年，位于武隆县木根铺，东经107°39′，北纬29°32′，海拔1450米。观测站曾4次迁站，1959年2月1日，迁至长坝乡长岭，东经107°32′，北纬29°23′，海拔高度500米。1959年5月1日，迁至长坝乡廖家嘴，东经107°32′，北纬29°23′，海拔高度450米。1966年1月1日，迁至芋荷乡青春大队晒粮顶，东经107°43′，北纬29°17′，海拔高度409.8米。1993年1月1日，因条件艰苦搬迁，从芋荷乡青春大队晒粮顶迁至巷口镇建设东路7号，东经107°45′，北纬29°19′，海拔高度277.9米。

初建时名称为四川省武隆县气候站；1960年4月改称四川省武隆县气候服务站；1964年10月恢复为四川省武隆县气候站；1968年6月更名为四川省涪陵地区气象台革命委员会武隆站；1971年恢复为四川省武隆县气象站；1988年更名为武隆县气象局。

管理体制 1957年武隆站成立，业务由四川省气象局领导；1958年12月归四川省气象局建制，业务委托涪陵专区气象台负责；1960年4月业务由涪陵专区气象服务台领导；1964年10月业务由四川省气象局委托涪陵专区气象服务台负责；1968年6月由四川省涪陵地区气象台革命委员会领导；1970年11月—1973年8月属武隆县革命委员会建制，县革命委员会和人民武装部双重领导，以人民武装部领导为主；1980年气象部门进行管理体制改革，实行上级部门与地方政府双重领导，以气象部门为主的管理体制，武隆县气象局由四川省气象局与武隆县人民政府双重领导，以四川省气象局管理为主；1997年重庆直辖后，以重庆市气象局管理为主。

机构设置 1957—1978年，武隆站只有业务组，1979年始，设置观测组、预报组。2004年实行机构改革，设置办公室、气象业务科、科技服务科。

1999年县政府成立武隆县防雷安全工作委员会，下设武隆县防雷安全工作委员会办公室，由气象局局长任办公室主任，设立武隆县防雷中心。2007年设立重庆市武隆县防雷中心(属地方机构编制)。20 世纪 80 年代后期,成立武隆县人工降雨指挥部办公室,后改为武隆县人工影响天气指挥部办公室。

人员状况 建站初期职工 3 人,1959 年增加到 5 人,20 世纪 60 年代稳定在 5 人左右,20 世纪 70 年代增加到 10 人。2007 年定编 9 人,实有在编职工 9 人。平均年龄 35 岁,本科 5 人,大专 3 人,中专 1 人。工程师 4 人,初级职称 5 人。

单位名称及主要负责人变更情况

单位名称	负责人	任职时间
四川省武隆县气候站	王学坤	1957.01—1960.04
四川省武隆县气候服务站		1960.04—1964.10
四川省武隆县气候站		1964.10—1968.06
四川省涪陵地区气象台革命委员会武隆站		1968.06—1971
四川省武隆县气象站		1971—1986.04
	李惠良	1986.04—1988
武隆县气象局		1988—1989.03
	黄道学	1989.03—1994.12
	王忠荣	1994.12—1997.01
	黄道学	1997.01—

气象业务与服务

1. 气象业务

①地面观测

观测时次和项目 武隆气象站从 1957 年 1 月 1 日起,每日北京时 08、14、20 时进行 3 次定时观测,夜间不守班。观测项目有:云、能见度、天气现象、气压、气温、湿度、风向风速、降水、日照、蒸发(小型)、地温(0～20 厘米)等。

业务变化 从 1957 年至今,均为国家一般气象站。按照《地面观测规范》观测记录,每日北京时 08、14、20 时进行 3 次定时观测,02 时以自记记录订正,并制作上报气象记录月年报表。2001 年建成自动气象观测站,2001 年 12 月 31 日 20 时起并行观测 2 年,2003 年 12 月 31 日 20 时起自动站正式单轨运行。2004 年开始建立区域气象观测站,截至 2008 年底已建成 22 个。2005 年增加酸雨观测业务。2007 年改为国家气象观测站二级站。2008 年 12 月 31 日后改称国家一般气象站,原国家气象观测站二级站业务不变。

②气象信息网络

1981 年以前气象信息来源主要是收听成都中心气象台广播,1981 年配备 ZSQ-1A 型天气图传真机。1990 年,开通甚高频电话。1997 年,实现与重庆市气象局微机联网,建成远程数据传输终端,1999 年建成 PC-VSAT 气象卫星单收站,2002 年建成帧中继接入重庆市气象局办公自动化系统。2004 年接入武隆政府党政网。

③天气预报

主要业务:短时天气预报、短期天气预报、中期天气预报和短期气候预测。

武隆站从1966年发布天气预报,当时靠收听成都中心气象台大范围天气形势和预报以及涪陵地区气象台预报加民间测天经验进行补充订正预报,逐步发展用点聚图表、三线图等气象要素曲线分析及等压线填绘天气图,20世纪70年代建立天气预报模式、找指标等,20世纪80年代传真接收数值预报大气图,1998年建成PC-VSAT卫星接收站,直接接收气象信息资料,传真机停止使用。2002年引进MICAPS系统,建成天气预报业务服务平台,2005年天气预报可视会商系统投入使用。

2. 气象服务

①公众气象服务

20世纪90年代前,主要是通过口语广播和书面形式提供气象服务。1994年,武隆县气象局开始通过电视发布天气预报(气象局提供天气预报,电视台制作节目),1998年起,由气象局独立制作电视天气预报节目,交由县电视台播出。1995年开通"121"天气预报自动答询电话。2002年,重庆市气象局整合资源,全市统一开展"12121"、"96121"气象声讯服务,开通手机短信服务。2008年建成10块电子显示屏,向社会公众发布气象服务信息。2008年开始组织气象信息员传送气象信息。

②决策气象服务

决策气象服务产品有重要天气快报、专题气象服务、重大气象信息专报、气象信息专报、灾害性天气预警信号、森林火险天气预报、地质灾害气象条件等级预报等10多种。内容包括实况监测分析、预警预报预测预估、极端气候事件监测、灾情与灾害分析、环境现象影响评估、灾害风险与防御、生态与农业气象信息、气候影响评价、气候资源开发利用、气候变化、适应与减缓、可持续发展对策等。

③专业与专项气象服务

烤烟气象服务 1988—1991年,武隆县气象局专门在火炉、车盘、和顺、桐梓设立气象观测点,为烤烟种植提供科学的气象依据,为武隆县烟草公司提供烤烟专业气象服务。

防雷技术服务 1994年起,建立防雷安全定期检测制度,每年与安监、公安、消防、教委等相关单位联合发文,对县内易燃易爆场所、高层建筑、人员密集场所等开展防雷装置安全性能监测。1999年开展防雷装置图纸审核、施工监督、竣工验收等技术服务。

人工影响天气服务 20世纪60—70年代,武隆县气象局主要是用土火箭进行消雹增雨作业。1971年武隆首次用"三七"单管高炮开展人工防雹增雨作业,初期为2门高炮进行流动作业。人工影响天气作业人员主要与中国人民解放军0018部队协同开展作业。2003年6月,购置火箭发射装置2套,开展火箭与高炮结合的人工增雨消雹作业。2005年经武隆县机构编制委员会批复,不单独设立机构,在武隆县气象局增挂武隆县人工增雨防雹办公室牌子。2006—2008年先后建成沙子沱、文复、桐梓、仙女山人影作业固定炮站。2008年10月新购置火箭发射装置1套。

④气象服务效益

1998年是典型的洪涝灾害年,5—8月降雨量创历史最高记录,期间共出现6次暴雨。武隆县气象局4月中旬发布汛期天气趋势预报:1998年汛期降水量显著偏多,建议加强防御洪涝灾害。5月21日、7月22日、8月26日3次发布暴雨天气消息。7月21日凌晨,全县26个乡镇遭受大暴雨洪涝灾害。由于提前预报,防御措施有力,灾害损失降到最低程度。

2006年6月14日—9月7日,武隆县大部地区出现了50年一遇的特大高温干旱天气,干旱累计天数达85天,期间总降水量为115.3毫米。日最高气温≥35℃日数为52天,日最高气温≥40℃日数为10天,极端最高气温8月15日为42.7℃,均打破了气象历史纪录。武隆局在2006年气象历书、年度、汛期、盛夏天气预报中都先后作出重伏旱预报,并及时做好补充订正预报。提前准确预报"7·7"、"8·1"、"9·8"转折性天气过程,抓住战机开展人工增雨作业,缓解了旱情,武隆局获县委、县政府表彰,评为抗旱救灾先进集体。

社会管理

2004年武隆县人民政府下发了《关于加快气象事业发展的意见》。

防雷管理 1999年武隆县人民政府成立防雷安全委员会,由武隆县气象局归口管理本县域内的防雷减灾工作。2002年10月,武隆县气象局派专人进驻武隆县行政服务中心,办理防雷行政审批、氢气球施放许可等相关事宜。

人工影响天气工作管理 武隆人影工作历来实行政府统一领导、气象部门具体负责、有关部门协调配合。20世纪70—80年代,县政府成立非常设人工降雨指挥部。20世纪80年代后期,人工降雨指挥部趋于常设,下设指挥部办公室,挂靠气象局,负责人工影响天气日常工作。

依法保护观测场环境 2007年起,每年将观测场环境保护相关材料在规划局、城乡建设委员会、国土局进行备案,将观测场环境保护纳入城市建设规划。并将探测环境保护与防雹行政审批作为建房审批的前置条件。

党建与气象文化建设

党建工作 1978年5月,组建中国共产党武隆县气象站党支部,1989年武隆县气象站改为武隆县气象局,成立中国共产党武隆县气象局党支部,先后有黄道学、吕生平、王延成、白青松担任党支部书记,在职中共党员4人,退休中共党员1人。

精神文明建设 1988年荣获四川省气象部门"双文明"建设先进集体称号。1998年在烤烟生产工作中成绩显著,被武隆县人民政府评选为先进单位。1989年被命名为武隆县文明单位,2000年被命名为重庆市文明单位。

台站建设

1957年建站时,用木根建起临时观测站,后又搬迁至长坝,办公用房都是租用当地群众住房。1966年搬迁到芋荷乡青春大队晒粮顶,征地919平方米,建工作用房266平方米,修建职工宿舍450平方米及人工降雨用房75平方米,建气象观测场320平方米。1993年因条件艰苦搬迁至巷口镇建设东路7号,总占地面积4187.2平方米,修建办公楼383.76平方米及观测值班室36.7平方米,修建气象观测场320平方米。1997年、1998年修建2栋职工住宅,面积共计1800平方米。

截至 2008 年底，武隆县气象局占地 4187.2 平方米，办公业务用房 419.46 平方米。

综合改造前的武隆县气象局旧办公楼

即将竣工的武隆县气象局新办公楼

武隆县气象局观测场全貌

忠县气象局

忠县周朝为巴国地，秦属巴郡、汉置临江县、西魏设临州。唐贞观八年为纪念州人巴曼子“刎首留城”和严颜宁当断头将军、不做投降将军之壮举，唐太宗赐临州为忠州。清雍正十二年（公元1734年）升为直隶州，民国二年（公元1913年）设忠县。忠县位于四川盆地东部，重庆市中部，地处三峡库区腹心地带，东邻万州，南接石柱，西界丰都、垫江，北壤梁平，是三峡移民搬迁重点县，东经107°32′～108°14′，北纬30°03′～30°53′，幅员面积2184平方千米，人口99万。属亚热带季风气候，年平均气温18.0℃，降水1215.8毫米，日照1274.2小时。

机构历史沿革

历史沿革 早在1937年3月忠县曾建立四等测侯所，于1948年停办。重庆市忠县气象局（站）始建于1959年1月1日，时称忠县气候站，位于忠县县城关北门场。观测站曾经过3次搬迁，1961年搬迁至忠县忠州镇北门4社仙女石；1969年又搬迁至忠县县城关北门场；1997年6月再次搬回忠县忠州镇北门4社仙女石。东经108°02′，北纬30°18′，海拔高度325.6米；行政办公楼位于忠县忠州镇北门街20号。

1960年4月10日更名为忠县气候服务站；1964年12月1日更名为四川省忠县气候站；1966年1月7日更名为四川省忠县气象站；1968年10月10日更名为四川省万县专区气象台革命委员会忠县站；1971年8月20日更名为四川省忠县气象站；1978年5月3日更名为四川省忠县气象局；1983年11月26日更名为忠县气象站；1990年9月1日又更名为忠县气象局。

1960年11月7日，经忠县人民委员会批准，曾建立忠县拔山气候服务站，1962年撤销。

管理体制 1959年1月1日—1964年4月隶属忠县人民委员会，业务由四川省万州专区气象台管理；1964年5月起隶属四川省气象局，业务由四川省气象局委托四川省万州专区气象台管理；1969年6月27日隶属忠县革命委员会建制，业务由四川省气象局管理；1971年8月20日隶属忠县革命委员会建制，接受忠县革命委员会和忠县人民武装部双重领导；1973年7月属忠县革命委员会领导；1980年3月属四川省气象局、忠县人民政府双重领导；1981年1月改由万州地区气象局领导为主，实行气象部门和地方政府双重领导体制;1998 年 6 月划归万州移民开发区气象局代管;2000 年 8 月 28 日开始归重庆市气象局直接管理。

机构设置 建站初期,只有业务组,1980 年,内设机构有人秘股、预报股、观测股;1985 年新成立忠县气象技术咨询服务组;1991 年 4 月成立服务股;2008 年底,设有办公室(法规科)、气象业务科、科技服务科(防雷中心)以及人工降雨防雹办公室、防雷减灾办公室、民用氢气球灌充施放安全技术管理办公室等 3 个地方气象事业机构。

1991 年 11 月成立忠县气象局工会。1998 年 5 月,成立人工降雨防雹办公室和忠县人民政府防雷减灾办公室。2005 年 5 月进驻忠县行政审批大厅(现忠县行政服务大厅),并设置气象局窗口。

人员状况 建站初期职工 3 人,20 世纪 60 年代末增加到 6 人,20 世纪 70 年代末增加到 8 人,20 世纪 80 年代末增加到 11 人。2008 年定编 9 人,实有在编职工 10 人,平均年龄 45 岁,本科 3 人,大专 2 人,中专 5 人。工程师 6 人,初级职称 4 人。

单位名称及主要负责人变更情况

单位名称	负责人	任职时间
忠县气候站	刘培华	1959.01—1960.03
忠县气候服务站	何志明、刘培华	1960.04—1964.08
	何志明	1964.08—1964.11
四川省忠县气候站		1964.12—1965.12
四川省忠县气象站		1966.01—1968.09
四川省万县专区气象台革命委员会忠县站		1968.10—1968.11
	王明轩	1968.11—1970.12
	何志明	1970.12—1971.07
四川省忠县气象站		1971.08—1974.03
	彭兴茂	1974.03—1978.04
四川省忠县气象局		1978.05—1979.12
	曹　普	1979.12—1983.08
	黎克清	1983.08—1983.10
忠县气象站		1983.11—1989.04
	刘伯隆	1989.04—1990.08
忠县气象局		1990.09—1996.08
	刘定华	1996.08—2001.11
	向友全	2001.11—

气象业务与服务

主要业务:地面气象观测(国家一般气象站)、天气预报,人工影响天气。

主要服务和科技服务:专业专项天气预报服务,气象资料、农业气象服务、防雷设施管理及安全检测、空飘气球广告。

1. 气象业务

①地面观测

观测时次和项目 忠县气象站从1974年1月1日起全天24小时值守班，每天3次定时观测。观测项目有云、能见度、天气现象、气压、气温、湿度、风向风速、降水、日照、蒸发(小型)、地温(0～20厘米)等。

业务变化 1959年1月—1990年12月为国家一般气象观测站，1991年1月降为辅助站，1998年升为国家一般气象观测站。2007年改为国家气象观测站二级站。2008年12月31日改称国家一般气象观测站，原国家气象观测站二级站业务不变。

1959年1月2日起按照《地面观测规范》观测记录，每日地方平均太阳时01、07、13、19时4次定时观测，并制作上报气象记录月报表。1960年8月1日起改为北京时02、08、14、20时4次观测。1961年4月1日起改为北京时08、14、20时3次观测，1964年11月10日—1965年6月18日增加向地质部物探904队拍发4—18时预约航危报；1966年6月—1967年6月30日先后向成都7237部队、成都民航、四川广汉军航拍发预约航危报。1969年11月7日—1973年12月31日增加向重庆梁平机场拍发24小时固定航危报。1971年1月1日起改为北京时02、08、14、20时4次观测，昼夜守班。1974年1月1日起恢复为3次观测，夜间不守班。1974年1月1日—1979年6月30日先后增加向重庆梁平机场和重庆白市驿机场拍发4—18时固定航危报。1999年在巴营、石子、仁家、三汇、新场、石宝、新立、金鸡等8个乡镇建立人工雨量站，随后进行了部分调整，到2005年底已在丰收、石宝、曹家、任家、巴营、花桥、三汇、金鸡、新场设有9个人工雨量站。2001年建成自动气象观测站，2001年12月31日北京时20时起并行观测2年，2003年12月31日北京时20时起自动站正式单轨运行。2004年增加酸雨观测业务。2005年开始建立区域气象观测站，到2008年底已建成24个区域气象观测站(11个四要素，13个两要素)，3个长江航道特种气象观测站、1个长江航道气象观测站，并逐步取消人工雨量站，到2008年底仅保留花桥人工雨量站。

气象哨建设 1966年在花桥公社宝胜大队建立全县第一个气象哨，培训哨员2名，每天于北京时02、08、14时进行3次地面气象观测，后因哨员调走，工作被迫停顿。1970年，花桥气象哨恢复观测，并开展了补充天气预报工作。

1973年在八德、涂井2公社分别建立气象哨，后因报酬没有得到妥善解决，致使气象哨停办。

1980年初，在花桥、石宝、丰收、巴营重新组建4个气象哨，培训哨员8名，按照全国统一的观测时间，每天02、08、14时进行3次温度、湿度、风向风速、天空状况等气象要素观测。

1985年撤销石宝、巴营气象哨。直到1999年建立人工雨量站时才撤销花桥、丰收气象哨。

②气象信息网络

1981年以前气象信息来源主要是收听成都中心气象台广播，每日人工抄收成都区域气象广播08、14时东亚地面天气报告和欧亚高空天气图报，供制作天气预报使用。

传真通信 1982年开始使用ZSQ-1A型普通纸滚筒式传真机，主要接收成都区域气象中心广播的传真图、数值预报产品、降水实况、雷达回波、卫星云图等。夏季每日接收传真图14～18张，冬季每日接收传真图8～10张。1997年12月建成X.28通信网络，上行天气报通过X.28与重庆市气象台联网，2000年，PC-VSAT单收站建成，气象信息资料直接从单收站配备的微机上调用，传真机停止使用。

辅助通信 1984年4月起，用单边带无线电台，向万州地区气象局传递气象大气报文。1993年6月10日开始用单边带无线电台向万州地区气象局发送小天气图报和雨量报。

计算机网络 1997年12月用X.28与重庆市气象台联通，辅助气象通信网停止使用。2003年底，完成对原通信网络改造，建立了以2兆帧中继通信方式为主，PSTN拨号(电话拨号)方式为辅的区县局与重庆市气象局间的通讯网络，2005年6月开始建设依托帧中继通讯方式的可视天气预报会商系统，9月正式开通可视天气预报会商系统。其后，帧中继改用SDH替换。2004年接入忠县政府党政信息网。

③天气预报

主要业务：短期天气预报、中期天气预报和短期气候预测。

忠县气象站从1959年1月建站开始就正式发布天气预报。当时靠收听成都中心气象台大范围天气形势和预报以及万县气象台预报，结合本站压、温、湿、风等气象要素的演变和天物象变化，进行综合分析，作出补充天气预报。1962年，进行了省地县气象台站相结合的“四川中期降水预报方法”改革，总结出了“认识气候规律、研究形势转换、制作档案卡片、套用相似过程、运用点聚指标、综合分析判断”制作预报的工作方法，县气象站从预报实践中建立了一些预报工具，经过归纳总结，建立了一套适用于本地的简易天气图、单站要素时间剖面图、点聚图、曲线图、指标群，天气预报模式等工具和相应的一套分析、预报方法，与此同时，实行了预报专班制，并建立了相应的预报值班工作程序和交接班，天气会商、预报质量评分等制度，至此，天气预报工作从补充订正预报发展到在上级台大中形势预报指导下，独立进行本地天气预报的新阶段，预报业务能力达到了一个新水平。20世纪70年代，引进数理统计方法。运用回归分析、判断分析、周期分析、平稳时间系列分析和马尔柯夫链等统计分析方法制作长中短期天气预报，应用阴阳历叠加法，对历年逐日降水进行阴阳历叠加，寻找奇异点和拐点，制作降水过程预报。天气预报在客观化、定量化方面向前迈进了一步，提高了预报的准确率。20世纪70年代后期到80年代初，在上级业务部门的指导下，进行了天气预报“四项”基本建设，即“基本资料”、“基本图表”、“基本方法”和“基本档案”，合称为“四项”基本建设。继续建立天气预报模式、指标、工具等，20世纪80年中期，使用传真机接收数值统计预报天气图，制作预报的方法向以数值预报产品为基础的新方向发展。1982年配备PC-1500微型计算机，并投入业务使用，对提高天气预报的准确率起到了积极作用。2002年引进MICAPS1.0系统，建成天气预报业务服务平台，2003年MICAPS2.0系统开始试运行，2004年1月MICAPS2.0系统正式投入使用。2005年9月天气预报可视会商系统投入使用。天气预报业务服务平台和可视会商系统的建成，大大增加了上级预报产品信息量，预报准确率进一步提高。

④农业气象

1960—1961年间开展油菜分期播种的农业气象条件实验研究工作。1963年开始进行农业物候观测，1964年2月忠县站被四川省气象局确定为全省农业气象基本观测站，并进行玉米、油菜观测，1964年10月被中央气象局确定为全国农业气象基本观测站，一直持续到1966年"文化大革命"开始，到1966年底农气观测中断。2004年在忠州、花桥、曹家、石宝、丰收等地布设了5个土壤墒情监测点，每年3—10月开展土壤墒情监测并向重庆市气象局发报。

⑤地震观测工作

1976年5月—1978年间，忠县地震办公室设在忠县气象局，并开展地震观测工作，主要是观测动物(猪)的活动情况。

2. 气象服务

①公众气象服务

服务产品 20世纪60年代气象服务产品仅有24小时短期天气预报和旬天气预报；20世纪70—80年代开始发布中长期天气预报；20世纪90年代后逐步发展到重要气象服务快报、专题气象服务、农业气象与生态环境服务快报、应急气象服务专报、灾害性天气预警信号、雨量实况报告、气象信息、气象信息周报、电视天气预报等；2005年开始开展森林火险等级预报和泥石流滑坡气象条件等级预报；2008年针对三峡水库175米水位试验性蓄水开展了三峡水库175米水位试验性蓄水专题气象服务。

服务方式 忠县的天气预报最早是通过电话将预报传给县广播站，再通过广播向外发布，重要天气也通过书面材料向政府、有关部门发布。1995年开通"121"天气预报自动答询电话。2002年，重庆市气象局整合资源，全市统一开展"12121"、"96121"气象声讯服务，并开通手机短信服务。2002年开始忠县天气预报在重庆卫视《天气预报》栏目播出，2003年推出忠县电视天气预报栏目，由气象局制作天气节目后，交县电视台播出。2006年忠县建立农村信息服务平台，免费向39718名农村手机用户发送天气预报。2008年2月建成气象预警信息发布平台，县委县政府领导、各部门、乡镇负责人共236人纳入手机短信发布对象，8月在全县393个行政乡镇、村及社区建立393人的气象信息员队伍，并向他们发送气象预警信息，到2008年底气象预警信息发布平台服务对象达629人。2008年建成10块气象电子显示屏。

②决策气象服务

1994年严重干旱的气象服务。1993年12月，忠县气象局在给县委、县政府的服务材料中指出："1994年盛夏气温明显偏高，雨水明显偏少，7月中旬开始有40～50天的大旱天气，极端最高气温可达到40.5℃，应适时早播，但7月上旬有两次较大的降水过程，应在全县推行100%的盖膜育秧，避免烂秧。"县委、县政府高度重视，采取了"以早治旱"、"以水治旱"的措施，避免直接经济损失1亿元。实况证明：1994年伏旱从7月11日至8月25日，历时46天，极端最高气温达41.2℃。此次预报服务受到了中央气象局、四川省气象局、忠县政府的高度评价，1994年11月忠县局获得全省伏旱系列服务奖，1995年1月预报员雷大振被中央气象局授予1994年度汛期气象服务先进个人、同年2月县政府授予预报股先进集体荣誉称号。

2006年重庆遭受百年一遇大旱，忠县28个乡镇全部受灾，旱灾给全县工农业生产造成严重损失，给人民群众生活带来严重困难。7月25日到9月6日，总降雨为54.2毫米，伏旱44天，日最高气温大于或等于40℃有9天，日最高极端气温达42.7℃，创历史新高。

在年度和盛夏服务中忠县气象局就明确提出有40天左右的伏旱天气，随着旱情的不断发展，及时组织讨论、会商，发布各种气象信息78期，电话咨询上千次，并为县委县府指挥抗旱救灾工作提供了准确及时的决策依据。充分发挥了人工增雨的作用，不失时机的抓住有利天气形势，适时进行了人工增雨作业，对缓解旱情起到了积极有效的作用。局长向友全被重庆市委、市政府评为重庆市抗旱救灾工作先进个人。

③主要专业与专项气象服务

防雷技术服务 1998年起，建立防雷安全定期检测制度，每年与安监、公安、消防、教委等相关单位联合发文，对区内易燃易爆场所、高层建筑、人员密集场所等开展防雷装置安全性能监测。2001年起，开展防雷装置图纸审核、施工监督、竣工验收等技术服务。

人工影响天气服务 1998年5月成立忠县人工增雨防雹指挥部，下设办公室于气象局。1998年5月购入“三七”高炮2门，在巴营、拔山建有2个固定作业点，2003年8月购入内蒙556厂的RYI-6300型和江西9394厂的BL-1型人工增雨防雹火箭发射装置各一套，进行人工增雨消雹流动作业。2008年建成巴营人影作业标准化固定炮站。

专业专项气象服务 忠县首届中国柑橘文化节于2008年4月25—27日在忠县召开，为搞好气象服务工作，忠县气象局3月初成立了专题气象服务领导小组。在柑橘节前，制作《2008年忠县柑橘开花期预测》，明确提出“今年柑橘现蕾开花期属正常略偏迟，开花初期为4月18日—4月22日，开花盛期为4月23日—5月3日”的预报，与实际基本吻合。在柑橘节期间，每天以《专题气象服务专报》的形式及时向县委、政府、柑橘节组委会及相关部门通过传真、电话、手机短信的方式提供详细的天气气象信息，共制作《专题气象服务专报》7期，发送手机短信2400余人次。由于服务积极主动，为忠县首届柑橘节的筹备工作及各项活动提供了科学依据，起到了很好的参谋作用，确保了柑橘节获得圆满成功，受到县领导和有关部门的好评。

开展气候考察工作。1993年6月22日—1994年1月在川东水泥厂石板水石灰岩区（石子乡）建立3个地面气象要素观测点，进行川东水泥厂矿山气候考察并开展气象服务工作，于1994年1月完成《川东水泥厂石板水石灰矿区气候考察报告》。

在移民搬迁、忠垫高速公路建设及本县重大工程建设中根据需要通过专门专项气象服务及气象保障工作。

④科技成果

1983年6月编著《忠县气候资源调查和区划报告》。1983年7月编著《忠县气候志》，对忠县气候要素的时空分布特征和规律及其主要农作物的气候分析进行了系统的论述。

⑤气象科普宣传

每年的3月23日，围绕世界气象日公布的主题，开展纪念活动。每年都参加县科委、科协组织的多部门联合科技宣传周活动。在县城广场宣传主要以气象科普知识、气象防灾减灾、气象现代化、防御雷电灾害为主，在科技下乡中结合不同地带（区域）农事季节（如播种期）相近，（赶）集日轮替相连的乡镇，集中一周时间向各乡镇开展科技宣传，主要向农民直接解答有关问题和咨询，当年短期气候预测情况，农事活动应注意防避的主要气象灾害，调整种植结构中要遵循气候规律，充分利用当地小气候资源等。发放中长期天气预报资料、气象科普资料、防雷知识，以及按天气预测提出农业生产技术措施建议、气象法规等资料。

社会管理

2007年忠县人民政府印发了《忠县人民政府关于加快气象事业发展的决定》(忠府发〔2007〕42号)。

雷电灾害防御工作管理 1998年5月成立忠县人民政府防雷减灾办公室。负责本区域内的防雷减灾工作。2005年5月,忠县气象局派专人进驻忠县行政服务大厅,办理防雷行政审批、氢气球施放许可等相关事宜。2002年5月起,气象局列为忠县安委会成员单位,负责全县防雷安全管理和氢气球施放安全管理。

人工影响天气工作管理 1998年5月成立人工降雨防雹办公室,实行政府统一领导、气象部门具体负责、有关部门协调配合,现有"三七"高炮2门,RYI-6300型、BL-1型人工增雨防雹火箭发射装置各1套。

民用氢气球灌充施放安全管理。1998年起,成立了忠县民用氢气球灌充施放安全技术管理办公室,依据《通用航空飞行管制条例》和《重庆市施放气球管理办法》,承担本辖区内氢气球安全灌装施放管理。

依法保护观测场环境 2007年起,每年将观测场环境保护相关材料在规划局、国土局、建委、法制办进行备案,将观测场环境保护纳入城市建设规划。

党建与气象文化建设

党建工作 1974年3月,组建中国共产党忠县气象站党支部。1978年5月,更名为中国共产党忠县气象局党支部。1991年成立中国共产党忠县气象局支部委员会。先后有彭兴茂、曹普、黎克清、刘伯隆、刘定华、向友全担任党支部书记。现有中共党员8人。加强党风廉政建设,认真执行党风廉政责任制,签订党风廉政责任书,开展主题性教育活动和警示教育,开展廉政文化活动,进行局务公开,提高廉政意识。

精神文明建设 1984年,被命名为忠县"文明单位"。2001年被命名为忠县"最佳文明单位"。

集体荣誉

荣誉称号	授予时间	荣誉授予单位
先进集体	1979.02	忠县县委 忠县革命委员会
学大寨、学大庆先进集体	1978.12	四川省气象局

个人荣誉

姓名	荣誉称号	授予时间	荣誉授予单位
程诗贵	先进工作者	1978.03	万州地区气象局
彭德荣	先进工作者	1989.03	忠县人民政府
雷大振、彭德荣	先进工作者	1995.02	忠县人民政府

台站建设

1959年始建时有土地813.4平方米，建观测场320平方米，建房172.1平方米。1960年12月划拨土地746.7平方米。1975年建砖木结构平房350平方米。1980年建平房120平方米。1994年12月政府收回土地1346.5平方米，在忠州镇北门村二社征地171平方米。1995年进行观测场搬迁，新征地1516.75平方米。1996年拆除部分房屋，修建业务综合楼870.65平方米。2006年在忠县忠州镇香山新征地面观测场用地2513.34平方米，2008年建测报值班用房172.77平方米。

截至2008年底，忠县气象局占地面积5055.11平方米，现有业务办公用房429.45平方米，业务值班室172.77平方米，其他辅助用房533.25平方米。

20世纪90年代业务用房

现用业务综合楼

开县气象局

开县位于重庆市东北部，介于东经107°55′48″～108°54′与北纬30°49′30″～31°41′30″之间，处于四川盆地东部温和高温区内，具有亚热带季风气候的一般特点，气候季节变化明显。年平均气温为18.3℃，无霜期平均为308天，日照时数为1354.5小时。

机构历史沿革

历史沿革 开县气象局始建于1956年10月31日，位于开县丰乐镇水东村。由于三峡工程建设，2000年开县气象局整体搬迁，并于同年12月31日20时（北京时）正式开展地面观测记录工作，新站地址位于新城双合街白鹤包山顶，东经108°25′，北纬31°12′，观测场拔海高度167.5米。

初建时名称为四川省开县气候站；1958年10月1日更名为开县气候站；1960年3月更名为开县气候服务站；1964年12月更名为四川省开县气候服务站；1965年12月更名为四川省开县气候站；1968年10月更名为四川省万县专区气象台革命委员会开县站；1971年9月更名为四川省开县气象站；1978年12月更名为四川省开县气象局；1997年重庆直辖后，更名为开县气象局。

管理体制 1956年10月—1963年，属开县人民委员会农水科和四川省气象局双重领导；1970年—1973年10月，管理为军地双重领导。1980年气象部门进行管理体制改革，实行上级部门与地方政府双重领导，以气象部门为主的管理体制，开县气象局隶属四川省气象局建制，由四川省气象局与开县人民政府双重领导，以四川省气象局管理为主；1998年5月26日，由重庆市气象局直接管理。

机构设置 1956—1978年，开县站只有业务组，1979年始，设置观测组、预报组、农气组。2006年气象业务体制改革，设置办公室、业务科、科技服务科。

1997年成立开县人工降雨指挥部，指挥部下设办公室；1998年成立开县防雷安全委员会。办公地点均在开县气象局。

人员状况 1956年开县气象站有职工2人，1980年有职工26人，2008年底，开县气象局有职工22人，大专以上学历8人。

单位名称及主要负责人变更情况

单位名称	负责人	任职时间
四川省开县气候站	张泽义	1956.10—1958.09
开县气候站		1958.10—1960.02
开县气候服务站		1960.03—1962.07
	常作梅	1962.08—1964.12
四川省开县气候服务站		1964.12—1965.12
四川省开县气候站		1965.12—1968.10
四川省万县专区气象台革命委员会开县站		1968.10—1971.09
四川省开县气象站		1971.09—1975.02
	张德富	1975.02—1978.12
四川省开县气象局		1978.12—1980.03
	江学文	1980.03—1983.10
	张成学	1983.10—1989.04
	易新民	1989.04—1991.01
	鄢丰明	1991.01—1997.12
开县气象局		1998.01—2001.05
	伍亚光、白青松	2001.05—2003.04
	白青松	2003.05—2007.01
	张学文	2007.01—

气象业务与服务

主要业务：地面气象观测（国家一般站）、农业气象观测（国家二级站）、天气预报，人工影响天气。

主要服务和科技服务：专业专项天气预报服务，气象资料、农业气象服务，防雷设施管理及安全检测。

1. 气象业务

①气象观测

1956年11月1日正式开始观测，观测场为东西向25米，南北向25米的正方形场地。

观测项目分器测和目测。器测项目有气压、气温、湿度、风向风速、降水量、蒸发量、日照、地温等要素。目测项目有云状、云量、云高、能见度、天气现象等要素。

观测时次(时制) 1956年11月1日起为每日01、07、13、19时（地方平均太阳时）4次定时观测。1962年起改为北京时08、14、20时3次定时观测。1970年改为4次定时观测（增加02时），1974年恢复3次观测。2000年7月10日—2001年1月30日迁站对比观测，2001年建成自动气象观测站，2001年12月31日20时（北京时）起开始为期2年的人工和自动站并行观测，2003年12月31日20时（北京时）自动站正式单轨运行。2004年1月1日起开始使用2003版《地面气象观测规范》。2004年10月增加酸雨观测业务。2003年首先建设完成临江镇区域气象观测站（两要素），截至2008年全县建成了38个区域气象观测站。

观测方式 1956年7月—2001年12月为人工观测。2002年1月—2003年12月为人工观测和自动观测并行观测期,2004年1月起为自动观测。云、能见度、天气现象等气象要素一直为人工观测。

②气象信息网络

1981年以前气象信息来源主要是收听成都中心气象台广播,1981年配备ZSQ-1A型天气图传真机。1990年,开通甚高频电话。1997年,实现与重庆市气象局微机联网,建成远程数据传输终端,1999年建成PC-VSAT气象卫星单收站、2002年建成帧中继网接入重庆市气象局办公自动化系统,2005年接入开县政府党政信息网。

③天气预报

主要业务 短时天气预报、短期天气预报、中期天气预报和短期气候预测。

预报内容 短期预报有天空状况、有无降水、风向风速、最高温度、最低温度等;中期天气预报中期预报以旬预报为主,预报内容包括天气趋势、天气过程、旬平均气温、旬降雨量等;短期气候预测(1999年前称长期天气预报)是月、季、年的气温、降水趋势,春秋季低温,春夏旱涝及春夏中的适播连晴等预报。

开县站从1958年正式发布天气预报。试作订正、补充天气预报,在20世纪50—60年代中期,以省、地气象台站的预报为依据,综合本站的压、温、湿、风等要素和天物象进行综合分析。发展到用简易天气图、点聚图表、气象要素曲线分析,20世纪70年代,引进数理统计预报方法,进行天气预报业务"四项基本建设",建立天气预报模式、指标等,20世纪80年代传真接收数值统计预报天气图,用概率法、周期法、气压气温曲线峰谷法、月象法、同期叠加法等进行长期天气预报。1999年建成PC-VSAT卫星接收站,直接接收气象信息资料,传真机停止使用。2002年引进MICAPS系统,建成天气预报业务服务平台,2005年天气预报可视会商系统投入使用。

④农业气象

开县气象局属国家农业气象一般站,主要业务范围:农气观测、拍发旬(月)报、农气试验、农业气象技术推广、农气情报预报等。

现有观测项目 水稻、小麦、柑橘生育期观测,麻柳、柑橘、甜橙、红橘等物候观测,土壤墒情监测。

业务变化 开县站从1957年5月31日开始进行目测土壤湿度和简易土壤湿度观测;农作物品种为水稻、小麦、油菜、红薯等,1964年根据四川省气象局通知,于1964年10月终止。1980年,农业气象工作重新恢复,开展了8个品种的生长发育期观测和物候观测。2004年7月1日起在开县丰乐、厚坝、长沙、临江、郭家布设了土壤墒情监测点,每年3—10月开展土壤墒情监测并向重庆市局发报。

2. 气象服务

①公众气象服务

服务方式 20世纪90年代前,主要是广播和书面送达形式。1998年推出开县电视天气预报节目(气象局提供天气预报,电视台制作节目),2001年开通"121"电话天气预报自动答询电话。2002年,重庆市气象局整合资源,全市统一开展"12121"、"96121"气象声讯服务，开通手机短信服务。2005 年建成防灾减灾短信警报台。2007 年在《开州时报》、开县门户网站设立天气预报专栏。2008 年建成 20 块气象电子显示屏。

服务产品 公众服务产品有：重要气象快报、重灾害性天气预警信号、雨量实况报告、灾情调查与评估、生活指数、森林火险天气预报、煤矿安全气象、滑坡等级预报等 10 多种。

②决策气象服务

决策服务产品有：长期天气预测，中、短期天气预测，灾害性天气预报，重大活动和事件的保障服务等。

1958 年以后，坚持“以农业服务为重点”，为领导指挥农业生产提供气象情况和预报，提出农业生产建议。

为领导指挥防灾减灾提供气象保障服务：2003 年 12 月 23 日 22 时，开县高桥镇发生特大井喷事故，造成重大人员伤亡和财产损失。事故发生后，开县气象局与重庆市气象局组成气象保障服务工作组，先后到现场进行了 5 次小球测风，发布“开县井喷现场气象保障服务”20 期，为实施压井、组织灾民疏散、救助受伤群众、安排灾民返乡提供了有力保障，取得良好社会经济效益，荣获县委、县府颁发的“12・23”井喷特大事故抢险救灾工作先进单位；2004 年 9 月 4 日至 6 日，开县 3 天降水总量达到 377.9 毫米，创造了开县有史以来的新记录。对于此次暴雨天气过程，开县气象局 9 月 4 日 07 时发布暴雨天气消息，21 时 30 分，明确提出这次降雨过程降雨量将超过 100 毫米。暴雨天气预报发布后，及时向县委、县政府、有关部门提供预报、及时通报雨量和未来天气情况，提出注意预防暴雨天气以及由暴雨引起的山体滑坡等，县政府、县防洪办(指挥中心)及时采取有效措施，把灾害损失减轻到了最低限度，经济效益社会效益明显。“9・5”特大暴雨预报服务工作当年受到重庆市气象局的重大气象服务表彰。

2007 年 5 月 23 日下午 16 时 10 分许，开县义和镇兴业村小学发生重大雷击事故，开县气象局领导立即赶赴现场收集灾情，并上报重庆市气象局。在救灾气象服务中，开县局多次与重庆市防雷中心奔赴灾害现场，协助善后，实地调查，向上级主管部门上报了事故调查材料。每天通过各种方式向县政府汇报 24 小时和 48 小时天气预报和天气实况，与开县公安局联合召开了“2007 年对全县易燃易爆场所进行防雷安全检测”的会议并发文，向全县相关单位和部门下达通知。通过开县党政信息网向县属各部门、各乡镇发送了防雷安全基本知识。制作 5000 册防雷宣传小手册发放到各中小学，在开县电视台连续数天播放宣传防雷知识的专题片。开展了兴业村新校址防雷评估工作；参加了由教委等部门牵头的安全检查小组，历时一个月，到全县各中小学进行拉网式的安全大检查。

对于此次雷雨天气过程，开县气象局分别于 5 月 18 日和 5 月 21 日发布重大天气服务快报，指出 22 日至 24 日本县将出现明显雷雨天气过程，提请各地作好蓄水工作和注意防范雷电灾害

当地重大社会经济活动提供气象服务：2003 年 12 月，开县举办“首届锦橙文化节”，为保证在县露天体育场举行的上万人大型文艺晚会成功举办，开县气象局全力以赴，精心制作。10 月 14 日向组委会发布了第一期专题气象服务，组委会参考预报后，确定在 12 月 5 日举行“锦橙文化节”开幕式。11 月 30 日，局领导召集预报人员进行天气会商向组委会发布了第二期专题气象服务。随着晚会的临近，局领导与业务人员加强应急值守，数次向组

委会发布预报服务材料。于5日16时向组委会汇报天气：晚会演出不会受到大的影响，演出正常进行。而预报与实况基本吻合，特别是对5日晚会演出这段时间的天气预报非常准，确保了大型文艺晚会的顺利进行。准确的预报给“开县首届锦橙文化节”活动的开展提供了优质的气象保障服务。

从2002年起，开县气象局为开县鲤鱼塘水库新城区供水工程提供48小时天气预报和灾害性天气预报。

③主要专业与专项服务

防雷技术服务 1994年起，建立防雷安全定期检测制度，每年与安监、公安、消防、教委等相关单位联合发文，对区内易燃易爆场所、高层建筑、人员密集场所特别是各中小学校开展防雷装置安全性能监测。1998年开展防雷装置图纸审核、施工监督、竣工验收等技术服务。

人工影响天气服务 1978—1979年，开县首次开展人工增雨作业。20世纪90年代先后购置高炮5门，开展高炮消雹增雨作业。2004年购置火箭2架，开展火箭与高炮结合的人工增雨消雹作业，2008年建成岳溪、中和、河堰、大德、九龙山人影作业固定炮站。

④科技成果

农气试验及成果 1982年“高温伏旱对杂交水稻扬花结实影响”分期播种试验，获省、地气象局试验优质奖；1986年与四川省气象局科研所合作完成的杂交水稻田间小气候试验项目，获四川省科学技术进步奖。

农业气候区划 1983年完成《开县农业气候区划》，获四川省气象局优质区划二等奖。

社会管理

2007年开县人民政府下发了《关于加快气象事业发展的决定》(开府发〔2007〕188号)；2007年开县人民政府办公室印发了《关于规范氢气球施放工作的通知》(开县府办〔2007〕243号)、《关于加强安全气象预警预报信息工作的通知》(开县府办〔2007〕194号)和《关于切实做好防雷减灾工作的通知》(开府办发〔2007〕106号)；2008年开县人民政府印发《开县气象灾害应急处置预案》(开县府办发〔2008〕159号)。

雷电灾害防御和氢气球施放管理 1998年开县人民政府成立防雷安全委员会，由开县气象局归口管理本市区域内的防雷减灾工作。2003年7月1日，防雷行政审批正式进入开县行政服务中心，气象局派专人进驻窗口，办理防雷行政审批、氢气球施放许可等相关事宜。2003年起，气象局成为开县安委会成员单位，负责全县防雷安全管理。

人工影响天气工作管理 开县人影工作历来实行政府统一领导、气象部门具体负责、有关部门协调配合。1997年开县人民政府成立人工降雨指挥部，指挥部下设办公室，办公地点在县气象局，具体负责人降工作的组织实施和人工影响天气日常工作。

依法保护观测场环境 2007年起，与县建委、规划局、市政局和国土局下发了关于探测环境备案的函，将《中华人民共和国气象法》和《气象探测环境和设施保护办法》以及地方性法规规定的气象探测环境和设施的保护范围和标准报当地建设规划部门备案；建立了探测环境变化月报告制度。

党建与气象文化建设

①党建工作

1975年初，开县气象站党支部成立，党支部书记由张德富担任；1980年4月，江学文调开县气象站任党支部书记；1984年3月廖克丰任党支部书记，全局党员8人；1990—2002年鄢丰明任党支部书记，全局党员10人；2003—2006年白青松任党支部书记，全局党员10人；2007—2008年底由张学文任党支部书记，全局党员11人，其中在职党员4人，退休党员7人。

1999年，鄢丰明被万州移民开发区评为优秀共产党员；2002年、2007年，廖克丰、张学文分别被开县县直机关评为优秀共产党员；2008年，刘明风被开县县委评为优秀共产党员。

②气象文化建设

开县气象局始终坚持"两手抓，两手硬"的方针，根据气象部门的特点，按照"主题不变，方法常新，坚持不懈"的原则，进行社会主义精神文明建设，取得良好成效。1990年开始创建，1991年和1992年均获得汉丰镇精神文明单位，1993—2007年每年均保持县级精神文明单位称号。2008年被命名为重庆市"文明单位"。活动中成立了领导小组；制定了明确的创建市级文明单位规划；建立了有效的运行机制；开展创五好家庭、文明科室和丰富多彩的文体活动；深入基层与特殊、特困家庭结对帮扶；与三通村党支部开展"结对共建"试点工作；捐助贫困学生完成学业；参与了千万市民文明行动，投资数万元修建了阅览室、乒乓球活动室。

③帮扶济困和支持新农村建设

积极响应开县县委、政府号召，由单位筹资、职工捐献钱物开展帮乡扶贫工作。近几年，开县气象局移民帮扶、济困、救灾、支持新农村建设总额达5万多元。

④荣誉与人物

集体荣誉

时间	获奖项目	颁奖部门
1986年	四川省科学技术进步奖	四川省人民政府
1989年	"7·8—11"、"7·16"大暴雨服务奖	四川省气象局
1996年	伏旱系列预报效益显著奖	四川省气象局
1998年	春播气象服务效益显著奖	重庆市气象局
2001年	汛期气象服务显著奖(暴雨预报)	重庆市气象局
2004年	"12·23"井喷现场气象服务专题专项气象服务奖	重庆市气象局
2004年	"12·23"井喷特大事故抢险救灾一帮一先进单位	开县县委县政府
2004年	锦橙文化节工作先进单位	开县县委县政府
2006年	"3·25"井漏抢险救灾工作先进集体	开县县委县政府
2006年	开县百年一遇干旱抗旱先进集体	开县县委县政府
2007年	2006年重大气象服务先进集体	重庆市气象局
2008年	重庆市级文明单位	重庆市文明委

个人荣誉

姓名	时间	获奖项目	颁奖部门
张成学	1984年	四川省劳动模范	四川省人民政府
冉懋英	1992年	“巾帼建功”先进个人	万县地区妇联

人物简介 张成学同志坚持立足农业气象，组织职工积极开展农业气候资源调查和农业气象试验，为农业产业结构调整和水稻引种、制种、推广、发展提供气象依据，及时做好各种天气预报并提出农业技术措施建议，为领导组织防灾减灾决策参考，促进增产起了重要作用。1984被授予四川省劳动模范称号。

台站建设

1956年始建开县气候站时，在开县丰乐乡迎仙村征地2574平方米，观测场占地625平方米，建房屋80平方米。到搬迁时旧站有宿舍105.0平方米，办公1510.34平方米，住宅1806.5平方米。

由于三峡工程建设，原址被淹没。2000年开县气象局整体搬迁至新城中吉片区双合街，征地4803.6平方米，建观测场625平方米，修建观测值班室253平方米，修建业务办公用房、职工住宅6800平方米，其中业务办公用房298平方米。2007年新建办公综合楼1521平方米，占地400平方米。

截至2008年底，开县气象局占地4803.6平方米，业务办公用房1521平方米，观测值班室253平方米，辅助用房298平方米。

开县气象局原办公楼

开县气象局新办公楼外景

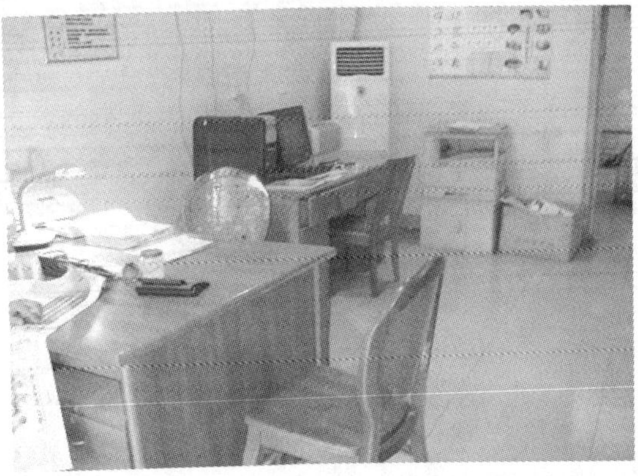

开县气象局原办公室

开县气象局新办公室

开县气象局原生活区

开县气象局新的生活区

开县气象局新的会议大厅

开县气象局新预报平台

云阳县气象局

云阳古为巴国之一部，秦灭巴国置巴郡，在朐忍夷人之地建县名“朐忍”，是为建县之始，其后改称云安县、云安监、云安军，至元二十年（公元1283年）军改为州，名“云阳州”，洪武6年（公元1373年）降云阳州为县，始为云阳县。

机构历史沿革

历史沿革 重庆市云阳县气象局始建于1956年3月，现气象观测站地址为云阳县双江镇天宫村三组，东经108°41′，北纬31°57′，海拔高度297.2米；行政办公地址为云阳县双江镇望江大道954号。建站以来搬迁3次。1956年始建时在云安镇江家菜园，东经108°49′，北纬31°03′，海拔高度217米；1958年10月8日，迁至南溪镇鱼塘坝，东经108°50′，北纬31°08′，海拔高度147米；1974年1月1日，迁往云阳镇较场坝24号，东经108°53′，北纬30°38′，海拔高度205.5米；2002年1月28日迁至现址。

初建时称四川省云安气候站，经四川省盐务局批准建立，1956年10月开始建站，12月28日建成，1957年1月1日开始正式气象观测，每日四次观测，为专业性气候站；1958年10月8日更名为云阳县南溪气候站；1960年3月更名为云阳县气象服务站；1964年12月1日更名为四川省云阳县气候站；1966年1月7日更名为四川省云阳县气象站；1975年5月1日升格为云阳县气象局；1983年6月改称云阳县气象站；1990年8月起，恢复为云阳县气象局。

管理体制 1956年始建时，经费、人员、仪器等隶属于四川省气象局，行政管理、场地建设等属于盐务局。1957年起，经费由云阳县在预算内管理；1957年10月10日，隶属于云阳县人民委员会建制；1958年10月业务归四川省气象局管理，行政改属云阳县政府农业科；1964年5月业务、行政、经费等划归四川省气象局管理；1964年12月受万县专区气象台站领导；1971年9月，隶属改为云阳县革命委员会和云阳县人民武装部双重领导，以武装部管理为主；1973年7月军管结束，改属县革命委员会领导；1980年气象部门进行管理体制改革，实行上级部门与地方政府双重领导，以气象部门为主的管理体制；1981年1月1日，云阳县气象局变隶属政府领导为县政府、万县专区气象局双重领导，以专区气象局领导为主，政府只管理党团组织、政治思想等。1997年重庆直辖后，云阳县气象局接受重庆市万州移民开发区气象局的代管，2000 年 9 月起，云阳县气象局由重庆市气象局直接管理。

机构设置 1956—1975 年 4 月，只有业务组。1975 年 5 月开始，设置行政股、预报股、观测股。2001 年 10 月气象业务体制改革中，设置办公室(法制科)、气象业务科、科技服务科。

1991 年，成立云阳县人工降雨防雹指挥部办公室，后改为"重庆市云阳县人工影响天气指挥部办公室"。1999 年 9 月成立云阳县防雷安全委员会办公室。2007 年 8 月设立重庆市云阳县防雷中心(属地方机构)。

人员状况 建站初期职工 2 人，1966 年增加到 4 人，1973 年底发展到 6 人，1980 年底增加到 12 人。2008 年定编 10 人，实有在职职工 10 人。2008 年末，平均年龄 34 岁，本科 6 人，大专 3 人，中专 1 人，副研级高工 1 人，工程师 4 人，初级职称 5 人。

单位名称及主要负责人变更情况

<table>
<tr><th>单位名称</th><th>负责人</th><th>任职时间</th></tr>
<tr><td>四川省云安气候站</td><td rowspan="5">戴明高</td><td>1956.03—1958.09</td></tr>
<tr><td>云阳县南溪气候站</td><td>1958.10—1960.02</td></tr>
<tr><td>云阳县气象服务站</td><td>1960.03—1964.11</td></tr>
<tr><td>四川省云阳县气候站</td><td>1964.12—1965.12</td></tr>
<tr><td>四川省云阳县气象站</td><td>1966.01—1966.06</td></tr>
<tr><td rowspan="3">四川省云阳县气象站</td><td>程文江、聂寅祥</td><td>1966.06—1971.08</td></tr>
<tr><td>马登寿、唐安林(军代表)</td><td>1971.08—1973.07</td></tr>
<tr><td>戴明高</td><td>1973.07—1975.04</td></tr>
<tr><td>云阳县气象局</td><td rowspan="2">谭高树</td><td>1975.05—1983.05</td></tr>
<tr><td rowspan="2">云阳县气象站</td><td>1983.06—1983.10</td></tr>
<tr><td rowspan="2">王成学</td><td>1983.10—1990.07</td></tr>
<tr><td rowspan="4">云阳县气象局</td><td>1990.08—1991.02</td></tr>
<tr><td>向以宏</td><td>1991.02—1994.08</td></tr>
<tr><td>王成学</td><td>1994.08—2006.02</td></tr>
<tr><td>兰治东</td><td>2006.02—</td></tr>
</table>

气象业务与服务

主要业务：地面气象观测(国家一般站)、天气预报、人工影响天气。

主要服务和科技服务：专业专项天气预报服务，气象资料、农业气象服务，防雷设施管理及安全检测，空飘气球广告。

1. 气象业务

①地面观测

观测时次和项目 云阳县气象局为国家一般气象站，白天(08—20 时)守班，每天 3 次定时观测。观测项目有：云、能见度、天气现象、气压、气温、湿度、风向风速、降水、日照、蒸发(小型)、地温(0～20 厘米)等。

业务变化 1957 年 1 月 1 日起开始观测记录，每日真太阳时 01、07、13、19 时 4 次定时观测,向四川省气象局上报气象记录月报表,向万县地区气象台报送月简表。1958 年 12 月 31 日 19 时—1962 年 4 月 14 日,向三峡电站提供气象资料,项目有蒸发量、2 米处风速、水温、空气温湿度。1959 年 6 月起,开始向万县地区气象台报送气象月报表,向四川省气象局、万县地区气象台拍发气候月报。1964 年 4 月 1 日 08 时起,开始作气压记录。1974 年 1 月 1 日,正式在云阳镇较场坝开展观测至 2001 年 12 月 31 日。

1957—1960 年 7 月 31 日,用地方平均太阳时每日观测 4 次:01、07、13、19 时,白天守班。1960 年 8 月 1 日起改为北京时 08、14、20 时 3 次观测,白天守班。2004 年 1 月 1 日自动气象站单轨运行后,除云能天目测项目进行 3 次(08、14、20 时)观测外,器测项目只在 20 时进行 1 次人工对比观测。用自动站器测记录分别分 4 次、24 次平均(目测项目 3 次进行合计平均)制作地面气象记录月报表。

1959 年 6 月 20 日起,开始每天 08、14 时 2 次拍发天气报。1960 年 1 月 1 日起,每天 08、14、20 时 3 次拍发天气报。1960 年 6 月 5 日起,雨量报由 08 时拍发改为 05 时拍发。1961 年 5 月 1 日起,雨量报由 05 时改为 06 时拍发。1962 年 4 月 15 日 20 时起,每日 08、14 时拍发 2 次天气报。1965 年 4 月 1 日 20 时起,每日定时拍报 3 次(08、14、20 时),当年 10 月 1 日起,取消 20 时拍报。1966 年 3 月 1 日起,每日定时拍报 3 次:08、14、20 时。1966 年 4 月 1 日 20 时起,每日 1 次定时拍报:14 时。1967 年 5 月 1 日起,雨量报由 06 时改为 08 时。2004 年 1 月 1 日自动气象站单轨运行后,每日 3 次(08、14、20 时)向重庆市气象台拍发加密天气报,取消 08 时雨量报。1967 年 5 月 1 日—6 月 30 日,每日 03—21 时每小时向广汉军航拍发航危报。1971 年 9 月 21 日起,每日 06—18 时每小时向梁平机场拍发预约航危报。1973 年 4 月 25 日起,每日 05—18 时每小时向梁平机场拍发航危报。1974 年 3 月 15 日 05 时—5 月 31 日 18 时,每日 05—18 时每小时向重庆民航拍发预约航危报。

2001 年在现址建成自动气象观测站,2002 年起对比观测 2 年,2004 年 1 月 1 日自动站正式单轨运行。2007 年 1 月 1 日起改称重庆市云阳国家气象观测站二级站。2009 年 1 月 1 日后改称云阳国家一般气象站,观测任务不变。

区域气象观测站 2004 年开始建设,到 2008 年底已建成 25 个(四要素 4 个,两要素 21 个);长江航道能见度观测站 3 个;土壤湿度观测点 5 个(本站、岐阳、大阳、红狮、双龙)。

特种气象观测 2004 年 10 月起开始酸雨观测。2004 年,闪电定位仪投入使用,开始进行闪电定位观测。2003 年 7 月 14 日开始长江航道气象观测,主要观测气象要素为能见度、天气现象、气温、水温、风向、风速。

②气象信息网络

1981 年以前,气象信息来源主要是收听成都中心气象台广播。1982 年配备 ZSQ-1A 型天气图传真机。1992 年,开通单边带甚高频电话。1997 年,以 X.28 通信方式实现与重庆市气象局微机联网,建成远程数据传输终端。2000 年建成 PC-VSAT 卫星单收站,停止使用天气图传真机。2002 年建成帧中继网接入重庆市气象局网络,实现气象资料上传和下行。

③天气预报

主要业务:短时天气预报、短期天气预报、中期天气预报和短期气候预测。

云阳县气象局(站)从 1958 年 8 月开始制作发布天气预报。当时靠收听成都中心气象台大范围的天气形势和预报广播以及万县地区气象台天气预报加民间测天经验进行补充订正预报。20世纪60年代，逐步发展用点聚图表、气象要素曲线分析。20世纪70年代，引进数理统计预报方法，进行天气预报业务“四项基本建设”，建立天气预报模式、指标等。20世纪80年代接收传真数值统计预报天气图。2000年建成PC-VSAT卫星接收站，直接接收气象信息资料，传真机停止使用。2002年引进MICAPS系统，建成天气预报业务服务平台，2005年天气预报可视会商系统投入使用。

2. 气象服务

①公众气象服务

公众气象服务的产品主要有天气预报、重要灾害天气预警、节日天气预报等。

1999年以前，主要是广播站语音广播和书面形式上报县领导机关和有关单位。1999年底开始制作发布电视天气预报节目，传给电视台播出。2000年开通“12121”天气预报自动答询电话。2003年，重庆市气象局整合资源，全市统一开展“12121”、“96121”气象声讯服务，开通手机短信服务。2008年建成移动“掌上客”手机短信平台。2008年8月在云阳县政府门户网站设立天气预报专栏。2008年建成6块气象电子显示屏，发布未来48小时天气预报和气象预警信号。

②决策气象服务

服务产品 重要气象预报、专题气象服务、灾害性天气预警信号、短期气候预测、重大天气实况报告、森林火险气象等级预报、地质灾害气象条件等级预报、节日气象特刊、气候影响评价等10多种产品。

服务领域 1958年以后，坚持为领导指挥农业生产提供天气预报、雨情、农事建议等。20世纪70年代后期，开展了农业气候区划工作。

为领导指挥防灾减灾提供气象服务：2003年，连续降水，洪湖水库出现险情，直接威胁到2个企业和400户近3000人的生命财产安全，县委付恺副书记和谭孝才副县长问计气象局，要求准确判断天气形势，以决定是否炸坝，气象局作出了准确预报：“半月内无大雨。”大坝保住了，县委县府放心了，由此县委县府给气象局的结论是：“你们关键时刻为人民节约了千万元资金。”

2006年夏季，全县出现持续达40天的夏旱、23天高温伏旱天气，百年一遇。在年初的年预报、汛期预报中均预报2006年旱情偏重，部分地区有40天以上伏旱，针对性地提出了防旱对策建议。7月18日全县旱情分析汇报会上，气象局明确预测：目前旱情继续，23日前后有一次雷阵雨天气过程，将全力开展人工增雨作业，缓解旱情。7月22号晚上，人工增雨作业队伍成功抓住雷阵雨天气过程，开展人工增雨作业，经过全县8个炮点23日凌晨的两轮高炮增雨作业，全县普降大到暴雨，均比邻近的巫溪、奉节雨量偏多30毫米以上。在7月25日的全县抗旱救灾通报会上，气象服务工作得到了县委、县府主要领导的充分肯定：气象局预报准确及时，抓住有利时机开展人工增雨作业，增大了雨量，增加了全县蓄水，为缓解全县的严重旱情做出了巨大贡献，社会经济效益十分显著。当年云阳气象局还获得重庆市人民政府“抗旱救灾先进集体”的表彰奖励。

2007年5月10日20时—11日20时，全县普降暴雨。此次暴雨天气雨势强、范围广、来势猛，部分乡镇造成较大损失。云阳气象局10日发布了重要天气预报：“未来36小时内全县各地将有一次雷阵雨天气过程，雨量普遍中到大雨，部分地区可达暴雨，气温明显下降，雷雨时伴有6级左右阵性大风，个别山区有冰雹等强对流天气”，提请各地注意预防山体滑坡、泥石流、雷电、大风、冰雹带来的危害。由于预报准、时间早，为县领导指挥防灾减灾赢得了主动权。县政府对气象局工作的评价是：气象局预测准确，服务及时，为各级防灾减灾赢得了主动权，减少了暴雨、洪涝灾害损失。

为当地重大社会活动提供气象服务：2005年4月，国务院在云阳县举行库周绿化启动仪式。气象局作出了“有雨，建议人工消雨”的预报，服务准确，人工消雨效果好，受到在场县领导的好评。

2008年5月22日，在“抗震救灾募捐晚会”大型活动中，气象部门通过人工影响天气，使晚会顺利进行，此次气象保障服务得到了副县长赖建彬、陈孟文及其组委会的高度评价，“感谢气象局辛勤工作，你们辛苦了，县政府及组委会感谢你们！”

③专业与专项服务

防雷技术服务 1999年起，建立防雷安全定期检测制度，对县内易燃易爆场所、高层建筑、人员密集场所、新建建筑物等开展防雷装置安全性能检测。2000年开展防雷装置图纸审核、施工监审、竣工验收等技术服务。

人工影响天气服务 1965年6月，首次在原南溪区青龙公社黄高大队开展土炮土火箭人工催化增雨；1978年8月在原江口区的新里、五星开展“三七”高炮人工增雨作业。1990年4月，凤桥雷达站正式用于人工影响天气工作。1993年6月经张元铸副专员批准奖给云阳县气象局2门“三七”高炮。1992—1998年先后购置高炮8门。全县固定炮站8个（新阳、沙市、路阳、岐阳、红狮、大阳、平安、凤桥），流动炮点1个（双江）。2005年购置火箭2套，开展火箭人工增雨消雹流动作业。2007—2008年底先后建成沙市、路阳、岐阳、大阳4个人影作业固定炮站。

④气象科技服务

1986年开始开展专业气象有偿服务，到2008年底，基本形成了电视天气预报、专业气象服务、空飘气球广告和“12121”、“96121”声讯电话、手机短信、防雷检测等气象科技服务的格局。

1995年3月，开办云阳县气象局第一个经济实体——云阳县气象局印刷厂。2004年6月印刷厂出售。

1996年9月，开展了空飘气球广告服务。2000年10月，开通“12121”、“96121”声讯服务。2003年5月，电视天气预报与观众见面。2002年，手机短信气象服务开通。

⑤气象科普宣传

主要是围绕一年一度的“3·23”世界气象日、安全宣传月、科技宣传周，开展形式多样的气象科普宣传活动。宣传主要以气象科普知识、气象防灾减灾知识、气象现代化建设为主，结合不同地带、不同农事季节，向农民直接解答有关问题和咨询，发放中长期天气预报、气象日历、气象科普资料、防雷知识、气象法规资料等。

2008年9月，云阳气象科普基地在小寨子观测站正式开工建设。

⑥科技成果

农业气候区划：1983年完成《云阳县农业气候区划》。

社会管理

1999年，云阳县人民政府下发了《关于成立云阳县防雷安全工作委员会的通知》(云阳府发〔1999〕24号)；2007年云阳县人民政府下发《关于加快气象事业发展的决定》(云阳府发〔2007〕55号)文件，建立了促进气象事业发展的长效机制。

行政执法 2001年成立了法制科，每年参加县法制办定期开展的法律法规集中培训，不断提高执法队伍素质，有4人取得行政执法资格。

防雷减灾管理 1999年云阳县人民政府成立防雷安全工作委员会，下设办公室，挂靠气象局，由云阳县气象局归口管理本县域内的防雷减灾工作。2002年开始每年联合云阳县安监局、教委、公安局、商务局、应急办(救灾办)开展全县防雷安全检查。

人工影响天气管理 1991年成立云阳县人工降雨防雹指挥部，指挥部下设办公室，挂靠气象局，负责人工影响天气日常工作，实行政府统一领导、气象部门具体负责、相关部门协调配合。

行政审批 2005年气象探测环境保护审批、施放气球管理、防雷安全管理进入云阳县行政审批中心。

党建与气象文化建设

党建工作 云阳县气象局党支部，经中共云阳县委农工部批准，于1980年8月成立，成立之时有党员6人，谭高树任支部书记。其后有王成学、向友全、兰治东任书记。2008年底有党员12人(在职7人，退休5人)。

精神文明建设 1998年4月，被命名为云阳县“文明单位”。2002年3月，被命名为云阳县“最佳文明单位”。2004年4月，被命名为重庆市“文明单位”。

荣誉 1961年，云阳县气象站被四川省人民政府授予“农业先进集体”。2006年，云阳县气象局被重庆市人民政府授予“抗旱救灾工作先进集体”。

台站建设

1956年10月在云安镇江家菜园始建云阳县云安气候站，修建土木结构房屋92.59平方米，12月修建观测场，占地625平方米。1958年10月8日，云阳县云安气候站从云安江家菜园迁到南溪鱼塘坝，并更名为云阳县南溪气候站，建房100平方米。1974年1月1日，云阳县气象站正式从南溪镇迁移至云阳镇较场坝，修建房屋250平方米，并架设一条50米的专用电话线。1986年6月，修建云阳县气象站综合楼666.61平方米。

由于长江三峡水利枢纽工程建设，云阳气象局观测站2001年1月迁至云阳县双江镇天宫村3组的小寨子山梁上，占地3896.28平方米，修建观测值班室100平方米，观测场占地625平方米。2002年1月28日，云阳气象局整体迁至双江镇望江大道954号，办公楼建筑面积为2833.22平方米，职工住宅楼建筑面积为2784.36平方米，办公区总占地2184.6平方米。2002年修建雷达用房50平方米。

截至2008年底，云阳县气象局占地6080.88平方米，办公业务用房1436平方米，辅助用房1397平方米，雷达用房50平方米。

20 世纪 80 年代的云阳县气象局

云阳县气象局新观测场

云阳县气象局老办公楼

云阳县气象局新落成的办公楼

奉节县气象局

奉节县位于重庆市东部，东邻巫山县，南界湖北省恩施市，西连云阳县，北接巫溪县。地跨东经109°1′17″～109°45′58″，北纬30°29′19″～31°22′33″。奉节历史悠久，在6万年前就有先民在此劳动生息，古有鱼复、人复之称。唐贞观二十三年(公元649年)，为尊崇诸葛亮奉刘备“托孤寄命，临大节而不可夺”的品质，改人复为奉节。县境属中亚热带湿润季风气候，年均气温：海拔低于600米的地区为16.4℃；600～1000米的地区为16.4℃～13.7℃；1000～1400米的地区为13.7℃～10.8℃；高于1400米的地区，低于10.8℃。极端最高气温为39.8℃，极端最低气温为－9.2℃。无霜期年均287天，年平均降水量1132毫米，常年日照时数为1639小时。

机构历史沿革

历史沿革 奉节县气象工作开始于1927年1月，时称奉节县测候所，1933年停办。1937年2月又建立奉节县四等测候所，位于县府南侧协台坝姜家院西侧。1942年8月—1946年12月31日，升格为三等测候所。1948年停办。1952年9月1日新建中国人民解放军西南军区气象处奉节气象站，位于县府内甘夫人墓侧；1957年1月迁至位于原址西方2500米处新城乡兴家村李子园山坡；2001年12月因三峡工程建设，搬迁至永安镇三马山十里村九组荫里坪(山坡)，东经109°32′，北纬31°01′，海拔高度299.8米。

1953年3月更名为中国人民解放军四川军区奉节气象站；1955年6月更名为奉节县人民政府气象站；1990年9月1日，更名为四川省奉节气象局。1998年1月更名重庆市奉节县气象局。

管理体制 1927—1933年，属县政府建制；1942年—1946年12月，由国民政府中央气象局接管；1952年9月—1956年12月，由驻奉部队管理；1957年1月1日开始归地方政府管理；1964年5月起建制归四川省气象局，由四川省气象局委托万县专区气象台管理；1966—1978年，属奉节县人民武装部和县革命委员会双重领导；1980年9月，实行气象部门与地方政府双重领导，以气象部门领导为主的管理体制，由四川省气象局和奉节县政府领导，以四川省气象局管理为主，四川省气象局委托万县地区气象局管理；1997年12月26日，奉节县气象局由四川省气象局交重庆市气象局直辖管理，由万州移民开发区气象局代管;2000 年 8 月,改由重庆市气象局直接管理。

机构设置 2008 年 4 月,下设办公室(法制科)、气象业务科(气象影视中心)、大气探测科、防雷中心(科技服务科)、人影办、防雷办。

人员状况 截至 2008 年 12 月,奉节县气象局有在职职工 13 人。退休职工 7 人,临时工 3 人。在职职工中 36 岁以上职工 9 人,36 岁以下职工 4 人;本科 6 人,专科 6 人,高中 1 人;全部为汉族;工程师 7 人,助理工程师 3 人,工人 1 人;党员 5 人,群众 8 人。

单位名称及主要负责人变更情况

单位名称	负责人	任职时间
中国人民解放军西南军区气象处奉节气象站	郭志安	1952.09—1953.02
中国人民解放军四川军区奉节气象站	王志纲	1953.03—1954.01
奉节县人民政府气象站	王贤忠	1955.06—不详
四川省奉节气象站	张忠良	1955—1963
	崔启松	1964.12—1983.12
	罗有权	1984.01—不详
	陈多富	1985.03—1990.09
四川省奉节气象局		1990.09—1993.02
	张学文	1993.03—1997.03
重庆市奉节县气象局	李　轲	1998.01—2001.12
	余大勇	2001.12—2003.06
	马　君	2003.06—2006.03
	彭　亮	2006.03—2009.02

注:表中不详之处,经过查资料和走访老同志也确实无法确认。

气象业务与服务

1. 气象业务

气象观测 1952 年 9 月 1 日开始进行地面观测,实测次数 6 次,实测时间 06、09、12、14、18 和 21 时;1952 年 10 月 1 日开始发报,发报次数为 10 次,发报时间为 02、08、14、20、04、06、10、12、16、18 时。开始观测时项目有:气压、空气的温度和湿度、风向风力、天空状况、降水、地面状况、能见度、天气现象。开始测报采用的技术规定《气技 101——气象测报简要》。2002 年建成自动气象观测站,2002 年 12 月 31 日 20 时(北京时)起开始为期 2 年的人工和自动站并行观测,2004 年 12 月 31 日 20 时(北京时)自动站正式单轨运行。2004 年 1 月 1 日起开始使用 2003 版《地面气象观测规范》。1997 年增加酸雨观测业务。2003 年增加酸雾观测业务。2007 年改为国家气象观测站一级站,2003 年开始建立区域气象观测站,现已建成 36 个(其中 2 个为长江航道观测站)。2008 年 12 月 31 日起改称国家基本气象观测站,保持原国家气象观测站一级站业务不变。现奉节气象站实行全天 24 小时值守班,每天 8 次定时观测。观测项目有云、能见度、天气现象、气压、气温、湿度、风向风速、降水、日照、蒸发(小型)、地温(0 厘米、5 厘米、10 厘米、15 厘米、20 厘米、40 厘米、80 厘米、

160 厘米、320 厘米、地面最高、地面最低)等。

气象信息网络 1981 年以前气象信息来源主要是收听成都中心气象台广播，1981 年配备 ZSQ-1A 型大气图传真机。1990 年，开通甚高频电话。1997 年，实现与重庆市气象局微机联网，建成远程数据传输终端，1999 年建成 PC-VSAT 气象卫星单收站，2002 年建成帧中继接入重庆市气象局办公自动化系统，2005 年接入奉节县政府党政网。2006 年建奉节县气象局门户网站。

天气预报 负责全县范围的短期气候预测、中期、短期、短时及灾害性天气警报、农业气象预报与情报、火险等级预报等天气预报的制作及发布；负责为县级领导部门的气象信息综合决策服务；负责县级气象业务现代化建设及技术研究开发任务；负责全县重大灾害性天气预测、预报服务的实时组织指挥，对重大天气过程进行技术总结和交流，并负责灾情调查、上报工作。

农业气象 农业气象观测开始时间为 1958 年 11 月 16 日，开始观测项目有：小麦物候观测，采用的技术规定为中央气象局 1956 年 12 月编印的《农业气象观测方法》。农业气象业务主要包括气候分析、气候评价、农业气象灾害、作物病虫害监测、主要农作物产量预报和生态环境气象监测等情报、服务材料的撰写和服务工作。

2. 气象服务

①公众气象服务

20 世纪 90 年代前，主要是广播、电话和书面形式向公众和有关单位提供预报服务。2000 年开通“121”天气预报自动答询声讯电话；1999 年推出奉节县电视天气预报节目，由气象局制作节目。2002 年，重庆市气象局整合资源，全市统一开展“12121”、“96121”气象声讯服务，并开通手机短信服务。2006 年开始通过互联网发布气象信息。2008 年开始在重点单位、公众聚集场所建设灾害性天气预警电子显示屏，同年建成了 MAS 系统手机短信预警发布平台，建立了手机发布传递接收安全气象预警预报信息应急响应工作制度。

②决策气象服务

决策气象服务产品涵盖天气、气候、气候变化、生态与农业气象、人工影响天气、雷电等业务产品。内容包括实况监测分析、预警预报预测预估、极端气候事件监测、灾情与灾害分析、环境现象影响评估、灾害风险与防御、生态与农业气象信息、气候影响评价、气候资源开发利用、气候变化、适应与减缓、可持续发展对策等。

决策服务的主要内容：短时天气预报、短期天气预报、重大灾害性、转折性天气报告(或警报)、灾情报告以及重要的专题分析报告；定期报送气象旬报、月报以及短期气候预测等材料；利用手机短信预警发布平台，将安全气象预警预报信息发给分管安全、农业的县领导，各乡镇党政主要领导，村(居)委会支书(或主任)防汛抗旱、森林防火、地质灾害指挥部成员单位责任人；县级有关部门、气象灾害敏感行业(单位)的安全负责人、安全值班人员、安全生产管理人员纳入了安全气象预警预报信息发布范围。根据需求，提供其他气象服务。主要服务方式：当面汇报、文字材料、电话、传真、手机短信、因特网等；防汛、抗旱、救灾等关键时期进行现场服务、跟踪服务。

【典型事例】 为领导指挥抗旱作好决策气象服务。2006 年奉节县遭遇了自 1945 年有气象记录可考以来的最为持久、最为严重的干旱，从5月13日到9月4日夏旱、伏旱连秋旱，干旱时间长达105天，干旱等级为百年一遇。面对罕见的连续高温干旱，全局干部职工坚持24小时值守班，密切监视干旱天气演变过程，及时主动搞好干旱气象服务，抓住有利天气时机适时开展人工增雨作业，深入田间地头开展干旱气象服务，收集第一手旱灾资料，发布干旱监测专题，重大气象服务专题服务材料，重要天气消息，高温红色、橙色警报，为县委、县府领导指挥抗旱救灾工作起到了重要决策参谋作用。干旱期间，抓住有利天气时机适时开展人工增雨作业，为抗百年大旱救百年大灾作出了突出贡献。局长彭亮被重庆市委、市政府授予全市抗旱救灾先进个人称号，并记一等功。

为当地重大社会活动提供气象服务。2008年国庆节，在奉节县举办的2008年“中国·长江三峡·奉节(天坑)国际低空跳伞节”活动中，奉节县气象局在市气象台专家的后援支持下，制订了周密的服务方案，在入秋天气复杂多变，跳伞地——天坑地处高山，如稍有降雨天气就会因降雨、起雾影响跳伞活动举行的情况下，从9月初开始提供中长期天气概率预报，9月中旬开始每天一次提供跳伞节期间天气预报，10月1日通过会商，奉节县气象局确定10月3日有明显降雨天气过程，并捕捉到10月2日下午天气可进行跳伞活动，奉节局迅速将此结果向组委会领导汇报，建议将原定10月3日举行的低空跳伞节改变在2日下午，这一关键建议得到组委会采纳。10月2日，上午还被大雾笼罩的奉节天坑一带天气逐渐好转，下午14时跳伞节如期举行，重庆卫视进行了现场直播，跳伞节活动取得了圆满成功。

为烟叶生产提供气象保障服务。2008年奉节县烟叶种植面积达4万亩，产值近6000万元。烟叶作为奉节县中高山地区农民脱贫致富的主要经济作物，县委、县政府历来高度重视。烟叶生产受风雹、连阴雨等天气影响大，从20世纪90年代初奉节县气象局即发展高炮人工防雹增雨向县烟草公司提供气象保障服务，形成了多年来较为稳定的合作和支持关系。

为脐橙产业开展特色农业服务。奉节县盛产脐橙，被誉为“中华名果”，并取得了国家地理标识证明商标，种植面积达到15万亩，年产值2.5亿元，有30万果农依靠种植脐橙为生，脐橙收入占全县农业总收入的20%。为发展脐橙产业，奉节县专门成立了脐橙产业局，从2008年开始奉节县气象局与县脐橙局合作，在铁佛村晚熟脐橙基地安装了一套气温、湿度、雨量三要素自动站，取得了晚熟脐橙园局地小气候的详实资料，为脐橙产业发展提供特色农业服务。

③专业与专项气象服务(防雷、人工影响天气等)

防雷技术服务　1993年3月，建立了地方防雷管理机构。成立了奉节县人民政府防雷办公室。1994年起，建立防雷安全定期检测制度，每年与安监、公安、消防、教委等相关单位联合发文，对区内易燃易爆场所、高层建筑、人员密集场所等开展防雷装置安全性能监测。1999年开展防雷装置图纸审核、施工监督、竣工验收等技术服务。

人工影响天气服务　20世纪90年代先后购置高炮7门，开展高炮消雹增雨作业。1997年，成立奉节县人工降雨防雹办公室。2003年8月购置火箭2架，开展火箭与高炮结合的人工增雨消雹作业。2006年抗击百年大旱期间6门“三七”高炮和2门火箭炮及时开展人工增雨作业，为抗旱发挥了重要作用。

专业气象服务 与奉节县渡口坝电站、烟草公司、电力公司等单位签订专业气象服务合同，提供长中期天气预报。

④气象科普宣传

奉节气象科普宣传工作在20世纪90年代特别是进入21世纪后，才得以大力开展。主要宣传方式是：在县电视台播出气象灾害、雷电防范、人工影响天气等专题片和暴雨、洪涝、大风、冰雹防范措施公益广告；与县应急办、县教委、县科委等部门联合，通过科普讲座、宣传展板、发送科普图书等方式，面向中小学校开展科普宣传，并将防雷避险挂图、光盘和气象防灾减灾知识教材等发放到广大农民和中小学生手中；利用“3·23”世界气象日等契机，在人口密集场所集中发放针对性强、通俗易懂的气象防灾减灾宣传资料，并接受市民关于天气预报、防雷减灾、气象科技等方面的咨询。

党建与气象文化建设

①党建工作

1972年1月26日由中共奉节县人武部委员会批准成立奉节县气象站党支部，时有党员4名。2006年6月29日由中共奉节县委批准成立中共奉节县气象局党组，党组成员有彭亮、张晓、余大勇。有中共正式党员7名，预备党员1名。

②气象文化建设

文明单位创建情况：1997年，被命名为奉节县“文明单位”。2005年3月，被命名为重庆市“文明单位”。

③荣誉

集体荣誉 1983年获四川省气象局重大天气预报先进集体奖；1983年获四川省气象局农业气候区划先进集体奖；1983年6月荣获四川气象局农业气候区划工作先进集体奖；1983年12月荣获四川省气象局重大天气预报先进集体奖；1998年获四川省气象局汛期重大气象服务成绩显著奖；2000年2月中共奉节县委、奉节县人民政府授予奉节县气象局1999年度计划生育工作先进单位；2002年1月荣获2001年度全市气象部门创新工作专项奖；2008年12月中国气象局授予重大气象服务先进集体。

台站建设

台站始建时占地面积2019.7平方米，观测场面积652平方米，共有平房409.2平方米。

由于长江三峡水利枢纽工程建设，奉节气象局2001年整体搬迁。新修观测场625平方米，修观测值班室90平方米，共占地3500平方米（未取得土地证）。业务办公搬迁至夔州东路134号，占地1800平方米，修建新的业务办公用房1850.7平方米，单位职工集资建房3156平方米。建成花园式的气象台站。

截至2008年底，奉节县气象局占地面积1800平方米，现有业务办公用房1850.7平方米，观测值班室90平方米。

奉节县气象局旧观测场

奉节县气象局旧貌

位于长江边上的奉节县气象局现观测场

奉节县气象局新貌

巫山县气象局

巫山县位于重庆市的东部边缘，地处长江三峡腹心地带。东邻湖北省巴东县，南接湖北省建始县，西抵重庆市奉节县，北依重庆市巫溪县，幅员面积2958.21平方千米，海拔相对高差2606.9米，跨越东经109°33′～110°11′，北纬30°45′～31°28′。属亚热带湿润区，年平均气温18.2℃，年降水1056.8毫米，年日照1570.9小时。

机构历史沿革

历史沿革 巫山县气象工作开始于1937年6月，时称四等测候所，位于县城外官家溪，1947年10月停办。1938年，中华民国航空委员会在巫山建立航空气象台。1959年3月1日，建立巫山县气候站，站址位于县城北门外椿树包。1961年9月迁至西门外下西坪，在原址西南方800米处。1977年6月1日观测场南移14米。2003年12月31日，观测场在原址上抬升5米，地址为：巫山县巫峡镇上升街193号，东经109°52′，北纬31°04′，海拔高度275.7米。1960年2月更名为巫山县气候服务站；1965年12月更名为巫山县气象站；1990年9月更名为四川省巫山县气象局；1998年6月更名为重庆市巫山县气象局。

管理体制 1959年—1971年7月，由四川省气象局委托万县专区气象台管理。1971年8月由县人民武装部和县革命委员会双重领导，1974年1月由县人民武装部移交县委农工部管理。1980年9月，实行气象部门与地方政府双重领导，以气象部门领导为主的管理体制，由万县地区气象局管理。1993年4月，万县地区更名为万县市，管理单位相应更名为万县市气象局。1997年6月重庆直辖，同年8月，万县市气象局由四川省气象局划转重庆市气象局建制领导。1998年6月，万县市气象局改名为万州区气象局，代管巫山县气象局。2000年8月28日，巫山县气象局由万州区气象局代管转变成由重庆市气象局直接管理。

机构设置 截至2008年底，巫山县气象局设有办公室（法制科）、气象业务科、科技服务科。

1994年设立巫山县人工降雨防雹办公室，2002年以前，人工降雨防雹日常业务工作由气象局负责，经费管理1994—1998年由县武装部负责，1999—2001年，由县救灾办负责。2002年和2003年，在巫山县气象局设立巫山县防雷安全工作委员会办公室、巫山县人工影响天气办公室两个地方气象事业机构，人工影响天气日常业务和经费管理均改为气象局负责。2007 年，设立巫山县民用空飘气球安全管理办公室。

人员状况　2008 年底，巫山县气象局共有职工 12 人，其中在职职工 9 人，退休职工 3 人。在职职工中，本科学历 5 人，大专学历 3 人，中专学历 1 人。

单位名称及主要负责人变更情况

单位名称	负责人	任职时间
巫山县气候站	潘凤翔	1959.03—1960.01
巫山县气候服务站		1960.02—1965.11
巫山县气象站		1965.12—1974.11
	冯长才	1974.12—1983.11
	侯建国	1983.12—1985.03
	王国正	1985.04—1990.08
四川省巫山县气象局		1990.09—1991.02
	周国民	1991.03—1998.05
重庆市巫山县气象局		1998.06—2002.05
	彭　亮	2002.06—2006.02
	潘永久	2006.03—2007.09
	谭建国	2007.10—2008.12

气象业务与服务

主要业务：地面气象观测（国家一般站）、天气预报、人工影响天气。

主要服务和科技服务：专业专项天气预报服务，气象资料、农业气象服务，防雷设施管理及安全检测、空飘气球广告。

1. 气象业务

①地面观测

观测时次和项目　巫山气象站从 1959 年 3 月 1 日起正式进行能见度、云状、云量、云高、各种天气现象、风向风速、干湿球温度、最高最低温度、绝对和相对湿度、饱和差、降水量、降水时数、积雪深度、地面状态等项目观测，每日地方平均太阳时 01、07、13、19 时作 4 次观测和统计。1960 年 8 月 1 日观测时次改为北京时 02、08、14、20 时。2004 年 1 月 1 日—2005 年 12 月 31 日进行人工站与自动站平行观测，2006 年 1 月 1 日开始自动站单轨运行，白天（08—20 时）值守班，夜间（20—08 时）守班，每天 3 次定时观测，观测项目有云、能见度、天气现象、气压、气温、湿度、风向风速、降水、日照、蒸发（小型）、地温（0～20 厘米）等。

业务变化　1959 年 3 月 1 日起按照《地面观测规范》观测记录，每日真太阳时 01、07、13、19 时 4 次定时观测，并制作上报气象记录月报表。1956 年增加向成都、万县拍发危险天气报，1959 年增加向四川省气象局和万县专区气象台拍发农气旬（月）报、雨量报、危险天气报、小天气图报。1962 年起改为北京时 08、14、20 时 3 次观测。1970 年改为 4 次观测

(增加02时),1974年恢复3次观测。1984年增加成都、恩施等地危险天气报。2003年7月14日开始长江航道气象观测,主要观测气象要素为能见度、天气现象、气温、水温、风向、风速。2003年12月31日正式建成自动气象观测站,并于2004年1月1日—2005年12月31日并行观测2年,2006年1月1日起自动气象观测站正式单轨运行。2004年增加酸雨观测业务。

2007年1月1日—2008年12月31日,因业务技术体制改革,更名为国家气象观测站二级站;2008年12月31日,更名为国家一般气象观测站,原国家气象观测站二级站业务不变。

2004年开始建设全县各乡镇区域自动气象观测站,截至2008年,共建成32个(四要素11个,两要素18个,长江航道能见度观测站3个)。

2008年4月15日,设立巫山神女峰机场自动气象站,从2008年5月1日起正式进行观测,自动观测项目有温度、湿度、气压、风向、风速、雨量,人工观测项目有云、能见度、天气现象等。

②气象信息网络

1981年以前气象信息来源主要是收听成都中心气象台广播,1981年配备ZSQ-1A型天气图传真机。1990年,开通甚高频电话,1997年,实现与重庆市气象局计算机联网,建成远程数据传输终端。1999年建成PC-VSAT卫星单收站,2002年建成帧中继网并接入重庆市气象局办公自动化系统,同年建成党政网并接入巫山县政府党政办公网。

③天气预报

巫山县气象站从1960年正式发布天气预报。当时靠收听成都中心气象台大范围天气形势和预报广播以及万县气象台预报加民间测天经验进行补充订正预报,逐步发展用点聚图表、气象要素曲线分析,20世纪70年代引进数理统计预报方法,进行天气预报业务"四项基本建设",建立天气预报模式、指标等,20世纪80年代传真接收数值统计预报天气图,1999年通过PC-VSAT卫星接收站直接接收气象信息资料,传真机停止使用。2002年引进MICAPS系统,建成天气预报业务服务平台,2005年天气预报可视会商系统投入使用。

主要业务 短时天气预报、短期天气预报、中期天气预报和短期气候预测。

预报内容 短期预报有天空状况、有无降水、降雨量级、风向风速、最高温度、最低温度等;中期天气预报以旬预报为主,预报内容包括天气趋势、天气过程、旬平均气温、旬降雨量等;短期气候预测(1999年前称长期天气预报)是月、季、年的气温、降水趋势、春秋季低温、春夏旱涝及春夏中的适播连晴等预报。

④农业气象

1981年4月—1983年12月,参加完成《巫山县农业区划》中的"农业气候资源和区划"资料汇编工作。

2003年在巫山县西坪、望天坪、铜鼓、骡坪、白果等地设立土壤墒情监测点5个,每年3—10月开展土壤墒情监测并向重庆市气象局发报。

2. 气象服务

①公众气象服务

服务方式 20世纪90年代前,主要是广播、电话和书面形式。2000年开通"121"天气预报自动答询声讯电话，2002年，重庆市气象局整合资源，全市统一开展“12121”、“96121”气象声讯服务，并开通手机短信服务。2004年推出巫山县电视天气预报节目，气象局提供天气预报，电视台制作节目。2008年开始在公众聚集场所建设灾害性天气预警电子显示屏，对手机预警短信发布平台进行了升级改造。

服务产品 最早向公众提供的主要是短期天气预报和最高、最低温度。以后发展到提供每日天气快讯、重要天气消息、专题气象服务、重大活动气象保障服务、灾害性天气预警信息、雨量实况报告、森林火险等级预报、地质灾害气象条件等级预报等多种服务产品。

②决策气象服务

防灾减灾气象保障服务 巫山县自然灾害频繁，搞好防灾减灾气象保障服务尤为重要，气象部门为地方工农业特别是烟叶生产开展了大量气象服务工作。2003年3月31日强降温、2004年4月6日人工增雨缓旱情、7月5日持续大范围风雹天气，以及2005年初夏旱涝交替、2006年百年一遇旱灾、2008年冰雪灾害等灾重天气气象保障服务，先后荣获重庆市气象局“典型服务效益奖”、“重大气象服务奖”、“重大气象服务先进集体”称号。其中，2006年百年一遇的特大旱灾气象服务被中共重庆市委和重庆市人民政府授予“抗旱救灾工作先进集体”荣誉称号。

重大活动气象保障服务 巫山县气象局一直围绕地方重大活动和重点工程建设，积极开展气象保障服务。先后开展了飞机播种造林、中央电视台“飞跃三峡”、新县城落成庆典、长江三峡红叶节、三峡国际旅游节等重大活动和巫山长江大桥建设、旅游支线机场选址、风能发电等重点工程建设气象保障服务。

③专业与专项气象服务

人工影响天气 1992年，巫山县人民政府组建了人工降雨防雹办公室，购置5门“三七”高炮，1994年县财政拨专款2万元将5门高炮全部运送到选定的炮点，并抓住5—6月份的2次冰雹天气过程首次开展人影作业，取得了成功。经过多年的发展，到2008年，已经拥有11门高炮、2门火箭炮和5名作业指挥人员、33名训练有素的作业队伍。炮弹年作业量达到4000余发、火箭弹40余发。巫山县的人工影响天气工作，按照国务院颁布的《人工影响天气管理条例》，做到了当地政府领导重视，各级部门积极协调配合，县气象局负责具体组织管理和根据天气条件及时申请空域、适时作业，培养一支训练有素、技术过硬的作业队伍，加强科研和效益评估等，有力地推动人工影响天气工作在组织机构、队伍建设、指挥体系、装备保障、制度建设、作业规范上逐步朝着法制化、规范化管理方向健康发展。

防雷工作 巫山县防雷工作起步较晚，2002年成立巫山县防雷安全工作委员会，建立了防雷安全定期检测制度，开展防雷装置图纸审核、施工监督、竣工验收等技术服务，每年与安监、公安、消防、教委等相关单位联合发文，对县内易燃易爆场所、高层建筑、人员密集场所等开展防雷装置安全性能监测。

④气象科普宣传

巫山气象科普宣传工作在20世纪90年代特别是进入21世纪后，才得以大力宣传和普及。主要宣传方式是：在县电视台播出气象灾害、雷电防范、人工影响天气等专题片和暴雨、洪涝、大风、冰雹防范措施公益广告；与县应急办、县教委、县科委等部门联合，通过科普讲座、宣传展板、发送科普图书等方式，面向中小学校开展科普宣传，并将防雷避险挂图、光盘和气象防灾减灾知识教材等材料发放到广大农民和中小学生手中；利用“3·23”世界气象日等契机，在人口密集场所集中发放针对性强、通俗易懂的气象防灾减灾宣传资料，并接受市民关于天气预报、防雷减灾、气象科技等方面的咨询。

党建与气象文化建设

党建工作　2002年7月以前，党员组织关系由中共巫山县农工委党总支统管。2002年7月，组建中共巫山县气象局党支部，并选举产生了首届支部委员会委员，彭亮、潘永久、谭建国等同志先后任中共巫山县气象局党支部书记。支部成立时有中共党员6人，现有中共党员8人。

精神文明建设　2000年，被命名为巫山县“最佳文明单位”。2003—2004年被命名为巫山县“文明单位”。

荣誉　2006年，巫山县遭受了百年一遇特大夏伏连旱。在100余天的抗旱救灾中，巫山气象局全体工作人员积极投入到抗旱救灾气象服务和人工防雹增雨工作中，被中共重庆市委和重庆市人民政府授予“抗旱救灾工作先进集体”荣誉称号。

台站建设

1970—1971年，巫山县气象局修建三合土乱石墙瓦房6间，用作职工工作生活用房。1975—1977年，新建一楼一底砖瓦房200平方米，建起了大门和围墙。2004年新建综合楼2188.92平方米，其中业务办公用房710平方米。

截至2008年底，巫山县气象局占地面积3385.28平方米，现有业务办公用房710平方米。

巫山县气象局旧办公楼一角

修饰一新的巫山县气象局现办公楼

巫山县气象局观测场现貌

巫溪县气象局

巫溪县位于重庆市东北部边陲，东邻湖北省竹溪县、竹山县、神农架林区，西连开县，南与巫山、奉节、云阳3县毗邻，北与陕西省镇坪县接壤，为渝、陕、鄂交界之地，古称“巴夔房牖，秦楚咽喉”。幅员面积4030平方千米，人口51.42万。巫山风景旅游资源得天独厚，素有“峡郡桃源”的美誉；“巫咸”文化源远流长，红池坝是战国时期楚相春申君故里；是国务院公布的沿江开放县，又是三峡库区移民开发县。属中亚热带暖湿东南季风气候，年平均气温17.6℃，降水1170毫米，日照1553小时。

历史沿革 巫溪县气象工作开始于1937年1月，巫溪县将原雨量站改建成四等测候所，位于县城南门(老县城县文化馆前操坝中部，测风仪安装在城墙边)。1938年7月，大宁河涨水淹没观测场停止观测，同年8月迁至县府内(老县城县府办公楼处)。1949年3月因“战乱”停止观测。1956年9月建四川省巫溪县红池坝气候站，位于巫溪县红池坝西流溪(山腰)，东经109°37′，北纬31°30′，海拔高度2000米。同年11月30日19时正式开始观测。1958年6月30日19时中止观测，进行迁站。同年9月底新站建成，10月1日开始正式观测，新站址位于巫溪县上磺区羊桥坝古路公社，东经109°24′，北纬31°20′，海拔高度720米，在原站址东南方60千米处。1973年1月迁至城厢镇六段西来关缺城子，东经109°37′，北纬31°30′，海拔高度337.8米。2008年底，新办公楼落成，位于马镇坝新县城。

1958年10月1日更名为巫溪县气候站；1960年4月10日更名为巫溪县气候服务站；1964年12月1日更名为四川省巫溪县气候站；1966年1月7日更名为四川省巫溪县气象站；1968年10月10日更名为四川省万县专区气象台革命委员会巫溪站；1971年9月20日更名为四川省巫溪县气象站；1980年5月更名为巫溪县气象站；1990年3月更名为巫溪县气象局。

管理体制 1937年1月—1949年3月，由民国巫溪县府第三科管理；1956年12月1日—1957年4月7日，由四川省气象局建制管理；1957年4月8日调整为巫溪县人民委员会建制，业务由四川省气象局管理；1959年5月5日业务调整为四川省万县专区气象台管理；1964年5月1日调整为四川省气象局建制，业务由四川省气象局委托万县专区气象台负责管理；1971年9月20日调整为巫溪县人民武装部建制，业务由万县地区气象局管理；1973年10月调整为巫溪县革命委员会建制，业务仍由万县地区气象局管理。1980年9月

25 日调整为万县地区气象局建制管理。1980 年 9 月，实行气象部门与地方政府双重领导，以气象部门领导为主的管理体制，由万县地区气象局管理。1993 年 4 月，万县地区更名为万县市，管理单位相应更名为万县市气象局。1997 年 6 月重庆直辖，同年 8 月，万县市气象局由四川省气象局划转重庆市气象局建制领导。1998 年 6 月，万县市气象局改名为万州区气象局，代管巫溪县气象局。2000 年 8 月 28 日，巫溪县气象局从由万州区气象局代管转变成由重庆市气象局直接管理。

机构设置　1956 年红池坝气候站建站之初至 1958 年 9 月，只有地面测报业务组，1959 年 4 月增设天气预报组，1959 年 10 月 2 日增设农业气象观测组。1978 年 10 月起设专职会计后勤人员。1979 年 3 月下设观测、预报 2 个组。1981 年 2 月起改组为股。1985 年 4 月机构改革，下设观测、预报、人秘 3 个股。2006 年气象业务体制改革，设置办公室、业务科、科技服务科。

1998 年成立巫溪县人工降雨指挥部办公室，后改为重庆市巫溪县人工影响天气指挥部办公室。1999 年设立重庆市巫溪县防雷中心。

人员状况　1956 年建站之初仅有职工 3 人，其中高中生 1 人，初中生 2 人，仅有 1 名团员。到 1968 年稳定维持职工 3 人左右，1969—1977 年职工稳定在 6 人左右。到 1978 年有职工 7 人，其中中专 4 人，初中 3 人，中共党员 3 人。此后到 20 世纪 90 年代人员进出频繁，一般维持在 8 人左右。2008 年经重庆市气象局定编 10 人，有在职职工 8 人，均为汉族，平均年龄 33 岁，本科学历 3 人，专科 4 人，中专（高中）以下 1 人，其中工程师 1 人，初级职称 6 人，工人 1 人。中共党员有 3 人。退休职工有 1 人。

单位名称及主要负责人变更情况

<table>
<tr><th>单位名称</th><th>负责人</th><th>任职时间</th></tr>
<tr><td>巫溪县四等测候所</td><td>张琴燕</td><td>1937.01—1949.03</td></tr>
<tr><td>四川省巫溪县红池坝气候站</td><td rowspan="4">全洪志</td><td>1956.09—1958.09</td></tr>
<tr><td>巫溪县气候站</td><td>1958.10—1960.03</td></tr>
<tr><td>巫溪县气候服务站</td><td>1960.04—1964.11</td></tr>
<tr><td rowspan="2">四川省巫溪县气候站</td><td>1964.12—1965.06</td></tr>
<tr><td rowspan="3">许用民</td><td>1965.07—1965.12</td></tr>
<tr><td>四川省巫溪县气象站</td><td>1966.01—1968.09</td></tr>
<tr><td>四川省万县专区气象台革命委员会巫溪站</td><td>1968.10—1971.08</td></tr>
<tr><td rowspan="3">四川省巫溪县气象站</td><td>杨四海</td><td>1971.09—1973.09</td></tr>
<tr><td>许用民</td><td>1973.10—1976.06</td></tr>
<tr><td rowspan="3">幸正端</td><td>1976.07—1980.04</td></tr>
<tr><td rowspan="4">巫溪县气象站</td><td>1980.05—1990.02</td></tr>
<tr><td>1980.05—1987.03</td></tr>
<tr><td>李正合</td><td>1987.04—1989.11</td></tr>
<tr><td rowspan="2">付祖庆</td><td>1989.12—1990.02</td></tr>
<tr><td rowspan="4">巫溪县气象局</td><td>1990.03—1997.02</td></tr>
<tr><td>白　海</td><td>1997.03—2002.05</td></tr>
<tr><td>徐世华</td><td>2002.06—2006.11</td></tr>
<tr><td>李　剑</td><td>2006.12—2008.12</td></tr>
</table>

气象业务与服务

主要业务：地面气象观测（国家一般站）、天气预报、人工影响天气。

主要服务和科技服务：专业专项天气预报服务，气象资料、农业气象服务，防雷设施管理及安全检测、空飘气球广告。

1. 气象业务

①地面观测

观测任务 每天3次定时观测。观测项目有：云、能见度、天气现象、气压、气温、湿度、风向风速、降水、日照、蒸发（小型）、地温等。

业务变化 1956年11月31日—1969年6月18日为气候观测站，其后至2006年为巫溪国家一般气象站，2007年改为巫溪国家气象观测站二级站，2008年12月31日后改称巫溪国家一般气象站。

地面气象观测主要业务变动有：1956年11月30日19时起按照《地面观测规范》观测记录，每日真太阳时01、07、13、19时4次定时观测，并制作上报气象记录月报表。1960年8月1日起改为北京时02、08、14、20时4次观测。1962年3月1日起改为08、14、20时3次观测，并停止观测能见度。1964年1月1日08时起开始恢复观测能见度，同年4月1日08时增加气压观测。1969年将原用"维尔德测风器"改用为"电接风向风速计"。1973年1月1日起02时压、温、湿用经订正后到自记记录代替，e、d用经订正后到t、r反查常用表-1求取。1985年1月1日使用《湿度查算表》。

1986年1月1日起，使用PC-1500机处理观测资料和编发报，1996年改用微型计算机（PC机）和专用业务软件程序编报。2001年建成自动气象站，2001年12月31日北京时20时起开始为期2年的并行观测，2003年12月31日20时起自动站正式单轨运行。2005年增加酸雨观测业务。2004年开始建设区域气象观测站，第一批主要为配合风能普查而建设的双阳、红池坝两站，截至2008年已建成区域自动气象站31个，覆盖巫溪各乡镇。

农业气象方面 1959年10月2日开始农作物物候观测，主要作物观测项目有小麦、玉米、水稻、洋芋、棉花、胡豆、红苕等，1961年6月19日停止。1961年4月8日—6月28日短暂进行土壤湿度简易测定。2004年开始微波炉烤干法测定土壤湿度，全县共有5个观测点。

②气象信息网络

1981年以前气象收发报主要通过邮电报务，气象信息来源主要是收音机收听成都中心气象台广播，1981年配备ZSQ-1A型天气图传真机接收分析天气图。1990年开通甚高频电话。1998年以X.25、X.28方式建成远程数据传输终端，实现与重庆市气象局微机联网，1999年建成PC-VSAT气象卫星单收站并组建本地局域网，2002年建成帧中继网接入重庆市气象局办公自动化系统，2007年开始使用灾情直报系统，2008年光纤接入巫溪党政信息网。

③天气预报

主要业务和服务：短时天气预报、短期天气预报、中期天气预报和短期气候预测、灾情收集上报、突发性和重大事件情况报告等。

短时短期天气预报 1958年11月开始正式发布天气预报。1959年4月1日起开始制作未来1～2天的天气预报。最初的预报方法是：在收听成都中心气象台大范围的天气形势和预报广播以及万县地区气象台天气预报的基础上，结合本县地理地形影响和局地天气变化规律，应用本地观测的气象资料、预报员经验、群众看天经验等进行综合分析，最后得出预报结论。20世纪60年代初发展到开始使用"图、资、群"相结合的预报方法，主要通过手工收绘、分析高空形势和地面实况简易天气图，增加"大、中、小结合天气日历"卡片，绘制气象要素点聚图和套用模式指标等预报方法综合作出预报结论。此外还收集了大量的农谚和土法测天经验，包括喂养了蚂蟥、泥鳅、鱼、黄鳝等对天气变化比较敏感的动物进行观察验证，较大的丰富了预报手段，预报准确率特别是晴雨定性预报准确率提高较快。"文化大革命"开始后，气象站也卷入了派性斗争，较长时间内荒废了气象业务。随着国家的拨乱反正和气象资料的积累，20世纪70年代中后期开始把统计学方法用于定性、定量天气预报，进行天气预报业务"四项基本建设"，建立本地天气预报模式、指标等。1984年配备了无线电天气图传真接收机和袖珍计算机，能获得更多的空间气象资料（如天气图、雷达回波拼图、数值天气预报产品等），引进了"MDCE"预报方法（其中M为预报模式，D为诊断分析，C为卫星、雷达资料或目测云况，E为预报员经验），较大弥补了本地气象资料统计预报和经验预报的不足，同时也提高了本地气象资料处理和预报模式的建立、运算的能力，提高了天气预报准确率。1999年建成PC-VSAT卫星单收站接收气象信息资料并引进MICAPS系统，2002年建成天气预报业务网络和业务服务平台，2005年建成天气预报可视会商系统并投入使用，天气预报的手段、内容发生了根本的变化，预报产品更加多样化、人性化，定量天气预报发展到要满足社会时空上的精细化要求。短期短时天气预报业务服务初步实现精细化、信息化、社会服务化。

中长期天气预报 1959年10月起开始制作中长期天气预报，包括旬、月、年要素预报、主要天气过程趋势预报、各农事季节专题天气预报（如春播天气预报、汛期旱涝趋势预报、三秋天气预报、冬防预报等）等。

中长期天气预报方法，20世纪60年代主要有4种：

气象要素历史演变法。分析各气象要素历史演变规律和变化趋势，作出要素定性预报。

模式法。从本站历史气象资料中，找出各种天气过程前期的共性，进行天气过程预报。

群众经验法。从20世纪60年代初开始收集群众经验和气象谚语，并以此为线索与气象观测资料对照检验，得出了预报指标，制成各种图、表预报工具。实践表明这一方法有一定实用性。

韵律预报法。根据一定时间间隔的两种天气现象或两个天气过程之间周期性重复出现的韵律关系来预报，比较简便易行。

1970年后，随着计算机等设备投入业务应用，开始将本站历史资料序列进行统计分析预报未来天气。主要方法有回归分析、周期分析、相似相关分析、判别分析和自回归平稳时间序列分析等。由于受当时资料时间序列较短的影响，预报准确率较低，同时计算量又相对较大、没有明显的天气学意义等原因，业务应用上持怀疑态度的较多，实际应用较少。

1975 年后，为了摸索有物理意义的长期天气预报方法，本站进行了海水温度、太阳黑子活动、日月位相变化、阴阳历关系、高层大气变化，3000 米、5000 米高空旬、月平均等与旱涝、冷暖的关系研究分析，得出了一些有意义的指标。如 1977 年用欧亚高空旬月平均高度、关键地区指数建立的伏旱指标，经实际检验，预报效果较好。

20 世纪 90 年代末以来，随着 EC、T213、T639、MM5 等数值预报模式的建立完善，中期预报逐渐同长期预报分离开来，逐渐形成短时、中短期、长期天气预报。统计预报等长期天气预报方法得到更加深入的发展，2005 年引进了阴阳历、日月位相等长期天气预报业务软件，开发了本站历史资料序列要素统计预报工具软件。

④雷达建设

为服务地方社会发展和经济建设，由巫溪县政府牵头，财政、扶贫、烟草等筹集资金 21.8 万元，巫溪县气象局从成都购置 711 测雨雷达一部，2006 年 8 月 31 日正式投入使用。

2. 气象服务

①公众气象服务

公众服务的产品主要有短期天气预报、灾害性天气预警信号等。

20 世纪 90 年代前，主要是电话、广播、书面材料形式提供天气预报等。1995 年推出巫溪电视天气预报节目(气象局提供天气预报，电视台制作节目)，1999 年起由巫溪县气象局独立制作电视天气预报节目，送交巫溪县电视台播出。1995 年开通“121”天气预报自动答询电话，2002 年重庆市气象局整合资源，全市统一开展“12121”、“96121”气象声讯服务并开通手机短信服务。2002 年开始在巫溪《宁河报》、巫溪兴农网、党政信息网设立专门天气预报专栏。2005 年建成防灾减灾决策服务气象短信平台。2008 年开始在人员密集、社会敏感场所推广气象信息电子显示屏。

②决策气象服务

目前主要的决策气象服务产品有：重要天气预报、专题气象服务、重大活动气象保障服务、灾害性天气预警信号、人影作业情况报告、高温雨量实况报告、森林火险等级预报、地质灾害滑坡等级预报等。此外还编制了《巫溪县农业气象周年服务方案》，在春播、汛期等防灾救灾关键期均及时提供决策服务产品，供各级领导指挥工农业生产、防灾减灾决策参考。

1958 年以后，坚持“以农业服务为重点”，为领导指挥农业生产提供天气预报和雨情等。20 世纪 60—70 年代，开展了农业气候资源调查和区划工作。

1986 年 8 月 8 日《万县日报》专题报道了巫溪气象站为拍摄“白龙过江”进行的准确及时的气象预报服务，因此被县委县府评为“两个文明”建设先进单位。

1994 年是典型的洪涝灾害年，早在汛期开始前气象局就通过多种渠道发布汛期有 2～3 次洪涝灾害的天气消息。6 月 7 日巫溪遭受暴雨洪涝袭击，受灾人口超过 29.6 万，农作物受灾 10.46 万亩，损失粮食产量 8317.3 吨。灾前，气象局预报准确，联防有效、防御措施有力，将灾害损失降到了最低程度。

2000 年巫溪为典型洪涝灾害年，其中 7 月 1—2 日、7 月 14—15 日巫溪全县遭受大暴雨灾害，全县受灾人口超过 34.6 万，由于气象局提前预报，采取有效措施将灾害损失降到了最低。

2005年也是洪涝灾害年，其中7月9日、8月20日、8月28日3次洪涝灾害全县所有30个乡镇受灾，有21个乡镇损失特别惨重。致使山洪暴发、河水陡涨，西溪河、东溪河、后溪河和湾滩河的水位均超过了历史最高纪录。7月10日3时，大宁河巫溪县城段水位高达213.13米，超过警戒水位(210.3米)2.83米，县城人民广场等地被淹没，28个乡镇街道进水。巫恩路、两高路等出境和境内交通要道全部中断。由于气象局提前预报，采取有效措施将灾害损失降到了最低，在防洪救灾会上受到县级领导的高度赞扬。

2006年巫溪遭受百年一遇大旱。从5月13日—6月20日止，共计40天总降雨量仅为9.2毫米，比历史同期平均降雨量233.6毫米偏少96%，蒸发量为282.5毫米，比历史同期偏多20%。夏旱时间长达40天，为有气象记录以来夏旱时间最长。从2006年7月6日—9月5日又出现62天的严重伏旱，总降雨量共计47.8毫米，比历史同期偏少85%；35℃以上高温天数为74天，37℃以上高温天气为53天，40℃以上高温天气达20天，最高气温达42.6℃(9月1日)。伏旱日为61天，总干旱日数101天。巫溪县气象局早在2006年气象历书、年度、汛期、盛夏天气预报中都先后作出伏旱预报，并及时做好补充订正预报。干旱中提前准确预报8月7日、9月4日转折性天气过程，抓住战机开展人工增雨作业，缓解了旱情。当年巫溪局徐世华荣立重庆市“抗旱救灾先进个人二等功”。

③主要专业与专项服务

人工影响天气服务 20世纪90年代末先后购置高炮8门，开展高炮消雹增雨作业。2005年8月购置火箭2架，开展火箭与高炮结合的人工增雨消雹作业。2008年全县共有10个人工影响天气作业点，共有高炮8门、火箭炮2门，聘请了高炮维护专业技师进行日常保养维护，开始建设人影作业标准固定炮站。

防雷技术服务 2004年起，建立防雷安全定期检测制度，每年与安监、公安、消防、教委等相关单位联合发文，对区内易燃易爆场所、高层建筑、人员密集场所等开展防雷装置安全性能检测。

特色农业服务 主要通过专题天气预报、人工消雹增雨、气候监测和资源调查区划等方式为巫溪县发展优质烟叶茶叶、优质草食牲畜、现代中药材、绿色商品蔬菜、优质油菜、蚕桑等特色农业产业服务。

④主要科技成果

1963年6月完成《巫溪县农业气候资源及区划》。

⑤气象科普宣传

在每年“3·23”世界气象日，巫溪县气象局都结合防灾减灾的实际需要，大力开展形式多样的气象科普知识宣传。一是在巫溪县人民广场设立展台，摆放展板，悬挂横幅，积极开展“3·23”世界气象日宣传活动。现场发放《中国气象报》、《雷电灾害防御手册》、《气象预警系统和气象灾害防御》、《巫溪天气月预报》、《巫溪气象历书》等宣传资料，并热情接受群众有关咨询。二是成立宣传小分队走进巫溪县中学、巫溪县城厢镇中学等校园，向师生赠送挂图和光碟，讲解防雷科普知识，增强师生面对气象灾害的心理承受能力，了解掌握一定的自我防护技能，并结合气候变化引发的气象灾害开展宣传。三是组织专业人员深入乡村、社区为居民、村民讲授防灾减灾知识。

近几年来，结合防雷普查、人影检查慰问、气象信息员发展等工作开展县内多部门的联合行动，更加有力地推动了气象科普知识、防灾减灾常识的深入普及宣传。

科学管理与气象文化建设

社会管理 一是建立行政执法队伍，履行雷电安全防护、人工影响天气、系留式空飘气球管理、地面观测场环境保护等社会管理职能。二是逐步建立了相关应急预案，2005 年以来，巫溪县人民政府先后制定印发了《巫溪县气象灾害应急处置预案》、《巫溪县防雹增雨作业应急预案》、《巫溪县雷电灾害应急处置预案》。

党建工作 1956 年四川省巫溪县红池坝气候站建立时只有 1 名团员，1971 年党员杨世海到气象站任教导员。1973 年 6 月被县武部党委发展 1 名党员。1976 年 3 月调入 1 名党员，在县革委生产指挥组支部过组织生活。1977 年调入 1 名党员后，党员人数达 3 人，组建了中共巫溪县气象站支部，幸正端任书记。1981 年 12 月因党员减少，组织关系转入政府农业办公室支部。1984—1985 年农办支部先后发展了 4 位同志入党。到 1988 年 5 月又恢复中共巫溪县气象站支部，傅祖庆任书记，时有党员 4 人。2008 年气象局党支部有党员 3 人。

集体荣誉 1961 年被评为四川省农业先进单位。1962 年 2 月省人委授予“模范集体”称号。1964 年被省工农业劳模代表大会授予“先进集体”称号。1981 年天气预报考核获全省预报质量劳动竞赛集体一等奖。1984 年被县委、县政府命名为“文明单位”。1986 年被县委县府评为“两个文明”建设先进单位。1987 年 10 月县委县府授予“九·一三抢险救灾先进集体”称号。1988 年气象站被县委县府评为“两个文明”建设先进单位。

台站建设

1956 年建站时，修建房屋 80 平方米。1958 年 7 月迁站到古路镇，修建房屋 100 平方米。1968 年增修宿舍 130 平方米。1971 年迁站到巫溪县城厢镇，占地 4 亩，修建办公楼、宿舍等 611 平方米。1980 年建宿舍和办公用房 565 平方米。2006 年巫溪县气象局办公地点搬迁到新县城所在地马镇坝，新征土地 1920 平方米，修建业务办公楼 1040 平方米。

截至 2008 年底，巫溪县气象局占地面积 4586.8 平方米，现有办公业务用房 840 平方米，业务值班室 200 平方米，其他辅助用房 200 平方米。

巫溪县气象局旧貌

巫溪县气象局新办公楼

石柱土家族自治县气象局

石柱土家族自治县位于重庆市东偏南武陵山区，东依湖北省利川县，西南与重庆市丰都接壤，北靠万州，西北与忠县近邻。北纬 29°39′～30°33′，东经 108°00′～108°29′，幅员面积 3012 平方千米，人口 54 万。石柱县属亚热带湿润季风气候，年平均气温 16.4℃，年均降水量为 1096.4 毫米，年平均日照 1257.9 小时。

机构历史沿革

历史沿革 石柱土家族自治县气象工作开始于 1937 年 1 月，时称石砫(1959 年改称石柱)县四等测候所，位于县政府院内，1943 年 12 月停办。1957 年 1 月 1 日四川省石柱县气候站，位于石柱土家族自治县南宾镇郊外石板老壳。2007 年 1 月 1 日，观测场搬迁到石柱土家族自治县南宾镇城东村马家寨，东经 108°08′，北纬 29°59′，海拔高度 632.3 米。

1959 年 5 月 1 日，更名为四川省石柱县气象植保站；1960 年 3 月 1 日，更名为四川省石柱县气象植保服务站；1963 年 7 月，更名为四川省石柱县气候服务站；1964 年 10 月 1 日，更名为四川省石柱县气候站；1965 年 12 月 10 日，更名为四川省石柱县气象站；1968 年 6 月 25 日，更名为四川省涪陵地区气象台革命委员会石柱站；1971 年 8 月 15 日，更名为四川省石柱县气象站；1984 年 11 月，更名为四川省石柱土家族自治县气象站；1987 年 4 月，更名为四川省石柱土家族自治县气象局；1997 年 7 月，更名为重庆市石柱土家族自治县气象局。

管理体制 1957 年 1 月—1964 年 9 月归石柱县人民政府建制；1964 年 10 月，归四川省气象局建制；1970 年 11 月，归石柱人民武装部石柱县革命委员会建制；1971 年 8 月 15 日，归石柱县人民政府建制；1973 年 8 月 1 日，归石柱县革命委员会建制；1980 年 3 月 17 日，改革气象工作管理体制，确定在气象部门实行统一领导，分级管理，气象部门与地方政府双重领导，以气象部门领导为主的管理体制；1983 年 11 月，归涪陵气象处管理；1987 年 4 月，归涪陵地区气象局管辖；1997 年 7 月，归重庆市气象局管辖。

人员状况 建站初期，只有职工 2 人，到 20 世纪 60 年代初也仅有 3 人，“文化大革命”时期到 20 世纪 70 年代初，涪陵地区气象局先后临时指派 5 人次到石柱站协助地面测报工作。20 世纪 70 年代初至改革开放初，石柱县气象站随着业务扩增，队伍壮大，最多时达 13 人。2008 年底有在职人员 11 人，临时工 6 人。在职职工中，中级职称 4 人，初级 5 人，未定级1人。本科2人，大专2人，中专5人，高中2人。11个职工中，汉族7人，土家族3人，苗族1人。50岁以上4人，40～50岁3人，40岁以下4人。

单位名称及主要负责人变更情况

<table>
<tr><th>单位名称</th><th>负责人</th><th>任职时间</th></tr>
<tr><td>四川省石柱县气候站</td><td rowspan="3">李汉儒（临时负责）</td><td>1957.01—1959.04</td></tr>
<tr><td>四川省石柱县气象植保站</td><td>1959.05—1960.02</td></tr>
<tr><td rowspan="2">四川省石柱县气象植保服务站</td><td>1960.03—1963.03</td></tr>
<tr><td rowspan="3">谢上云（站长）</td><td>1963.04—1963.06</td></tr>
<tr><td>四川省石柱县气候服务站</td><td>1963.07—1964.09</td></tr>
<tr><td rowspan="2">四川省石柱县气候站</td><td>1964.10—1965.03</td></tr>
<tr><td rowspan="2">梁　升</td><td>1965.04—1965.11</td></tr>
<tr><td rowspan="2">四川省石柱县气象站</td><td>1965.12—1966.05</td></tr>
<tr><td rowspan="2">李宗志</td><td>1966.06—1968.06</td></tr>
<tr><td rowspan="2">四川省涪陵地区气象台革命委员会石柱站</td><td>1968.06—1970.12</td></tr>
<tr><td rowspan="2">冯德清</td><td>1971.01—1971.08</td></tr>
<tr><td>四川省石柱县气象站</td><td>1971.08—1984.10</td></tr>
<tr><td>四川省石柱土家族自治县气象站</td><td rowspan="2">刘尚江</td><td>1984.11—1987.03</td></tr>
<tr><td rowspan="4">四川省石柱土家族自治县气象局</td><td>1987.04—1988.12</td></tr>
<tr><td>李继奎</td><td>1989.01—1989.12</td></tr>
<tr><td>余宗英</td><td>1990.01—1992.11</td></tr>
<tr><td rowspan="2">周昌琪</td><td>1992.12—1997.06</td></tr>
<tr><td rowspan="3">重庆市石柱土家族自治县气象局</td><td>1997.07—1998.04</td></tr>
<tr><td>徐世华</td><td>1998.05—2000.04</td></tr>
<tr><td>荣　瑞</td><td>2000.05—2008.12</td></tr>
</table>

气象业务与服务

主要业务：地面气象观测（国家一般站）、航空天气报告、天气预报、人工影响天气。

主要服务和科技服务：专业专项天气预报服务，气象资料、农业气象服务，防雷设施管理及安全检测，空飘气球广告，气象声像广告。

1. 气象业务

①地面气象观测

观测时次和项目　石柱土家族自治县气象局现为国家一般气象站，每日3次定时观测，并编发加密天气报。云、能见度、天气现象、气温、气压、湿度、风向风速、降水、积雪、蒸发（小型）、日照、地温等。

业务变化：1957年1月1日开始3次（08、14、20）云、能、天、温、湿度、绝对湿度、相对湿度、饱和水汽压观测记录。1958年2月1日增加地面最高温度、地面最低温度观测，2月12日增加地面0厘米、5厘米、10厘米、15厘米、20厘米曲管地温观测。1961年9月1日增加水银气压表观测。1962年3月1日—1963年12月31日停止能见度观测。1966年6月1

日取消地温观测。1972年1月1日增加气压自计记录观测。1983年1月1日EL电接风自记记录观测报表。1986年7月1日使用遥测雨量计。1987年4月1日停止EL风观测。1989年11月1日,使用PC-1500机,用《DMCX-S1》程序进行查算编报,制作报表。1991年3月,停止使用,改由人工查算。1991年4月停用遥测雨量、虹吸雨量计为正式记录。1998年1月用计算机录入手工查算制作报表。2000年8月采用计算机软件《AHDM4.1》查算编报。2001年9月配备自动站微机,BB-1型玻璃百叶箱。2001年10月安装自动仪器,UPS电源,DYYZ2型地面气象有线遥测仪。2001年12月1日,将原风杆换为风塔。2002年1月1日起,人工观测记录与自动站观测并行观测2年。2004年1月1日起自动站正式单轨运行。2004年正式进行土壤墒情观测(全县设西沱、下路、鱼池、龙沙、县城五个点)。2004年10月进行酸雨观测。2008年7月开展闪电观测。

建站至20世纪90年代,先后为军、民航、地质、森林等部门拍发航危报。

②气象信息网络

1984年以前气象信息来源主要是收听、抄录每天上午11时四川省成都中心气象台口语广播及下午13时30分收听抄收贵州台气象专题广播。1984年下半年配备ZSQ-1A型天气图传真机。1990年,开通高频电话。1997年实现与重庆市气象局微机联网,建成远程数据传输终端。1999年建成PC-VSAT卫星单收站。2002年建成帧中继网,接入重庆市气象局办公自动化系统,2007年接入石柱县党政网。

③天气预报

主要业务:短时天气预报(0～6小时)、短期天气预报发(24～48小时)、中期天气预报(旬、月预报)、长期天气预报(年预报、农事季节天气预报、短期气候预测)、短时灾重天气预警预报(暴雨、冰雹、大风、寒潮、干旱、连晴、连阴雨等)。

石柱县天气预报始于1958年10月,采用先内部、后公开,先短期(24小时内)后中长期的办法。1958年8月底,根据上级在全省实现专区有台,县有气象站,公社有气象哨,大队有看天小组的要求,县领导十分重视,10月起即在县里集中培训了第一批重点产粮区社气象哨员39人。当时正值大跃进时期,大办钢铁,大办工业,致使培训后的哨员未到位,县领导决定将气象哨建立在全县中小学校,由中学数理老师负责,中心小学由语文老师负责,选热爱气象科学的学生组成小组进行工作,由区文教干事及区所在地、公社所在地中小学校长负责气象哨,看天小组进度向县农业科或气象站汇报。

在各级领导的重视下,很快就在全县建立气象哨72个,看天小组421个,基本实现公社有气象哨,大队有看天小组的气象化县,不久经四川省气象局和涪陵专区气象台研究决定:1959年1月初在石柱召开全省气象哨工作现场会议。省局派黄昌华、林命肖、徐肇光、高孔熙、王士维及涪陵专区气象台的葛福庭来石柱协助筹办会议及现场参观事宜。县委对这次会议非常重视,在12月底前,突击拆、修从后河到七星桥大街,日夜赶修县招待所。1959年1月1—5日,四川省气象局全省气象哨工作会议在石柱召开,省气象局副局长赵凯参会,并到下路区中心气象哨参观,代表省气象局党组向下路中心气象哨赠送地面测报仪器一套,大会向县人民委员会赠"气象化县"锦旗一面。

1959年国庆,下路公社党委书记刘宗林作为气象代表出席国庆十周年观礼。

1959年1月,四川省气象局在石柱县现场会议上决定在全省气象站都要贯彻"八字措施”(听、看、谚、地、资、商、用、管),开展补充订正预报。20 世纪 60 年代,收听成都中心气象台每天 11 时的口语广播提供的天气预报、大气环流、指标站、单站探空资料,绘制简易天气图、单站要素时间剖面图、曲线图,查模式、找指标,结合本地气象要素、天、物象反映、上级预报,再进行补充订正预报,预报的准确率、时效性有较大的提高。20 世纪 70 年代,引进数理统计方法制作预报,进行天气预报业务“四项基本建设”,进一步提高了县站天气预报准确率。20 世纪 80 年代预报传真图使用。1999 年建成 PC-VSAT 卫星接收站,直接收取气象信息资料,传真机停用。2002 年,引进 MICAPS 系统,建成天气预报业务服务平台。2005 年天气预报可视会商系统投入使用,预报的时效性、准确性得到大幅度提高。

④气象档案

建站以来,气象记录档案资料都由兼职保管,从无丢失、霉变、虫叮咬现象,只是缺乏固定房屋(几次搬动),缺乏规范整理。1987 年 4 月贯彻国家气象局有关气象记录档案分类、编目等文件精神,专人按文件要求对气象记录档案进行规范化整理,建立档案保管、入库、借阅等制度。1998 年获重庆市“二级”档案达标单位。2005 年购置金属档案密集柜。2002 年 12 月,按国家气象局档案管理改革之规定,将 1957—2001 年测报记录,压、温、湿、风、雨量自记纸按规定要求完整上缴市气象档案馆,目前已缴至 2007 年。

2. 气象服务

①公众气象服务

公众气象服务方式 1958 年 10 月开始预报 24、48 小时天气,但仅供县委、政府主要领导使用,随着时间推移,天气预报服务社会、服务于人民生活,逐渐走向公开发布。1968 年通过农村有线广播网传播 48 小时内天气预报。1975—1994 年将制作的旬月预报、各农事季节预报、年预报按时邮寄区(公社)、乡、镇。1994 年通过县调频广播播放天气预报到 2001 年止。1985—2008 年间制作石柱《气象历书》,只是时断时续。2000 年开播电视天气预报。1998 年 5 月开始,启动电话自动答询和网络查询天气预报服务,即“121”台,后改为“12121”及“96121”。2008 年 1 月建立了手机短信预警发布平台,服务县乡(镇)有关部门 500 余人。

公众气象服务产品 日常天气服务,专题专项天气服务,重要天气快报,重大活动气象保障服务、灾害性天气预警、森林火险天气预报、地质灾害气象天气预报、雷电灾害天气预报等 10 余种。

②决策气象服务

为领导指挥农业生产提供天气预报、气象情报、农事建议服务。到 2008 年,决策气象服务产品有《石柱气象》、《气象月报快报》、《气象旬报快报》、《重要天气服务快报》、《强天气警报》、《雨情实况通报》、《专题天气预报》、《今日气象要讯》、《重要气候专报》、《灾情报告》、《气候评价》。2007 年,按重庆市气象局规定,制作气象灾害预警信号发布。

【典型事例】 为领导指挥防灾减灾提供气象服务:2004 年 4 月 7 日 15 时 30 分,县气象局以《重要天气服务快报》方式发布:“受巴湖冷低压和高原小槽东南下影响,我县未来 72 小时内有一次寒潮降温天气,冷空气入侵时将有雷雨(雨量中到大雨)、冰雹、大风天气,请各乡镇做好预防强对流性天气带来的危害。建议对已播大春作物、育苗的疏菜、玉米、水稻苗床上的薄膜丢放柴草、树丫枝。”8日19时40分，县城雷电交加、大雨如注，全城停电。当班预报员又搭摩托车、拿照明灯到县委办接受咨询、汇报雨情、分析雨势，提供决策决议。县委书记带气象局主要领导到当时正修建的滕子沟水库大坝现场组织抢险救灾。县委书记和气象局主要领导从滕子沟水库回来后，又立即到遭受风雹灾害的马武镇察看灾情，面对灾害现场，县委书记讲：“气象局这次预报相当准，预防措施也提得好，你们为什么不照样放柴草、插树丫在薄膜上、边上，要相信科学！”

1982年7月16—18日，石柱县连降三天暴雨，雨量达288.3毫米，全县大面积遭遇百年不遇的特大洪灾，县城龙河流量达2800立方米/秒。全县30个乡场镇、街道被淹，房屋倒塌1.38万间，死亡31人，重伤416人，县城龙河护城堤坎冲垮近300米，居民户户进水，各种经济损失5078万元。7月27日19时至28日5时，石柱县再遭特大暴雨袭击，雨量达165.7毫米，县城再次被淹。玉带河两岸水深2米，石柱大桥被冲毁，全县40个乡场镇街道遭洪灾，倒垮房1.75万间，死亡10人，重伤114人，各项经济损失6459万，全县58个公社不同程度出现滑坡、泥石流、垮塌、地陷等地质灾害。在这两次百年不遇的特大洪灾中，石柱县气象局全体职工在县委、政府统一指挥下，一是严密监视雨情，与省地台加强天气会商，通过有线广播不间断播送天气信息。二是组织职工参加县救灾队伍。三是收容县城灾民到气象局安排住宿，办公室、走廊、空房、职工住房内均安排。在这两场特大洪灾服务中，获国家气象局“在1982年重大灾害性、关键性重大天气预服务工作中成绩显著，特此奖励”的殊荣。

为当地重大社会经济活动提供气象服务：2007年8月16—20日，重庆市第三届森林旅游节在石柱县境内召开，县气象局于8月初主动与森旅节组委会联系，成立了森旅节气象服务领导小组，制作了《第三届森林旅游节气象保障服务方案》，积极开展各项服务工作。8月2—18日，石柱县气象局共计发布森旅节专题天气预报9期，手机短信1000余人次。8月18日，出动火箭车1辆，车载式火箭1台，气象业务人员5名，到黄水进行森林美食品评、森林探险等活动现场气象保障服务。受到重庆市第三届森林旅游节组委会及石柱县委、政府的高度赞誉，组委会为此专门发来感谢信，信中称“石柱县气象局在此次气象保障服务过程中，预报准确，服务主动、及时、到位，保障有力，确保了这次森旅节取得圆满的成功”。同年，石柱县气象局获重庆市气象局“重大气象服务先进集体”表彰。

③专业与专项气象服务

防雷技术服务 1994年起，成立防雷安全办公室，与安监、公安、消防、教委等相关单位联合行文，定期对县境内易燃易爆场地、高层建筑、人员密集活动场所等开展防雷设施安全性能监测服务。1999年开展防雷装置图纸审核、施工监审、竣工验收等技术性服务。

人工影响天气服务 1958年大跃进时期，因干旱，石柱县气象局在县城西边的骄子顶，北方的帽儿顶空旷山包上堆放火药引爆，借以影响天气，产生降水。1975—1978年，每年伏旱期，县政府请涪陵海陵二厂将护厂“三七”高炮拖到石柱，由县政府、人武部、电信局、农办、气象局等单位组成人工影响天气作业队，临时流动作业。1991年，黔江地区行署拨给石柱2门双管“三七”高炮。1994年7月，正式设立人工防雹增雨指挥部，指挥长由分管农业副县长兼任，指挥部门在气象局设办公室，负责组织日常事务工作。到目前，已有8门高炮（双管“三七”高炮3门、单管“三七”高炮5门），分别置于高山烤烟种植乡。2005年4月购回火箭1架，留局流动作业。截至2008年，已修建木坪、冷水、庙坝、茶店简易炮库炮点4个，金竹、茶院、空壳树、洗新待建。

气象资料服务 气象资料为当地经济的发展，科学种植经济作物、建设项目的论证提供服务。2005年4月，重庆市烟草行业为科学种植烤烟、引进优良烟种进行合理布局、科学种植，县烟草公司要求提供石柱县气象资料，按市烟草行业制发表格进行统计、加工。资料上传后，专家论证确定：石柱为适宜烤烟种植县。2006年9月，国家西气东送工程过境黄水输气管道工程处要求提供黄水山的气象资料：年均气温、年降水量、冬、夏季气温、极端最高气温、极端最低气温、主导风向风速、结冰期、冻土深度、凌冻日数、雨、雾凇日数、一日最大降水量等，石柱局查阅资料室的金佛山站资料结合本局资料进行统计分析、论证，顺利准确完成任务，用户非常满意。

党建与气象文化建设

党建工作 1971年，组建了中国共产党石柱土家族自治县气象站党支部。2008年前一直与县农业局组织联合支部学习。2008年，经过支部换届选举，设立了石柱土家族自治县气象局支部委员会。先后有冯德卿、余宗英、周昌琪、徐世华、荣瑞担任党支部书记。现有中共党员7人。

气象文化建设 1995年，被命名为石柱县文明单位。2003年，被命名为石柱县最佳文明单位。

石柱县气象局一直致力于对贫困妇女、儿童的帮扶工作，从2002年起，资助贫困女童2名，花费2万元。

台站建设

1956年12月31日，新建石柱土家族自治县气象站，占地面积3449.15平方米，房屋面积116.6平方米。1984年为保护气象观测环境，征地1046平方米。1979年，县政府划拨土地830.6平方米修建职工住宅。1992年在原地修建办公楼224.64平方米，职工住宅812.56平方米，单位占地面积增至5325.75平方米。

2004年，拆除1957年修建的土混结构房屋，将其改为绿化用地。2005年，因气象观测环境遭到破坏，在石柱土家族自治县城东村马家寨征地1874平方米，修建观测场625平方米，修建观测值班室100平方米。2005年，为筹集气象观测场建设资金，挂牌出售了1984年为保护观测场环境所征土地1046平方米。2008年，在气象局原址新建业务办公用房1385.2平方米。

截至2008年底，石柱县气象局占地面积6153.75平方米，现共有业务办公用房1609.84平方米，观测值班室100平方米。

石柱县气象局旧观测场

石柱县气象局办公楼旧貌

石柱土家族自治县气象局新观测场

石柱土家族自治县气象局新办公楼

秀山土家族苗族自治县气象局

秀山土家族苗族自治县地处武陵山脉中段，重庆市的东南角，地跨东经108°43′6″～109°18′58″，北纬28°9′43″～28°53′5″，幅员面积2950.25平方千米。东和东北与湖南省花垣、龙山、保靖县毗邻。南和东南、西南与贵州省松桃苗族自治县相连，北和西北与酉阳土家族苗族自治县接壤，东南角距湖北省来凤县境仅20余千米。属中亚热带湿润季风气候，年平均气温16.5℃，年总降雨量1348.3毫米，日照1219.8小时。

机构历史沿革

历史沿革 秀山土家族苗族自治县气象工作开始于1936年夏，当时设立了四等测候所。1957年12月，新建了秀山县气象站。从建站至今名称多次变更，但站址一直没有改变。初建时名称为四川省秀山县气候站，位于秀山县七星村陵园路43号，东经108°43′，北纬28°53′，海拔高度363.7米。

1958年10月改为秀山县气候站；1960年2月又改名为秀山县气候服务站；1968年8月更名为四川省涪陵地区气象台革命委员会秀山站；1971年8月更名为四川省秀山县气象站；1983年11月改名为四川省秀山土家族苗族自治县气象站；1987年6月更名为四川省秀山土家族苗族自治县气象局；1998年6月更名为重庆市秀山土家族苗族自治县气象局。

管理体制 1936年秀山县四等测候所隶属县政府，归县农业局农林水利科管理，由省测候所指导。1957年秀山县气候站隶属于四川省气象局和秀山县人民委员会双重领导，以秀山县人民委员会领导为主；1964年5月归四川省气象局建制，委托涪陵专区气象台管理；1970年10月实行军队和地方双重领导，以军队领导为主；1973年8月实行四川省气象局和县政府双重领导，以四川省气象局管理为主的管理体制，由涪陵区气象台主管；1990年12月改由四川省黔江地区气象局主管；1997年由重庆市黔江开发区气象局主管；2000年8月改为重庆市气象局直接管理。

机构设置 1957年，只有观测组。1959年开始设立预报组。1978年开始有观测组、预报组、农气组。1985年1月增设气象服务组。2006年气象业务体制改革，设置了办公室、业务科、科技服务科。

1999年成立秀山县防雷安全委员会办公室,2001年设立重庆市防雷中心秀山分中心(属地方机构编制)。1997年3月,成立秀山县人工降雨指挥部办公室,后改为重庆市秀山县人工影响天气指挥部办公室。

人员状况 建站初期职工2人,1967年增加到5人,1973年增加到10人,1983年10月增至14人。2008年定编9人,目前实有在编职工9人。平均年龄40岁,本科2人,大专6人,中专1人。工程师6人,初级职称3人。其中土家族3人,其余均为汉族。

单位名称及主要负责人变更情况

<table>
<tr><th>单位名称</th><th>负责人</th><th>任职时间</th></tr>
<tr><td>四川省秀山县气候站</td><td rowspan="2">葛福庭</td><td>1957.12—1958.10</td></tr>
<tr><td rowspan="2">秀山县气候站</td><td>1958.10—1959.09</td></tr>
<tr><td rowspan="2">张家林</td><td>1959.09—1960.02</td></tr>
<tr><td rowspan="5">秀山县气候服务站</td><td>1960.02—1965.08</td></tr>
<tr><td>吴官德</td><td>1965.08—1967.01</td></tr>
<tr><td>梁 升</td><td>1967.01—1967.11</td></tr>
<tr><td>吴官德</td><td>1967.11—1968.06</td></tr>
<tr><td rowspan="2">王多祥</td><td>1968.06—1968.08</td></tr>
<tr><td rowspan="2">四川省涪陵地区气象台
革命委员会秀山站</td><td>1968.08—1971.03</td></tr>
<tr><td rowspan="2">任廷富</td><td>1971.03—1971.08</td></tr>
<tr><td rowspan="3">四川省秀山县气象站</td><td>1971.08—1973.03</td></tr>
<tr><td>莫长征</td><td>1973.05—1982.12</td></tr>
<tr><td rowspan="3">吴官德</td><td>1982.12—1983.11</td></tr>
<tr><td>四川省秀山土家族苗族自治县气象站</td><td>1983.11—1987.06</td></tr>
<tr><td rowspan="2">四川省秀山土家族苗族
自治县气象局</td><td>1987.06—1994.12</td></tr>
<tr><td>王多祥</td><td>1994.12—1998.06</td></tr>
<tr><td rowspan="2">重庆市秀山土家族苗族
自治县气象局</td><td>田映月</td><td>1998.06—2001.12</td></tr>
<tr><td>邓显军</td><td>2001.12—</td></tr>
</table>

气象业务与服务

主要业务:地面气象观测(国家一般站)、天气预报、人工影响天气。

主要服务和科技服务:专业专项天气预报服务,气象资料、农业气象服务,防雷设施管理及安全检测,空飘气球广告,气象声像广告。

1. 气象业务

①地面观测

观测时次和项目 秀山气象站为一般站,白天值守班,每天3次定时观测。观测项目有:云、能见度、天气现象、气压、气温、湿度、风向风速、降水、日照、蒸发(小型)、地温(0～20厘米)等。

业务变化 1954—2006年为国家一般气象观测站。1957年12月1日起按照《地面观测规范》观测记录，每日真太阳时01、07、13、19时4次定时观测，并制作上报气象记录月报表。1959年增加向四川省气象局和涪陵专区气象台拍发气候报、雨量报、危险天气报、小天气图报。1960年8月1日起改为北京时02、08、14、20时4次观测。1961年4月1日起改为北京时08、14、20时3次观测。先后增加重庆、溆浦、双流、成都、铜仁、贵阳以及多个部队等固定或预约航危报。1970年改为4次观测（增加02时），1974年恢复3次观测。1984年停发航危报。2003年建成自动气象观测站，2003年12月31日北京时20时起对比观测2年，2005年12月31日北京时20时起自动站正式单轨运行。2005年增加酸雨观测业务。2007年改为国家气象观测站二级站，同年开始建立区域气象观测站，已建成24个。2008年12月31日改称国家一般气象观测站。

②气象信息网络

1982年增收成都区域中心气象台的传真广播。同年，改用普通纸滚筒式传真机，主要接收成都区域气象中心广播的传真图、数值预报产品、降水实况、雷达回波、卫星云图等。夏季每日接收传真图14～18张，冬季每日接收传真图8～10张。1990年，开通了地县辅助通讯网，安装了单边带通讯电台。1996年12月，全市气象部门计算机实现联网。1997年12月23日用X.25与重庆市气象台联通，辅助气象通信网停止使用。1998年1月19日与四川省气象局脱网。2005年，完成对原通信网络改造，建立了以帧中继通信方式为主的可视天气预报会商系统。其后，帧中继改用SDH替换。

③天气预报

主要业务：短时天气预报、短期天气预报、中期天气预报和短期气候预测。

1959年后，开始作补充天气预报，主要方法是依据收听成都中心气象台天气形势和预报广播以及涪陵气象台指导预报，结合本站气象要素做出本站预报。20世纪60年代，使用简易天气图、单站要素时间剖面图、点聚图、气象要素曲线图、天气预报模式等制作当地天气预报。20世纪70年代初期，开始使用数理统计预报方法，1975年按照中央气象局规定的72项基本气候资料，整编了地面基本气候资料《历年簿》、《累年簿》。在20世纪80年代初期，根据上级业务部门安排，开展基本资料、基本图表、基本档案和基本方法建设。对建站后有气象资料以来的各种灾害性天气个例进行建档，对气候分析材料、预报服务调查与灾害性天气调查材料、预报方法使用效果检验技术材料以及中央、省地各类预报业务会议材料等建立业务技术档案。20世纪80年代传真接收数值预报产品、天气图。2003年MICAPS2.0系统开始在天气预报中应用，2008年MICAPS系统已升级至3.0版本。

2. 气象服务

①公众气象服务

在1998年以前，每日制作的天气预报送县广播站定时播发，以后开始制作电视天气预报，2002年停播，1995年开通“121”天气预报自动答询电话。2002年，重庆市局整合资源，全市统一开展“12121”、“96121”气象声讯服务，开通手机短信服务。2005年建成防灾减灾短信警报台。2008年建成8块气象电子显示屏，通过这种新方式向社会公众提供天气信息。

②决策气象服务

提供的决策气象服务产品有：重要气象快报、专题气象服务、重大活动气象保障服务、灾害性天气预警信号、雨量实况报告、酸雨月报、土壤墒情月报、森林火险天气预报、地质灾害气象条件等级预报等10多种。

1986年4月，专题为钟灵水库提供的《放水闸线升降轴失控故障排除与气象保障》服务建议，得到了秀山县政府领导采纳。按照秀山县气象局提供的气象服务材料，经秀山县内水利等方面的专家、学者论证，合理的利用时间，做到排水、维护、蓄水依据程序操作，顺利排险，并确保了农业生产的正常进行。为此获得了秀山县政府科技应用成果奖。

2002年5月21日大型文艺活动，气象保障服务获得成功，得到了党政部门的高度赞赏。

③主要专业与专项服务

防雷技术服务 1996年起，建立防雷安全定期检测制度，每年与经委、安监、公安、消防、卫生、教委等相关单位联合检查，建立了有效的联动机制，对易燃易爆场所、高层建筑、人员密集场所等开展防雷装置安全性能监测；2001年组建秀山县防雷中心；2003年起开展防雷装置图纸审核、施工监督、竣工验收等技术服务。

人工影响天气 1966年进行人工降雨试验研究，1971年进行人工消雹试验，1977年由县政府出面，在有关单位抽调人员配合民兵进行作业，气象局抽专人负责此项工作，并成立人工防雹降雨办公室，设在县农业局，1983年取消人工防雹降雨办公室。1997年3月人降工作移交气象局管理。1998年新购买2门“三七”高炮，2004年7月购置火箭2架，开展火箭与高炮结合的人工增雨消雹作业。2007年建成梅江、宋农、龙池、雅江人影作业固定炮站。

气候资料服务 为所有招商引资项目提供必要的气象资料数据，同时进行可行性论证和评估，配合县委、县政府的决策，积极支持大型项目的气象资料采集服务工作。

社会管理

2007年县人民政府下发了《关于加快气象事业发展的决定》(秀山府发〔2007〕5号)。

雷电灾害防御和氢气球施放管理 1996年成立了秀山县人民政府防雷安全委员会，由秀山县气象局归口管理本辖区内的防雷减灾工作。2004年，秀山气象局派专人进驻县行政审批服务大厅，办理防雷行政审批、氢气球施放许可等相关事宜。气象局被列为秀山县安委会成员单位。

人工影响天气工作管理 秀山人影工作历来实行政府统一领导、气象部门具体负责、有关部门协调配合工作机制。1997年3月，县政府成立人工影响天气作业指挥部，下设办公室，挂靠气象局，负责人工影响天气日常工作。

依法保护观测场环境 2008年起，将观测场环境保护相关材料在规划局、城乡建设委员会、国土局进行备案，将观测场环境保护纳入城市建设规划。2008年，秀山县气象局被纳入县规划委成员单位。

党建与气象文化建设

党建工作 1961年以前，无党员，无支部；1961—1970年，仅有党员1人，属县农业局支部；1971年，组建中国共产党秀山县气象站党支部。现在在职的中共党员6人，退休党员7人。

精神文明建设 1988年，获县级精神文明单位和爱国卫生先进单位称号；1991年，创建成为地区级文明单位，卫生达标、计划生育先进单位；2003 年，被命名为重庆市“文明单位”，并授予重庆市“爱国卫生先进单位”称号。

荣誉 1984 年获四川省气象局全省气象服务先进集体表彰；1986 年 1 月，获秀山县委、县政府年度计划生育先进单位；1987 年，获四川省“气象服务先进集体”称号；1992 年、1999 年获地区级表彰奖励的气象服务先进集体；1994—1997 年获得四川省气象局表彰奖励的重大气象服务先进集体；1998 年、2002 年获重庆市气象服务先进集体表彰奖励；2007 年获得重庆市重大气象服务先进集体、县政绩考核先进单位等荣誉称号；2008 年获得县级部门“先进领导集体”、“农业工作先进单位”称号。

台站建设

1957 年始建时征地 5204.45 平方米，建观测场 625 平方米，建房 188 平方米。1965 年建平房 110 平方米。1977 年建平房 232 平方米。1981 年修建楼房 315 平方米。1998 年，新征地 3440.17 平方米，拆除 1981 年以前建的办公配套房和所有的平房，修建综合楼 2762 平方米，其中业务办公用房 900 平方米，库房 252 平方米，职工住宅 1610 平方米。

截至 2008 年底，秀山县气象局占地面积 8644.62 平方米，现有业务办公用房 900 平方米，库房 252 平方米。

秀山土家族苗族自治县气象局旧貌

改造后的秀山土家族苗族自治县办公楼和观测场

酉阳土家族苗族自治县气象局

酉阳土家族苗族自治县地处渝、鄂、湘、黔4省(市)边区结合部,幅员面积5173平方千米。人口82万,以土家族、苗族为主的17个少数民族人口约占全县总人口的84%。属亚热带湿润季风气候。年平均气温为14.9℃,降雨量1331.6毫米,平均日照时数为1076.7小时。

机构历史沿革

历史沿革 酉阳土家族苗族自治县气象局始建于1937年6月,位于县政府右侧。建站以来先后搬迁3次。1945年12月迁至酉阳县城北门外先农坛;1949年1月1日迁至酉阳县北门外五谷庙;1954年1月迁至酉阳县钟多镇桃花源南路1号(酉阳县钟多镇复兴街73号),东经108°46′,北纬28°50′,海拔高度664.1米。1942年,更名为中央气象局酉阳测候所,改四等测候所为三等测候所;1950年8月22日,西南军区司令部气象处正式建立中国人民解放军西南军区气象处酉阳气象站(属国家基本站),同年9月16日,西南军区气象管理处将酉阳气象站确定为"丙种站";1953年3月4日,改称中国人民解放军四川军区酉阳气象台;1954年1月1日,改称酉阳县人民政府气象站(确定为二等气象站);1955年9月16日,更名为四川省酉阳气象站;1958年10月1日,更名为酉阳县气象站;1959年7月19日,酉阳气象站与作物病虫测报站合并为酉阳县气象植保站;1960年2月22日,改称酉阳县气象植保服务站;1964年10月1日,恢复为四川省酉阳县气象站;1968年6月25日,更名为四川省涪陵地区气象台革命委员会酉阳站;1971年8月15日,恢复为四川省酉阳县气象站;1983年11月11日,成立酉阳土家族苗族自治县,改称为四川省酉阳土家族苗族自治县气象站;1987年4月29日,更名为四川省酉阳土家族苗族自治县气象局;1990年1月1日,观测业务由基本站变动为酉阳国家基准气候站;1997年2月更名为重庆市酉阳土家族苗族自治县气象局;2006年12月31日更名为酉阳国家气候观象台;2008年12月31日恢复为酉阳国家基准气候站。

管理体制 1937—1941年,酉阳四等测候所由省气象测候所管理;1942年改属中央气象局建制,隶属中央气象局直属分所;1950年1月1日,由酉阳县人民政府接管,业务领导属重庆白市驿机场,同年9月23日,酉阳县人民政府将气象站移交西南军区管理;1952年

7月1日起酉阳气象站建制归属川东军区，业务领导属川东军区气象科，同年10月1日，划归四川军区，业务领导属四川军区气象科；1954年1月1日，气象工作由军队转归人民政府管理；1955年9月16日，建制归县人民委员会，业务领导仍属四川省气象局；1958年10月1日，业务领导属涪陵专区气象台；1964年，改成四川省气象局建制，业务仍由涪陵专区气象台代管；1968年6月25日，建制划归酉阳县革命委员会；1983年11月11日，根据气象部门管理体制改革要求，实行上级气象部门与地方政府双重领导，以气象部门为主的管理体制，酉阳县气象站改由四川省气象局与酉阳县人民政府双重领导，以四川省气象局为主，由四川省气象局委托涪陵地区气象局管理。1990年12月，改由四川省黔江地区气象局代管；1997年，实行由重庆市气象局与酉阳土家族苗族自治县人民政府双重领导，以重庆市气象局为主的管理模式；2000年8月，改由重庆市气象局直接管理。

机构设置 1975年设立了地面测报股、预报股、农气股。1997年设立了办公室、地面测报股、预报股、农气股。1998年11月岗位调整设立办公室、观测科、预报科、农气科、产业科。2006年业务体制改革调整为办公室、气象观测科、气象业务科、科技服务科。至2008年底有办公室（法制科）、气象业务科、气象观测科、科技服务科三科一室。

人员状况 从民国时期的测候所到1950年人民政府接管后建站时仅为3人，1951—1967年逐渐增加到9人，1968—1978年为10～15人，1985年底已达21人。1990年改为酉阳国家基准气候站后，编制20人。

酉阳县气象局现有在编职工17人，临时工作人员2人，平均年龄33岁。本科学历6人，大专学历8人，中专4人。工程师8人，初级职称9人。汉族12人，土家族5人，党员7人。

单位名称及主要负责人变更情况

<table>
<tr><th>单位名称</th><th>负责人</th><th>任职时间</th></tr>
<tr><td rowspan="2">中央气象局酉阳测候所</td><td>胡孝炽</td><td>抗战中期—抗战即将胜利</td></tr>
<tr><td rowspan="2">胡辛树</td><td>抗战即将胜利—1950.08</td></tr>
<tr><td rowspan="2">中国人民解放军西南军区气象处酉阳气象站</td><td>1950.08—1952.10</td></tr>
<tr><td rowspan="4">倪德英</td><td>1952.10—1953.03</td></tr>
<tr><td>中国人民解放军四川军区酉阳气象台</td><td>1953.03—1954.01</td></tr>
<tr><td>酉阳县人民政府气象站</td><td>1954.01—1955.09</td></tr>
<tr><td rowspan="2">四川省酉阳气象站</td><td>1955.09—1956.09</td></tr>
<tr><td rowspan="3"></td><td>1956.08—1958.10</td></tr>
<tr><td>酉阳县气象站</td><td>1958.10—1959.07</td></tr>
<tr><td>酉阳县气象植保站</td><td>1959.07—1960.01</td></tr>
<tr><td>酉阳县气象植保服务站</td><td rowspan="2">陈学义</td><td>1960.02—1964.10</td></tr>
<tr><td rowspan="2">四川省酉阳县气象站</td><td>1964.10—1965.12</td></tr>
<tr><td rowspan="3">廖明伏</td><td>1966.01—1968.06</td></tr>
<tr><td>四川省涪陵地区气象台革命委员会酉阳站</td><td>1968.06—1971.08</td></tr>
<tr><td rowspan="2">四川省酉阳县气象站</td><td>1971.08—1978.12</td></tr>
<tr><td>田应全</td><td>1978.12—1983.10</td></tr>
</table>

续表

单位名称	负责人	任职时间
四川省酉阳土家族苗族自治县气象站	王起明	1983.11—1985.12
	胡隆厚	1985.12—1987.04
四川省酉阳土家族苗族自治县气象局		1987.04—1994.02
	彭光成	1994.02—1997.02
重庆市酉阳土家族苗族自治县气象局	袁华珍	1997.02—2000.12
	彭光成	2000.12—2003.05
	田　黎	2003.05—

注:1956 年 8 月—1960 年 1 月归县农委管理,历史资料中查不到负责人。

气象业务与服务

主要业务:地面气象观测(国家基准气候站)、农业气象观测(国家一级站)、酸雨观测、天气预报,人工影响天气、雨情报。

主要服务和科技服务:公共气象服务、专业专项天气预报服务,气象资料、农业气象服务,防雷设施管理及安全检测,气象声像广告、空飘气球服务。

1. 气象业务

酉阳国家基准气候站的主要业务是完成地面基准站每天 24 小时天气气候观测,通过重庆市气象局向中国气象局传输 8 次定时观测电报,资料参加全球交换,制作人工观测及自动观测气象月报和年报报表;编发重要天气报、雨情报;开展酸雨观测,编发酸雨报,制作酸雨服务材料;开展农业气象观测及服务;开展常规天气预报服务、决策气象服务以及专题气象服务。

①气象观测

地面气象观测 1937 年 6 月建站起至 1945 年 3 月期间观测资料已散失,1945 年 9 月—1949 年 2 月尚有部分资料。

观测时次和项目:1937 年开始观测项目有温度、湿度、雨量、蒸发、风向风速、天气现象。1950 年 1 月 1 日 06 时开始作 06、09、12、14、18、20 时 6 次地面观测,夜间守班,观测项目有能见度、天气现象、降水、云状、云量、云高、天空状况、风向、风速、箱外蒸发、干湿球、最高最低温度、绝对湿度、相对湿度、露点温度。1951 年 6 月 1 日开始编发 06、09、12、14、18、20 时 6 次天气报,1952 年 3 月 1 日起编发 23、02、05、08、11、14、17、20 时 8 次天气报。1956 年 9 月 1 日增加拍发航报,1994 年 1 月 1 日 06 时停发重庆航(危)报。现在有观测项目:能见度、天气现象、气压、降水、日照、云状、云量、云高、风向、风速、大型蒸发、积雪、电线积冰、空气温度、湿度、最高气温、最低气温、水汽压、相对湿度、露点温度、地面最高、最低温度、地面 0 厘米、地中 5 厘米、10 厘米、15 厘米、20 厘米、40 厘米、80 厘米、160 厘米、320 厘米。编发重要天气报,08 时加密雨量报。

1951 年 1 月 1 日—1961 年 1 月 1 日开展地面状况观测,1957 年冬增加电线积冰观测,1965 年冬增加积雪密度观测,1979 年冬改积雪密度为雪深观测,1980 年 1 月增加地温、小型蒸发、三性云观测。1995年1月1日酉阳国家基准气候站实行微机编发报，2001年12月31日停止小型蒸发观测，进行E-601B大型蒸发观测，2002年年底建成CAWS-600型自动气象站，观测项目包括：空气温度湿度、气压、降水量、风向风速、地温、大型蒸发，2003年1月1日开始人工站与自动站平行观测，根据渝气业函〔2003〕47号文件精神，2003年版《地面气象观测规范》自2004年1月1日开始施行，每天只进行2次人工定时降水观测，不再统计05—05时的24小时降水量，原1979年版《地面气象观测规范》同时废止。2004年起以自动站资料进行编发报，每月定时复制光盘归档、保存、上报。

1955年6月24日，酉阳县降大暴雨，日降雨量194.9毫米，洪水淹没了街道、县气象站及观测场，水深达2.5米，县城附近8成以上庄稼被淹，一半房屋倒塌，观测记录从6月24日—7月8日全部中断；1999年6月下旬县城降水441毫米，洪水围困县城达8天之久，直接经济损失达7亿元以上，洪水淹没观测场，水深达1.1米，使6月30日—7月2日浅层(曲管)和深层(直管)地温缺测。

高空观测　1979年1月1日，开展小球测风工作，每日于07、19时进行2次观测，并向成都拍发测风报告，每月10日前制作上报月报表。1989年12月31日，停止小球测风观测。

特种气象观测　酸雨观测：2004年10月开始酸雨观测，负责收集降水样品、测定样品PH值、编发酸雨报、月报表。

雷电监测：2003年9月，建设安装闪电定位仪，并投入使用；2008年再次对闪电定位系统进行升级，并纳入全市闪电定位监测系统。

农村气象哨　1958—1959年先后建立青华林场、小坝农场、涂市小学等11个气象哨。1958—1969年，气象哨经费由区、乡政府和办哨单位行政经费中开支，每日观测4次(02、08、14、20时)，观测项目有干、湿球温度，空气最高、最低温度，地面最低温度，风向风力，雨量蒸发。预报方面有长、中、短期天气预报。

1970—1980年，气象哨的仪器、经费由气象站负责，观测时间为08、20时，负责月报表上报、预报等工作。

1981—1985年设置黑水、南界、渤海3个中心气象哨，其余保持建制，由当地区、乡政府按自愿、自建、自管、自用原则兴办，气象站技术上予以指导。

区域自动气象站　2004年10月起开始建设区域自动站，2008年完成全县32个乡镇区域自动站布点任务，形成较完善的自动气象观测站网，初步完成全县气象灾害预警监测体系建设。

②气象信息网络

建站时通信条件困难，每天4次地面绘图报的传输，使用15瓦无线短波电台，靠手摇发电机给电台供电，报务员用电键发报，传至四川省气象中心和省气象台。1954年后改为用电话通过邮电局报房传报。1985年配置夏普PC-1500计算机，用于编报。2001年1月1日与重庆市气象局的专线网络开通，开始通过帧中继网络传输各类气象资料，气象电报传输实现了网络化、自动化。

1984年以前通过收音机收听成都中心气象台广播，进行人工点绘天气图；1984年配备ZSQ-1A型天气图传真机，代替人工点绘天气图。1990年开通高频电话。1997年4月16

日，气象信息产品服务终端(9210工程)建成并投入使用；1999年建成PC-VSAT卫星接收站，接收卫星云图气象资料等；2004年4月1日，MICAPSV2.0预报系统投入运行；2005年天气预报可视会商系统投入使用，2006年建成天气预报业务服务平台。

2002年与重庆市气象局联网，建成办公自动化系统，实现无纸化办公。2006年10月酉阳县政府党政网开通。

③气象报表

建站后气象月报、年报气表，用手工抄写方式编制，一式四份，分别上报国家气象局、省局、地区气象台气候资料室各一份，本站留底一份。从1995年7月开始使用微机打印气象报表，用邮寄方式向上级气象部门报送报表。2004开始通过内部网络传输报表数据文件。打印纸质报表及用光盘进行数据刻盘一式二份保存资料存档备案。

④天气预报

主要业务：短期天气预报、中期天气预报和短期气候观测。

短期天气预报常规预报内容有：天空状况、有无降水、风向风速、最高温度、最低温度和灾害、重要天气等。

中期预报以旬预报为主，预报内容包括天气趋势、天气过程、旬平均气温、旬降雨量等。

短期气候预测的内容是月、季、年的气温、降水趋势，春秋季低温，春夏旱涝及春夏中的适播连晴等预报。

1956年，召开第一次服务座谈会，同年4月发布第一次天气预报，称为县站天气预报，直接为工业、农业、国防、交通、民航等专业服务，是气象服务的主要手段。1962年开始根据“图资群、大中小、长中短”三结合和“八字措施”的技术方法，制作补充天气预报，即“单站补充天气预报”。20世纪60年代中期到70代初，除按上述方法制作天气预报外，还加上天气形势分型、建模式找指标，发展到数理统计、天气学、动力气象学、B模式、传真图应用等来制作分析发布天气预报。2004年4月1日，更换了气象资料处理系统，2008年MICAPS3.0系统投入业务试用；2007年安装雷达PUB终端软件，开始接收使用黔江雷达站资料。预报从初期单纯的天气图加经验的主观定性预报，逐步发展为采用卫星云图、气象雷达、并行计算机系统等先进工具制作的客观定量定点数值预报。

⑤农业气象

酉阳属农业气象观测一级站，主要任务有：农作物观测及报表制作、拍发旬(月)报、农气试验、农业气象技术推广、农气情报、农气产量预报等。

业务变化 1958年起开展农业气象业务，开展水稻、玉米、小麦作物观测和目测土壤湿度，向四川省气象局拍发农气旬报，1966年停止。1979年1月重新恢复农业气象工作，被定为国家农业气象基本站。主要观测项目有水稻、玉米、小麦的生育状况，土壤湿度的测定，产量分析，编发气象旬月报，向省、中央上报农气表-1。1990年6月16日调整农业气象观测站网，酉阳为农气一级站，开展水稻、小麦、玉米作物观测并编发旬、月报。1998年10月16日起重庆市气象局业务处调整农气观测任务，酉阳仍为农气一级站，开展水稻、玉米、小麦作物观测，土壤水分观测，家燕、青蛙、桂花、银杏等动植物物候观测、气象水文现象观测，编发旬、月报。2004年7月1日起增加土壤墒情观测和服务工作，分别在钟多、龙潭、黑水、李溪、丁市设了5个观测点，并向重庆市气象局编发土壤墒情报。

现有观测及服务项目 水稻、小麦、玉米、油菜等农作物生育状况观测;家燕、青蛙、桂花、银杏、气象水文观测等自然物候观测;土壤水分状况测定;农业气象灾害和病虫害的观测调查;农业气象情报;农业气象产量预报;农业气候评价等。

2. 气象服务

①公众气象服务

20世纪90年代以前,主要通过广播和书面形式发布天气预报;1997年购置"北斗星"电视天气预报制作系统,开始制作电视天气预报节目,服务内容更加贴近生活,产品包括各乡镇晴雨预报和温度预报;1998年"121"天气自动答询电话系统建成并投入使用,2002年全市统一开展"12121"、"96121"气象声讯服务,开通手机短信服务;2007年开始使用电子显示屏为广大市民服务。2008年5月建成了覆盖全县39个乡镇领导、278个行政村村支两委,用户群达1400余人的灾害预警短信发布平台,通过移动短信群发系统发布重要天气消息及预警信息。

②决策气象服务

到2008年,日常决策气象服务的产品:重要天气服务快报、重要天气气候服务快报、重大气象信息专报、专题气象服务、气候影响评价、灾害性天气预警信号、雨情通报、森林火险天气预报、交通安全气象条件预报、地质灾害气象条件等级预报等。

从1989年开始,逐步改进决策气象服务的方式和手段,2005年起每年编制《酉阳县决策气象服务周年服务方案》,每年春播、汛期及年度均参加重庆市气象局组织的全市天气预报会商,制作中长期天气预报,供各级政府指挥工农业生产、防灾减灾决策时参考。1999年以来重要天气服务快报、灾害性天气预警、专题预报和重大气象信息专报为当地党政领导和部门以及重大活动提供了决策依据。

2002年,在"首届中国重庆酉阳国际攀岩赛"和"酉阳第二届摆手舞大赛"系列气象服务中,准确提供了气象保障服务,获重庆市气象局"2002年度春季气象服务效益显著单位"表彰。2005年在酉阳"和平路改造"气象预报专题服务中,被重庆市气象局表彰为重大气象服务三等奖;2006年汛期抗旱救灾气象服务成效显著,被重庆市委、市政府表彰为"重庆市抗旱救灾工作先进集体";2007年、2008年均被重庆市气象局表彰为"重大气象服务先进集体"。

③专业与专项气象服务

人工影响天气 1971年,开始采用土火箭、高山爆炸、"三七"高炮开展人工降雨防雹工作。1972年进行了人工催化降雨防雹试验工作。1978年县委成立了人工降雨领导小组,下设办公室于气象站,同年7月18日—9月1日先后在钟多、龙潭、苍岭、龚滩、丁市、李溪等7个区炮点作业。2005年4月购置车载式、牵引式火箭发射装置,目前共有5门高炮、2门火箭炮。

2007年开始建设人影高炮固定炮站,已建成4个。2007年10月17日,经酉阳土家族苗族自治县机构编制委员会批复设立酉阳土家族苗族自治县人工影响天气办公室。

防雷安全技术服务 1999年成立酉阳县防雷安全工作委员会。开展了防雷工程图纸审核、施工监审、竣工验收等技术服务,逐步建立防雷安全定期检测制度。从2006年起每年与县教委联合行文在全县开展学校防雷安全检查，对全县中小学校、幼儿园的防雷安全工作进行全面检查、整改；与县安监局、公安局联合行文，对全县易燃易爆场所、重点厂矿、企事业单位开展防雷安全专项检查。

④气象科技服务

20世纪80年代初到1991年，酉阳土家族苗族自治县气象局气象科技服务开始起步，1992—1999年，气象科技服务逐步完善和发展阶段，2000年后，特别是正式实施的《中华人民共和国气象法》为气象科技服务的发展提供了法律依据，使气象科技服务进入较快发展阶段。目前开展的气象科技服务项目主要有：气象历书、气象声讯电话、电视天气预报、手机气象短信、专业气象服务、空飘气球广告、气象信息电子显示屏等。1997年开展了电视天气预报服务，2000年在重庆卫视《重庆天气预报》插入酉阳板块天气预报。近年来，一方面，不断加强天气预报宣传，使广大人民群众更加了解气象、关注气象，"12121"和手机气象信息短信业务得到了广大人民群众的认可，手机短信服务用户已近2万人。另一方面，紧密围绕全县经济社会发展重点开展专业气象服务，为全县重大项目建设、重大活动提供气象保障服务。

3. 气象科普宣传

1979年冬，涪陵地区气象局成立气象学会，酉阳站被纳入学会，1982年底，酉阳建立气象学会分会。

每年"3·23"世界气象日，都围绕主题开展纪念与气象科普宣传活动。2006年开始，每年与县科协等单位联合举办"科技之春"大型科普活动，至2008年已合办了三届。打造开放式科普教育基地，与县城各学校建立长期教学合作关系，以举办科普讲座、赠送科普光碟、邀请师生到局里参观等形式，宣传普及气象科普知识。每年参加县科技活动周、科普宣传月活动，开展送科技下乡，实施气象科普知识"进学校、进社区、进乡镇、进农村"，进行气象防灾减灾、气象法律法规及科普知识宣传。

4. 气象科研

1984年10月—1985年8月开展了酉阳山地气候考察，在酉阳毛坝盖山系东南坡开展了立体气候剖面观测。

1992年开展烤烟不同播种期和不同移栽期气候效应实验研究，其科研论文获黔江地区第二届优秀科技论文二等奖，并在当年《四川气象》第二期登载。

1993年开展气候与五倍子产结关系的试验研究获1993年度县科技进步二等奖。

2000年开展酉阳羔羊越冬与气候条件分析，其科研论文《酉阳羔羊越冬与气候条件》在当年《四川气象》第三期登载。

2007—2008年与重庆市气象科学研究所联合开展了酉阳县农业气候区划课题研究，利用GIS技术，将土地资源信息与气候区划进行叠加，合理规划农经作物种植区域。

2008年与重庆市气候中心联合开展了青蒿生长气候研究。

2008年与重庆市气象科学研究所联合开展酉阳风能资源调查，并在酉阳龙头山建立测风塔。

社会管理

2006年酉阳县人民政府出台了《酉阳县人民政府关于加快气象事业发展的意见》(酉阳府发〔2006〕78号),2008年4月县政府办印发了《酉阳县突发气象灾害应急预案》(酉阳县自然灾害应急分预案子预案)(酉阳府办发〔2008〕50号)。

气象探测环境保护 2005年气象局列为县规划委员会成员单位。2007年起,每年将探测环境保护相关材料在县政府法制办、规划局、建设委员会、国土和房屋管理局等进行备案,相关部门依法对探测环境进行保护。

防雷安全管理 20世纪90年代列入县安全委员会成员单位,1999年成立酉阳县防雷安全工作委员会,重点加强雷电灾害防御、防雷安全的依法管理工作,并逐步在辖区范围内实施气象行政审批,主要是防雷工程图纸评价、施工监审、竣工验收,2004年气象行政审批项目变为行政许可。2007年10月17日,经酉阳土家族苗族自治县机构编制委员会批复设立酉阳土家族苗族自治县防雷中心。

氢气球施放管理 依法对辖区范围氢气球施放进行行政审批。2007年10月17日,经酉阳土家族苗族自治县机构编制委员会批复设立酉阳土家族苗族自治县民用空飘氢气球安全管理办公室。

党建与气象文化建设

①党建工作

支部组织建设 1971年8月以前,仅有1名党员,挂靠农业局党支部;1971年8月调入4名部队转业党员。1972年6月建立了党支部,归属县农工部党委。先后有廖明伏、田应全、王起明、刘仲前、胡隆厚、袁华珍、田黎担任支部书记。2008年底有中共党员12名,归属农业系统党委。

党风廉政建设 加强党风廉政建设,认真落实党风廉政建设目标责任制,积极开展廉政教育和廉政文化建设活动,努力建设文明机关、和谐机关和廉洁机关。

政务公开 对气象行政审批办事程序、服务内容、服务承诺、收费依据及标准、气象行政执法依据等,采取了通过户外公示栏、电视广告、发放宣传单等方式向社会公开。干部任用、财务收支、目标考核、基础设施建设、工程招投标等内容则采取召开职工大会或局公示栏张榜、局域网等方式向职工公开。定期对收支、职工奖金福利发放、领导干部待遇、劳保、住房公积金等向职工作详细说明。干部任用、职工晋职、晋级及其他重大事项及时向职工公示或说明。

②气象文化建设

2001年被命名为酉阳县"最佳文明单位"。2003年被授予"重庆市卫生单位"、2004年被命名为重庆市"文明单位"、2005年获"全国气象部门局务公开先进单位"、"重庆市文明气象服务示范单位",2006年被中国气象局授予"全国气象部门文明台站标兵",2007年被命名为重庆市"文明单位标兵"。2008年被中国气象局授予"全国气象部门局务公开示范单位",2008年被推荐为中央文明委表彰的"全国精神文明建设工作先进单位"。

获得综合表彰的先进个人

姓名	时间	所获表彰奖励名称	授奖单位
袁华珍	1983 年	四川省气象部门先进工作者	四川省气象局
袁华珍	1993 年	黔江地区劳动模范	黔江地委、地区行署
袁华珍	1995 年	黔江地区“巾帼建功”十佳标兵	黔江地区妇联
李 艳	2002 年	1999—2001 年重庆市气象系统先进工作者	重庆市人事局、重庆市气象局

台站建设

1937 年始建时，有工作用房 200 多平方米。1954 年迁至酉阳县钟多镇复兴街 73 号“郊外”（现址）后，划拨土地 6880.0 平方米，修建观测场 625 平方米，修建房屋 835 平方米。1987 年增拨土地 1904.62 平方米。1989 年拆除原办公用房，在观测场北面 60 米处建办公平房 314 平方米。2000 年修建职工住宅楼 1298.44 平方米。2005 年拆除旧办公用房，在原址修建办公楼 740 平方米，同时对机关院内的环境进行了绿化改造，硬化整修了 1100 米道路，在庭院内修建了 4500 平方米草坪和花坛。

截至 2008 年底，酉阳县气象局占地面积 8698.73 平方米，现有业务办公用房面积 740 平方米，辅助用房面积 510.65 平方米。

酉阳县气象局职工宿舍

改造后的气象局职工宿舍

酉阳县气象局观测场

酉阳县气象局办公区一角

彭水苗族土家族自治县气象局

彭水苗族土家族自治县历史悠久，建元元年（公元前140年），置涪陵县，治今彭水苗族土家族自治县郁山镇，属巴郡。开皇十三年（公元593年），置彭水县。1983年改为彭水苗族土家族自治县。

机构历史沿革

历史沿革 彭水苗族土家族自治县气象工作开始于1937年设立的四等测候所，1944年国民政府中央气象局将其升格为三等测候所。1945年3月1日，国民政府气象局彭水测候所成立，位于彭水县统井关（山顶）。1947年迁至县城北平路19号。1954年1月1日，迁至彭水县汉葭镇石灰坪（山腰）。1993年12月31日，迁至彭水县汉葭镇鼓楼街217号，东经108°10′，北纬29°18′，海拔高度322.2米。

1949年11月24日—1950年8月21日，称四川省彭水县气象站；1950年8月22日，更名为中国人民解放军西南军区气象处彭水气象站；1953年3月4日，更名为中国人民解放军四川省军区彭水气象台；1954年1月1日，更名为彭水县人民政府气象站；1955年5月1日，更名为四川省彭水县气象站；1958年12月12日，更名为彭水县气象站；1960年4月1日，更名为彭水县气象服务站；1964年10月1日，恢复为四川省彭水县气象站；1968年6月25日，更名为四川省涪陵地区气象台革命委员会彭水站；1971年8月15日，恢复为四川省彭水县气象站；1987年6月24日，更名为四川省彭水苗族土家族自治县气象局；1989年12月31日被确定为气象观测国家基本站。1990年12月31日，改为一般站；1997年4月，更名为重庆市彭水苗族土家族自治县气象局；2006年1月1日改为国家气象观测站一级站；2008年12月31日恢复为国家气象一般气象站。

管理体制 1937—1949年由国民政府中央气象局管理；1949年3月—1953年11月，由西南军区、川东军区和四川军区领导；1953年12月—1968年5月，以四川省气象局领导为主；1968年6月25日，由四川省涪陵地区气象台革命委员会领导；1971年8月15日，领导体制由以四川省气象局领导为主改为以地方政府领导为主；1982年4月，全国实行机构改革，气象部门实行上级气象部门与地方政府双重领导，以气象部门为主的管理体制，彭水县气象站改由四川省气象局与彭水县人民政府双重领导，以四川省气象局为主的管理体制;1990 年 12 月,改由四川省黔江地区气象局代管;1997 年,实行由重庆市气象局与彭水苗族土家族自治县人民政府双重领导,以重庆市气象局为主的管理模式;2000 年 8 月,改由重庆市气象局直接管理。

人员状况 1949 年 11 月彭水县人民政府接管时只有 2 人。2008 年定编为 9 人。现有在编职工 13 人,聘用 2 人。大学学历 7 人,大专学历 4 人,中专学历 2 人;中级专业技术人员 8 名,初级专业技术人员 5 人;50～55 岁 5 人,40～49 岁 2 人,40 岁以下的有 6 人。

单位名称及主要负责人变更情况

单位名称	负责人	任职时间
四川省彭水县气象站	王世雄	1949.11—1950.08
中国人民解放军西南军区气象处彭水气象站	王世雄	1950.08—1952.04
中国人民解放军西南军区气象处彭水气象站	王锦兴	1952.04—1953.03
中国人民解放军四川省军区彭水气象台	王锦兴	1953.03—1953.12
彭水县人民政府气象站	王二仁	1954.01—1955.05
四川省彭水县气象站	王二仁	1955.05—1958.10
四川省彭水县气象站	刘文荣	1958.10—1958.12
彭水县气象站	刘文荣	1958.12—1960.04
彭水县气象服务站	陈文卿	1960.04—1962.03
彭水县气象服务站	张太心	1962.03—1964.10
四川省彭水县气象站	张太心	1964.10—1968.06
四川省涪陵地区气象台革命委员会彭水站	张太心	1968.06—1971.08
四川省彭水县气象站	张太心	1971.08—1973.05
四川省彭水县气象站	余银河	1973.05—1983.12
四川省彭水县气象站	袁华珍	1983.12—1985.12
四川省彭水县气象站	王起明	1986.01—1987.01
四川省彭水县气象站	邹桂琴	1987.02—1987.06
四川省彭水苗族土家族自治县气象局	邹桂琴	1987.06—1988.11
四川省彭水苗族土家族自治县气象局	杨成寿	1988.12—1993.02
四川省彭水苗族土家族自治县气象局	张建权	1993.03—1997.04
重庆市彭水苗族土家族自治县气象局	张建权	1997.04—2001.01
重庆市彭水苗族土家族自治县气象局	青吉铭	2001.02—2004.10
重庆市彭水苗族土家族自治县气象局	任建明	2004.10—2006.02
重庆市彭水苗族土家族自治县气象局	徐之华	2006.02—

气象业务与服务

1. 气象业务

主要业务:地面气象观测(国家一般站)、天气预报、人工影响天气。

主要服务和科技服务:专业专项天气预报服务,气象资料、农业气象服务,防雷设施管理及安全检测,空飘气球广告,气象声像广告。

①地面观测

观测时次和项目 彭水气象站从2008年12月31日20时起,恢复为国家一般气象站,每天3次定时观测。观测项目有:云、能见度、天气现象、气压、气温、湿度、风向风速、降水、日照、蒸发(小型)、地温(0厘米、5厘米、10厘米、15厘米、20厘米、40厘米、80厘米、160厘米、320厘米、地面最高温度,地面最低温度)等。

业务变化 1945年3月1日最初成立时为国民政府气象局彭水测候所。1949年11月24日改为国家基本站,每天06、09、12、14、18、21时实测6次。1951年1月1日变更为每天03、06、09、12、14、18、21、24时8次观测。1951年5月10日开始发报,每天02、04、06、08、10、12、14、16、18、20时发天气报10次,航空报6次(04、06、10、12、16、18)。开始时观测项目有气压、气温、降水、风向风速、云、天空状态、能见度、天气现象。开始测报时采用国民政府气象局出版的测候手册、国内绘图天气报和航空天气报电码(气技911—912)。1951年11月1日增加了地面温度、30厘米曲管地温、箱外蒸发量观测。1952年3月1日开始停发6次航空报。1953年1月1日增加了云高观测。1953年8月1日增加了日照观测。1954年1月1日用地方平均太阳时每天01、07、13、19时4次观测昼夜守班。1959年4月5日开始农业气象观测,2日或1日1次实测,开始观测项目:玉米和目测土壤湿度。发报次数为每月下旬1日08时前,采用农业气象观测方法(四川省气象局1959年编印)农业气象旬报电码-01。1959年5月1日开始水面蒸发观测,每天01、07、13、19时4次观测,观测项目:0.01米和0.4米水温、三级水面蒸发、降水(口面积均为3000平方厘米)、2.0米梯度风,采用水面蒸发观测草案。1960年8月1日开始变更为北京时02、08、14、20时4次观测。1989年12月31日20时开始变更为一般气候站3次观测夜间不守班。1993年12月31日观测场搬迁,新观测场位于原观测场东面15米处,比原观测场海拔高度310.6米高11.6米,面积由25米×25米改为20米×20米。1994年1月1日正式启用新观测场进行气象要素资料的收集。1995年4月彭水县气象局在桑柘、郁山两区建立了农村气象哨。2001年8月20日彭水县气象局建成六要素自动气象站,2001年12月31日北京时20时起并行观测2年,2003年12月31日北京时20时起自动站正式单轨运行。2004年增加酸雨观测业务。2004年开始建立区域气象观测站,已建成25个。2006年12月31日起改为国家气象观测站一级站,每天23、02、05、08、11、14、17、20时8次观测昼夜守班,2008年12月31日20时恢复为国家一般气象观测站,每天08、14、20时3次定时观测夜间不守班。

②气象信息网络

1981年以前,气象信息来源主要是收听成都中心气象台广播。1981年开始使用天气图传真机。1997年,建成远程数据传输终端,实现了与省、地气象局联网交换气象信息。1999年建成PC-VSAT气象卫星单收站。2002年建成帧中继接入重庆市局办公自动化系统。2003年接入彭水县政府党政网。

③天气预报

主要业务:短时天气预报、短期天气预报、中期天气预报和短期气候预测。

彭水气象站从1958年8月开始开展天气预报工作。当时靠收听成都中心气象台大范围天气形势和预报,以及涪陵气象台预报加民间测天经验进行补充订正预报,逐步发展成用点聚图表、气象要素曲线分析。20世纪70年代,引进数理统计预报方法,进行天气预报业务"四项基本建设",建立天气预报模式、指标等。20世纪80年代传真接收数值统计预报天气图。1999年11月建成PC-VSAT卫星接收站,直接接收气象信息资料,传真机停止使用。2000年引进MICAPS系统,建成天气预报业务服务平台。2005年天气预报可视会商系统投入使用。2008年引进雷达显示系统,黔江雷达观测产品正式应用于预报业务。

2. 气象服务

①公众气象服务

20世纪90年代,主要是电话、广播和书面形式提供天气预报服务。1997年推出彭水电视天气预报节目。1999年开通"121"天气预报自动答询电话。2002年,重庆市气象局整合资源,全市统一开展"12121"、"96121"气象声讯服务,开通手机短信服务。2005年建成防灾减灾短信警报台。2008年建成15块气象电子显示屏,传播天气预报和重要灾害性天气消息。

②决策气象服务

决策气象服务产品:重要天气气候服务快报,专题气象服务、重大活动气象保障服务,灾害性天气预警信号、雨量实况报告、森林火险天气预报、地质灾害气象条件等级预报等10多种。

1958年,开始发布天气预报以后,就为领导指挥农业生产提供气象情报和预报、提出农业生产建议,供领导参考。

为领导指挥防灾减灾提供气象服务。1990年7月1日—9月10日,彭水县连续72天降雨量仅为51.7毫米,35℃以上高温日数达53天,37℃以上高温日数达32天,40℃以上高温日数达4天,极端最高气温41.0℃。彭水气象局在年度、汛期、盛夏天气预报中都先后作出有伏旱的预报,并根据伏旱的发展情况及时作出了补充订正预报。提前准确预报了"7·10"、"7·18"、"7·27"、"9·11"4次转折性天气过程,抓住战机适时开展人工增雨作业,有效地缓解了旱情,降低了灾害损失。

2006年,彭水县遭受百年大旱,6月21日—9月6日,78天总降雨量121.7毫米,35℃以上高温日数60天,37℃以上高温日数达44天,40℃以上高温日数达10天,极端最高气温42.5℃。彭水县气象局在2006年气象历书、年度、汛期、盛夏天气预报中都先后作出伏旱预报,并及时做好补充订正预报。并提前准确预报"7·23"、"7·28"、"8·1"、"8·4"、"9·5"等9次转折性天气过程,抓住战机开展人工增雨作业,有效地缓解了旱情,降低了灾害损失。彭水县气象局获重庆市委市政府表彰,评为抗旱救灾先进集体。

2008年1月12日—2月5日,受北方强冷空气和西南暖湿气流的共同影响,彭水县出现了持续低温、雨雪、冰冻天气。海拔600米以上乡镇连续20天平均气温在0℃以下,石柳乡观测点极端最低气温达−6.1℃。县城降雪日数达13天,高山乡镇持续出现中到大雪,局部暴雪,为有气象记录以来同期之最。彭水局从1月10日即通过电视、网络、手机短信、"12121"声讯电话等手段向公众发布了彭水县将有强降温、降雨,高海拔地区将有积雪的预报,并在灾害发生过程中及时向社会各界发布后继相关的灾害预警信息。由于预报准确、防御措施得当,使灾害损失得到了有效的降低。

③主要专业与专项服务

防雷技术服务 1994年起,建立防雷安全定期检测制度,每年与安监、公安、消防、教委等相关单位联合发文，对县域内易燃易爆场所、高层建筑、人员密集场所等开展防雷装置安全性能监测。2002 年开展防雷装置图纸审核、施工监督、竣工验收等技术服务。

人工影响天气服务　20 世纪 60 年代，彭水开始开展人工增雨作业。2003 年 8 月购置火箭 2 架。2004—2005 年先后购置高炮 8 门，开展高炮消雹增雨作业。开展火箭与高炮结合的人工增雨消雹作业，2007—2009 年建成桑柘、鹿菁、鹿角、黄家、普子、龙射、三义、太原共 8 个人影高炮作业固定炮站。

④气象科技服务

彭水县气象局气象科技服务主要开展了防雷设计审核、施工监督、竣工验收和防雷年度检测、氢气球空飘彩球、气象历书、专业有偿气象服务、电视天气预报栏目、电子显示屏等气象科技服务工作。

20 世纪 90 年代前，彭水气象科技服务主要是通过电话、广播和书面形式提供天气预报服务，年收入在 5 千元左右。1994 年起，建立防雷安全定期检测制度，每年与安监、公安、消防、教委等相关单位联合发文，对县域内易燃易爆场所、高层建筑、人员密集场所等开展防雷装置安全性能监测，年收入在 2 万元左右。1997 年推出电视天气预报栏目；1999 年开通“121”天气预报自动答询电话；2002 年开展防雷装置图纸审核、施工监督、竣工验收等技术服务；2002 年开通手机短信服务。2002 年起科技服务的收入逐年增加，2008 年气象科技服务收入在 100 万元左右。

社会管理

2004 年彭水自治县编制委员会下发彭自编发〔2004〕39 号文件，成立彭水苗族土家族自治县防雷中心、人工增雨消雹管理办公室、民用氢气球充罐施放安全管理办公室地方气象事业工作机构，系县气象局下属单位。

雷电灾害防御和氢气球施放管理　2003 年 8 月 10 日，彭水自治县气象局派专人进驻彭水县行政服务中心，办理防雷行政审批、氢气球施放许可等相关事宜，实行窗口式服务。2004 年起，气象局列为彭水县安委会成员单位，负责全县防雷安全管理。

人工影响天气工作管理　20 世纪 70 年代至 80 年代，县政府成立非常设人工降雨指挥部。20 世纪 80 年代后期，人工降雨指挥部趋于常设，下设指挥部办公室，挂靠县农办，负责人工影响天气日常工作。1994 年 8 月，正式将人工降雨消雹工作归口彭水县气象局管理。

依法保护观测场环境　2007 年起，每年将观测场环境保护相关材料在规划局、城乡建设委员会、国土局进行备案，将观测场环境保护纳入城市建设规划。

党建与气象文化建设

党建工作　1973 年 10 月，组建中国共产党彭水县气象站党支部。现有党员 10 名，离休党员 1 名，退休党员 1 名，先后有余银河、杨成寿、张建权、青吉铭、白青松、任建明担任党支部书记。

2008 年，余银河被重庆市委组织部、老干部局评为优秀共产党员。

精神文明建设 1983年，被中共彭水县委员会、县人民政府授予“两个文明建设先进集体”。1985年1月，被命名为彭水县“文明单位”。1985年11月，被评为“地级文明单位”。2004年4月，被命名为“重庆市文明单位”。

2003年，通过创建市级文明单位，文明阵地建设得到加强。开展了文明创建规范化建设。改造了观测场，装修了业务值班室，统一制作了局务公开栏、学习园地、法制宣传栏和文明创建标语等宣传用语牌。建设“两室一场”（图书阅览室、职工学习室、小型运动场），拥有图书3000册。

每年“3·23”世界气象日组织科技宣传，普及气象防灾减灾知识。组织气象迎新春活动周，积极参加彭水县组织的文艺汇演和户外健身活动，丰富职工的业余生活。

集体荣誉 1978年1月，被中共涪陵地区委员会授予先进集体称号。1978年10月，被四川省气象局命名为“全省双学会议先进单位”。2006年，被重庆市委、市政府授予“抗旱救灾先进集体”。2008年，被重庆市环保局、交委、文明委命名为“市级绿色小区”。2008年，被重庆市爱卫会命名为“市级卫生单位”。

个人荣誉 代建君2001年1月评重庆市人事局、气象局评为1999—2001年气象系统先进工作者。

台站建设

1949年，始建时征地4299.37平方米，建观测场625平方米，建业务用房1栋。20世纪50年代建瓦房1栋，20世纪60年代建瓦房2栋，20世纪70年代建瓦房2栋，6栋房屋总建筑面积681.05平方米。1993年，四川省气象局投资26万元，同时采取引资、集资建房方式建房3栋，其中宿舍楼2栋，建筑面积1561.71平方米；业务楼1栋，建筑面积160.9平方米。2003年，新建了办公楼599平方米。2007年对办公楼及业务楼、大门、车库的改造，新增加了一层办公用房和一间观测值班室。2008年新建厨房和工作用房2间，对局院内园艺设施进行了翻修，院坝地面、道路在硬化的基础上铺设了广场砖和青石板，建成了花园式单位。

截至2008年底，彭水县气象局占地面积约4000平方米，共有业务办公用房1041.95平方米。

彭水县气象旧办公楼一角

改造后的彭水县气象局办公楼

附录：

重庆市气象部门基层台站史编纂人员名单

名称	编写人
重庆市气象台站概况	唐学术
万州区气象局	彭亮、张成学、魏太忠
万州区天城气象局	彭　亮、张成学、魏太忠、邓建蓉
涪陵区气象局	谷　骏、彭兵禄、郭亚平、徐　洪、吴开华、杨　华、石　云
沙坪坝区气象局	冉光槐、何洸富、朱聿来、张　庆、龙建修、谯　奎、张玉蓉、余德祥、张银廷、吴红宇、王健春
北碚区气象局	何　遂、李光兵、吉　莉
万盛区气象局	余世梅、万成豪、瞿晓萍、池红敏、颜小玲、余宗才
渝北区气象局	陈辉强、胡红菊、李泽忠
巴南区气象局	王　旭、周国兵、胡明华
黔江区气象局	青吉铭、罗文莉、张玉坤、陈勇、易　田、黄登华、冉淑清、袁　静、杨昌安
长寿区气象局	李国友、胡　莉、胡　晓、张白泉、林　娜、肖　飞、贺开利
江津区气象局	田映月、张宪芬、彭著泽、范征文、王福培
合川区气象局	魏祯义、徐前进
永川区气象局	邱元述、林　佳
南川区气象局	蒋雪松、尹春光、吕吉强、李家明、袁　平、傅　蔚
南川区金佛山气象站	蒋雪松、尹春光、梁正会、李家明、甘在福、傅　蔚
綦江县气象局	许　伟、向　果、田茂举、赵久丽
潼南县气象局	邹　华、李吉明、卜飞鸿、李超频、邹明兵、罗　俊、魏　冲
铜梁县气象局	马　君、罗德海、金庆吉、毛玉中、刘大亮
大足县气象局	郑全尚、蔡国成、何　杨
荣昌县气象局	李光武、肖师学
璧山县气象局	梁小骥、徐　燕、张　虹
梁平县气象局	陈昌胜、张　琦、李琪梅、洪霞
城口县气象局	李正贵、龙显琼
丰都县气象局	王邦能、周建民、刘成金、陈丽慧、张　一、谭云廷
垫江县气象局	饶德华、廖星臣
武隆县气象局	黄道学、白青松、王　渝、周小丰、王延成、罗素碧

续表

名称	编写人
忠县气象局	向友全、吴　军
开县气象局	张学文、刘明风、魏立红、张宏媚、陶礼应
云阳县气象局	兰治东、余大勇、王　毅、李继奎、吴　平
奉节县气象局	张　晓、左艳丽、余立翠、李　青
巫山县气象局	谭建国、潘洪先、周国明、冯　萍、王国正
巫溪县气象局	李　剑、袁久坤、张源源、李黎平、冯家兄、夏　金
石柱土家族自治县气象局	荣　瑞、余宗英、龚吉兰
秀山土家族苗族自治县气象局	邓显军、郝晓虹、田文法
酉阳土家族苗族自治县气象局	田　黎、李　艳、张德先、彭晓艳
彭水苗族土家族自治县气象局	左　斌、豆俊川、冯秀玲、任建明、代建君

编后记

2009年5月，中国气象局正式启动全国基层气象台站史志编纂工作。重庆市气象局也紧锣密鼓开展该项工作，市气象局成立了由分管领导牵头、相关处室领导和有关人员参与的重庆市气象局基层台站史志编纂工作领导小组及办公室，并明确了相应职责，各区县气象局也成立了编撰小组，负责本单位的台站史编撰工作。

在中国气象局台站史志编纂工作领导小组的指导下，短短4个多月就完成了查阅档案、调查研究、收集资料、编制范本、组织培训等工作，8月底，各区县气象局完成了本单位台站史的撰写。通过市气象局编纂工作领导小组初审，返回各区县气象局修改，再次集中复审、梳理，提交气象局领导审定，终于如期完成任务。

重庆气象历史源远流长，气象史实繁若星辰，涉及资料浩如烟海，而大多数编撰人员为兼职，尤值汛期，业务服务事务多，精力有限、史料无涯，幸而2006年刚出版《重庆市志·气象志》，每个区县气象局都整理了本行政区域内的气象资料，有少数区县编纂或正在编纂本区县的气象志，因此，在资料的收集上，节约了不少时间和成本。同时，各位编撰同志们淡泊名利、吃苦耐劳、乐于奉献，利用业余时间开展工作，为重庆台站史志编撰工作做出了最大贡献，在此诚致谢意。

市气象局编纂工作领导小组人员不多，任务繁重，共集中七次，部署工作，编制样本、推动进程、修改审查、编辑校正等，付出了艰辛劳动，不辱使命，《重庆市基层气象台站简史》终得付梓。

由于编撰时间有限，资料收集仓促，各基层单位，编写人员水平有异，写出的简史详略不一，加之审稿人员水平有限，此书的纂写会出现不少失误和错漏，敬请批评指正。

重庆市气象局台站史志编纂工作领导小组

2009年9月